……动模式教材

Red Hat Enterprise Linux 6 实训教程

杨 云 杨晓庆 姜庆玲 主 编

李国明 康志辉 林美娥 副主编

清华大学出版社

北 京

内 容 简 介

本书以实训教学为主线，共分为6章，内容分别是虚拟机与VMware Workstation、Linux系统安装与常用命令、Linux系统配置与管理、Vim与编程调试、常用网络服务、网络互联与安全。各章由多个实训项目组成，全书共计近30个实训项目(2个综合实训)，基本涵盖了Linux网络操作系统的各种实训。每个实训项目一般包括实训目的、实训内容、实训准备、实训环境、实训步骤、实训思考题、实训报告要求7个部分。随书光盘包括24个项目实训的录像视频、Shell Script程序源码、思考题答案、检查学习效果的自主实训等，便于教与学。

本书作为企业版Linux网络操作系统的实训教材，实践性很强，旨在帮助读者在学习了Linux网络操作系统理论和基础知识的前提下，进行网络工程的应用训练。

本书适合作为应用型本科和高职高专院校计算机相关专业Linux网络操作系统的实训教材，也可作为"教学做"一体化的"Linux网络操作系统"课程的教材，还适合计算机网络爱好者和有关技术人员参考使用。

图书在版编目(CIP)数据

Red Hat Enterprise Linux 6实训教程/杨云，杨晓庆，姜庆玲主编. --北京：清华大学出版社，2015
高职高专计算机任务驱动模式教材
ISBN 978-7-302-37704-7

Ⅰ. ①R…　Ⅱ. ①杨…　②杨…　③姜…　Ⅲ. ①Linux操作系统－高等职业教育－教材　Ⅳ. ①TP316.89

中国版本图书馆CIP数据核字(2014)第190302号

责任编辑：张龙卿
封面设计：徐日强
责任校对：刘　静
责任印制：刘海龙

出版发行：清华大学出版社
网　址：http://www.tup.com.cn，http://www.wqbook.com
地　址：北京清华大学学研大厦A座　　邮　编：100084
社 总 机：010-62770175　　邮　购：010-62786544
投稿与读者服务：010-62776969，c-service@tup.tsinghua.edu.cn
质量反馈：010-62772015，zhiliang@tup.tsinghua.edu.cn
课件下载：http://www.tup.com.cn，010-62795764
印 装 者：北京嘉实印刷有限公司
经　销：全国新华书店
开　本：185mm×260mm　　**印　张**：19.5　　**字　数**：470千字
(附光盘1张)
版　次：2015年1月第1版　　**印　次**：2015年1月第1次印刷
印　数：1～2500
定　价：43.00元

产品编号：061361-01

编审委员会

出版说明

我国高职高专教育经过十几年的发展，已经转向深度教学改革阶段。教育部于2006年12月发布了教高[2006]第16号文件《关于全面提高高等职业教育教学质量的若干意见》，大力推行工学结合，突出实践能力培养，全面提高高职高专教学质量。

清华大学出版社作为国内大学出版社的领跑者，为了进一步推动高职高专计算机专业教材的建设工作，适应高职高专院校计算机类人才培养的发展趋势，根据教高[2006]第16号文件的精神，2007年秋季开始了切合新一轮教学改革的教材建设工作。该系列教材一经推出，就得到了很多高职院校的认可和选用，其中部分书籍的销售量都超过了3万册。现重新组织优秀作者对部分图书进行改版，并增加了一些新的图书品种。

目前国内高职高专院校计算机网络与软件专业的教材品种繁多，但符合国家计算机网络与软件技术专业领域技能型紧缺人才培养培训方案，并符合企业的实际需要，能够自成体系的教材还不多。

我们组织国内对计算机网络和软件人才培养模式有研究并且有过一段实践经验的高职高专院校，进行了较长时间的研讨和调研，遴选出一批富有工程实践经验和教学经验的双师型教师，合力编写了这套适用于高职高专计算机网络、软件专业的教材。

本套教材的编写方法是以任务驱动、案例教学为核心，以项目开发为主线。我们研究分析了国内外先进职业教育的培训模式、教学方法和教材特色，消化吸收优秀的经验和成果。以培养技术应用型人才为目标，以企业对人才的需要为依据，把软件工程和项目管理的思想完全融入教材体系，将基本技能培养和主流技术相结合，课程设置中重点突出、主辅分明、结构合理、衔接紧凑。教材侧重培养学生的实战操作能力，学、思、练相结合，旨在通过项目实践，增强学生的职业能力，使知识从书本中释放并转化为专业技能。

一、教材编写思想

本套教材以案例为中心，以技能培养为目标，围绕开发项目所用到的知识点进行讲解，对某些知识点附上相关的例题，以帮助读者理解，进而将知识转变为技能。

考虑到是以“项目设计”为核心组织教学，所以在每一学期配有相应的实训课程及项目开发手册，要求学生在教师的指导下，能整合本学期所学的知识内容，相互协作，综合应用该学期的知识进行项目开发。同时，在教材中采用了大量的案例，这些案例紧密地结合教材中的各个知识点，循序渐进，由浅入深，在整体上体现了内容主导、实例解析、以点带面的模式，配合课程后期以项目设计贯穿教学内容的教学模式。

软件开发技术具有种类繁多、更新速度快的特点。本套教材在介绍软件开发主流技术的同时，帮助学生建立软件相关技术的横向及纵向的关系，培养学生综合应用所学知识的能力。

二、丛书特色

本系列教材体现目前工学结合的教改思想，充分结合教改现状，突出项目面向教学和任务驱动模式教学改革成果，打造立体化精品教材。

(1) 参照和吸纳国内外优秀计算机网络、软件专业教材的编写思想，采用本土化的实际项目或者任务，以保证其有更强的实用性，并与理论内容有很强的关联性。

(2) 准确把握高职高专软件专业人才的培养目标和特点。

(3) 充分调查研究国内软件企业，确定了基于 Java 和.NET 的两个主流技术路线，再将其组合成相应的课程链。

(4) 教材通过一个个的教学任务或者教学项目，在做中学，在学中做，以及边学边做，重点突出技能培养。在突出技能培养的同时，还介绍解决思路和方法，培养学生未来在就业岗位上的终身学习能力。

(5) 借鉴或采用项目驱动的教学方法和考核制度，突出计算机网络、软件人才培训的先进性、工具性、实践性和应用性。

(6) 以案例为中心，以能力培养为目标，并以实际工作的例子引入概念，符合学生的认知规律。语言简洁明了、清晰易懂，更具人性化。

(7) 符合国家计算机网络、软件人才的培养目标；采用引入知识点、讲述知识点、强化知识点、应用知识点、综合知识点的模式，由浅入深地展开对技术内容的讲述。

(8) 为了便于教师授课和学生学习，清华大学出版社正在建设本套教材的教学服务资源。在清华大学出版社网站(www.tup.com.cn)免费提供教材的电子课件、案例库等资源。

高职高专教育正处于新一轮教学深度改革时期，从专业设置、课程体系建设到教材建设，依然是新课题。希望各高职高专院校在教学实践中积极提出意见和建议，并及时反馈给我们。清华大学出版社将对已出版的教材不断地修订、完善，提高教材质量，完善教材服务体系，为我国的高职高专教育继续出版优秀的高质量的教材。

清华大学出版社

高职高专计算机任务驱动模式教材编审委员会

2014 年 3 月

前　言

1. 为什么编写本书

当老师们开始“Red Hat Enterprise Linux 6 实训教程”课程“教学之旅”时，除了希望选用一本得心应手的理实一体的教材外，最大的希望就是能够有一本合适的配套实训教材：一是解决学生实训时不知做什么、怎么做、怎么检验学习效果的困惑；二是解决教师布置实训时素材难以寻找、不够系统化的麻烦。

另外，有些学校可能希望学生在实训中完成本书的学习，这本实训教材不失为一本较好的理实一体化教材，因为这本实训教材同时也兼顾了一部分准备知识。

2. 教学参考学时

本书的参考学时为 76～100 学时，或者 3～4 周的整周实训。

3. 本书特点

(1) 随书光盘中的项目实训视频为教师备课、学生预习、对照实训、课后复习提供了最大便利。光盘中的“检验实训效果.doc”(读者独立完成，以检查学习效果)精选 14 个课外实训习题，用于检验学生学习完本书后的学习效果。老师可以根据情况灵活安排。光盘中提供了本书中用到的各种脚本的源码文件、思考题答案，有利于教学准备与实施。

(2) 开始部分首先介绍虚拟机与 VMware，最终目的是为后续实训做好充足准备。在一些设备要求复杂的实训中，特别给出了使用 VMware Workstation 完成实训的方案，利于学生学习和教师指导。像挂载 U 盘、共享虚拟机文件夹、使用快照等方面给出了详尽的解决方案。

(3) 每个实训项目一般包括实训目的、实训内容、实训准备、实训环境与要求、实训步骤、实训思考题、实训报告要求 7 个部分。每个实训项目就是一个知识和技能的综合训练题。综合实训项目是对全书的一次总结和升华，也是对灵活和综合应用所学知识的一个很好训练。

(4) 方便教师教学和学生自学。本书中每个实训项目都是对所学的理论知识的综合运用及扩展，其后都有相关的思考题，有利于学生思考和教师督促学生学习。本书需要的软件和资料可以到 360 共享群(优秀教材资源)：

http://qun.yunpan.360.cn/50004880 下载。其他资料更新请关注教材网站链接：http://linux.sdp.edu.cn/kcweb/yxjc/yxjctj.html。

5. 其他

本书由杨云教授、河南建筑职业技术学院杨晓庆、铁岭师范高等专科学校姜庆玲担任主编，青岛天慧咨询工程有限公司总司李国明、厦门软件职业技术学院康志辉、林美娥担任副主编。红帽认证工程师宁方明设计并录制了项目实训录像。其中，姜庆玲编写了第1章、第2章，以及第3章的3.1、3.2节内容，杨云、杨晓庆、李国明、康志辉、林美娥等编写了其他大部分的内容。马立新、金月光、牛文琦、郭娟、刘芳梅、王春身、张亦辉、吕子泉、王秀梅、李满、杨建新、梁明亮、薛鸿民、李娟等也参加了部分章节的审稿和编写工作。

Windows & Linux 教师交流群：189934741。

编　者

2014 年 6 月 10 日 于泉城

目 录

第1章 虚拟机与 VMware Workstation

英国17世纪著名化学家罗伯特·波义耳说过:“实验是最好的老师。”实验是从理论学习到实践应用必不可少的一步,尤其是在计算机、计算机网络、计算机网络应用这种实践性很强的学科领域,实验与实训更是重中之重。

选择一个好的虚拟机软件是顺利完成各类虚拟实验的基本保障。有资料显示,VMware就是专门为微软公司的Windows操作系统及基于Windows操作系统的各类软件测试而开发的。由此可知VMware软件功能的强大。

本章主要介绍虚拟机的基础知识和如何使用VMware Workstation软件建立虚拟网络环境。

1.1 虚 拟 机

对于大学生来说,只有理论学习而没有经过一定的实践操作,一切都是“纸上谈兵”,在实际应用中碰到一些小问题都有可能成为不可逾越的“天堑”。然而,在许多时候我们不可能在已经运行的系统设备上进行各种实验,如果为了掌握某一项技术和操作而单独购买一套设备,在实际应用中几乎是不可能的。虚拟实验环境的出现和应用解决了以上问题。

“虚拟实验”即“模拟实验”,它借助一些专业软件的功能来实现与真实设备相同效果的过程。虚拟实验是当今技术发展的产物,也是社会发展的要求。

1.1.1 虚拟机的功能与用途

大量的虚拟实验都是通过虚拟机软件来实现的,虚拟机的主要功能有两个,一是用于实验;二是用于生产。所谓用于实验,就是指用虚拟机可以完成多项单机、网络和不具备真实实验条件和环境的实验;所谓用于生产,主要包括以下几种情况。

- 用虚拟机可以组成产品测试中心。通常的产品测试中心都需要大量、具有不同环境和配置的计算机及网络环境,例如,有的测试需要从Windows XP、Windows 7到Windows 2008的环境,而每种环境,比如Windows XP,又分为Windows XP(不打补丁)、Windows XP(打SP1补丁)、Windows XP(打SP2补丁)这样的多种环境。如果使用“真正”的计算机进行测试,需要大量的计算机,而使用虚拟机可以降低和减少成本而不影响测试的进行。

- 用虚拟机可以“合并”服务器。通常企业需要多台服务器，但有可能每台服务器的负载比较轻或者服务器总的负载比较轻。这时候就可以使用虚拟机的企业版，在一台服务器上安装多个虚拟机，其中的每台虚拟机都用于代替一台物理的服务器，从而充分利用资源。

虚拟机可以做多种实验，主要包括以下几点。

- 一些“破坏性”的实验，比如需要对硬盘进行重新分区、格式化，重新安装操作系统等操作。
- 一些需要“联网”的实验，比如做 Windows 2008 联网实验时，需要至少 3 台计算机、1 台交换机、3 条网线。
- 一些不具备条件的实验，比如 Windows 群集类实验，需要“共享”的磁盘阵列柜，而一个最便宜的磁盘阵列柜也需要几万元，如果再加上群集主机，则一个实验环境需要 10 万元以上的投资。使用虚拟机可以大大节省成本。

1.1.2 VMware Workstation 虚拟机简介

VMware Workstation 为每一个虚拟机创建了一套模拟的计算机硬件环境，其模拟的硬件设置如下。

- CPU：Intel CPU，CPU 主频与主机频率相同。
- 硬盘：普通 IDE 接口或者 SCSI 接口的硬盘，如果是创建 Windows NT 或 Windows 2000 的虚拟机，则 SCSI 型号为 BusLogic SCSI Host Adapter(SCSI)，如果创建的虚拟机是 Windows Server 2008，则 SCSI 卡型号为 LSI SCSI 卡。
- 网卡：AMD PCNET 10/100/1000Mbps 网卡。
- 声卡：Creative Sound Blaster 16 位声卡。
- 显卡：标准 VGA、SVGA 显示卡，16MB 显存(可修改)。在安装 VMware SVGA Ⅱ 显示卡驱动后可支持 32 位真彩色及多种标准(如 1600 像素×1280 像素、1280 像素×1024 像素、1024 像素×768 像素、800 像素×600 像素、640 像素×480 像素等)与非标准(如 1523 像素×234 像素等可以任意设置)的分辨率，支持全屏显示模式，也可以在 VMware Workstation 窗口中显示。
- USB：可以在虚拟机中使用 USB 的硬件设备，如 U 盘、USB 鼠标、USB 打印机等，目前 VMware Workstation 提供了 USB 2.0 的接口。

1.2 安装 VMware Workstation

在某个真实操作系统上安装 VMware Workstation 软件，然后可以利用该工具在一台计算机上模拟出若干台虚拟计算机，每台虚拟计算机可以运行独立的操作系统而互不干扰，还可以将一台计算机上的几个操作系统互联成一个网络。在 VMware 环境中，将真实的操作系统称为主机系统，将虚拟的操作系统称为客户机系统或虚拟机系统。主机系统和虚拟机系统可以通过虚拟的网络连接进行通信，从而实现一个虚拟的网络实验环境。从实验者的角度来看，虚拟的网络环境与真实网络环境并无太大区别。虚拟机系统除了能够与主机系统通信以外，甚至还可以与实际网络环境中的其他主机进行通信。

因为需要装两个以上操作系统，所以主机的内存应该比较大。推荐的计算机硬件基本配置如表 1-1 所示。

表 1-1　实验设备要求

设　　备	要　　求
内存	建议 2GB 以上
CPU	1GHz 以上
硬盘	100GB 以上
网卡	10MB 或者 100MB 网卡
操作系统	Windows 7 以上
光盘驱动器	使用真实设备或光盘映像文件

在 VMware 环境中，主机系统可以是 Windows 或 Linux 系统，本节以 Windows 7 操作系统为例，讲述 VMware Workstation 10 的安装，具体操作步骤如下。

（1）在计算机上安装 Windows 7，并且打上相关的补丁，根据实际需要设置真实网卡的 IP 地址。如果需要虚拟机系统与真实网络通信，则该网卡的 IP 地址应该能够保证网络通信正常。

（2）从互联网上下载 VMware Workstation 软件。也可联系作者，或加入作者的 Windows & Linux(教师)交流群获得 Vmware Workstation 10 软件。

（3）安装 VMware Workstation 的具体安装步骤非常简单，按默认处理安装就可以，本处不再赘述。安装完成后启动 VMware Workstation，以 VMware Workstation 10 为例，启动后界面如图 1-1 所示。

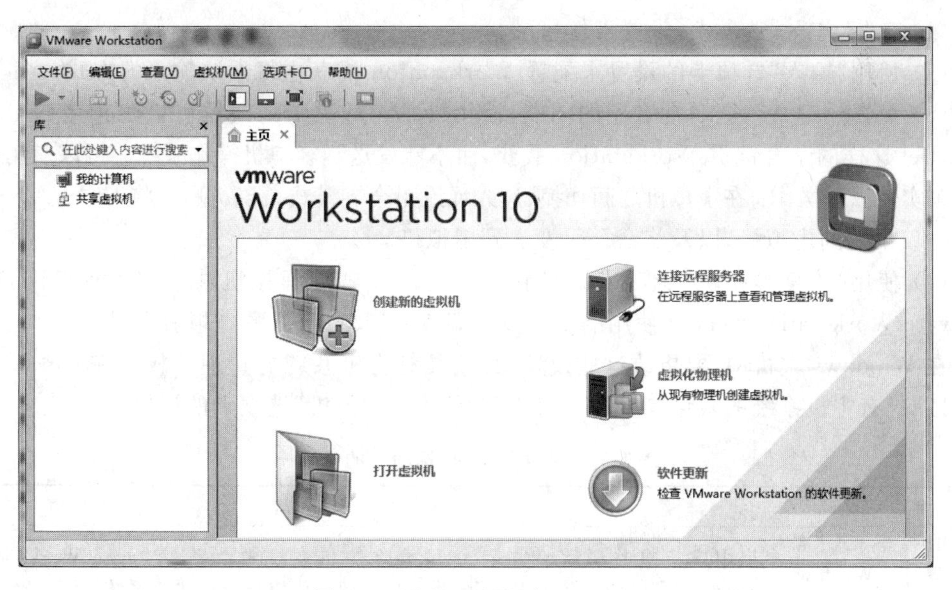

图 1-1　VMware Workstation 10

1.3 设置 VMware Workstation 10 的首选项

在图 1-1 中单击“编辑”→“首选项”命令，出现“首选项”设置对话框，如图 1-2 所示。

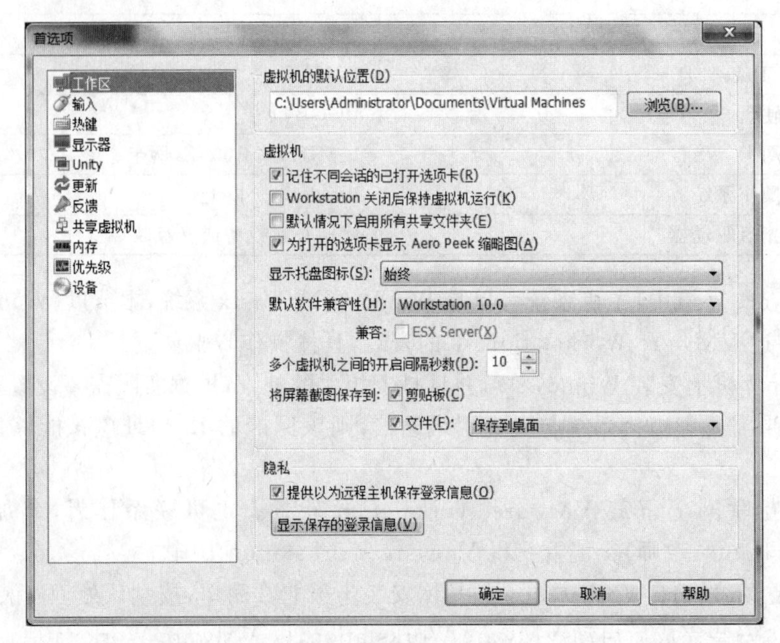

图 1-2 “首选项”对话框中设置 VMware Workstation 参数

(1) 在“工作区”选项卡，设置工作目录。

(2) 使用“输入”选项卡的设置来配置 Workstation 捕获主机系统输入的方式。

(3) 配置热键是一个非常有用的功能，使用“输入”选项卡的设置可以防止诸如 Ctrl+Alt+Del 这样的组合键被 Workstation 截获，而不能发送到客户机操作系统。可以使用热键序列来实现以下操作：在虚拟机之间切换、进入或退出全屏模式，释放输入，将 Ctrl+Alt+Del 组合键仅发送到虚拟机，以及将命令仅发送到虚拟机。

(4) 使用“共享虚拟机”选项卡的设置可以启用或禁用虚拟机共享和远程访问，修改 VMware Workstation Server 使用的 HTTPS 端口，以及更改共享虚拟机目录。

在 Windows 主机中，要更改这些设置，必须具有主机系统的管理特权。在 Linux 主机中，必须具有主机系统的根访问权限。表 1-2 为“共享虚拟机”选项卡的设置。

表 1-2 “共享虚拟机”选项卡的设置

设　置	描　述
[启用共享]或[禁用共享]（Windows 主机） [启用虚拟机共享和远程访问]（Linux 主机）	启用虚拟机共享后，Workstation 会在主机系统中启动 VMware Workstation Server。可以创建共享虚拟机，而且远程用户可以连接到主机系统。 禁用虚拟机共享后，Workstation 会在主机系统中停止 VMware Workstation Server。此时无法创建共享虚拟机，而且远程用户无法连接到主机系统。 虚拟机共享默认启用

续表

设　置	描　述
[HTTPS 端口]	主机系统中，VMware Workstation Server 使用 HTTPS 端口。默认 HTTPS 端口为端口 443。 在 Windows 主机中，除非已禁用远程访问和虚拟机共享，否则无法更改 HTTPS 端口。 在 Linux 主机中，无法在"首选项"对话框中更改端口号，而只能在安装过程中运行 Workstation 安装向导时更改端口号。 注意：如果端口号使用非默认值，远程用户必须在连接到主机系统时指定端口号，例如，主机：端口
[共享虚拟机位置]	Workstation 存储共享虚拟机的目录。如果主机中存在共享虚拟机，则无法更改共享虚拟机目录

(5) 接下来再分别单击"显示器"、"内存"、"优先级"、"设备"等选项卡，进行相关设置。

1.4　使用虚拟网络编辑器

在 VMware Workstation 中，选择"编辑"→"虚拟网络编辑器"命令，启动"虚拟网络编辑器"对话框，如图 1-3 所示。在 Windows 主机中，也可以从主机操作系统选择"开始"→"程序"→"VMware"→"虚拟网络编辑器"命令来启动"虚拟网络编辑器"对话框。

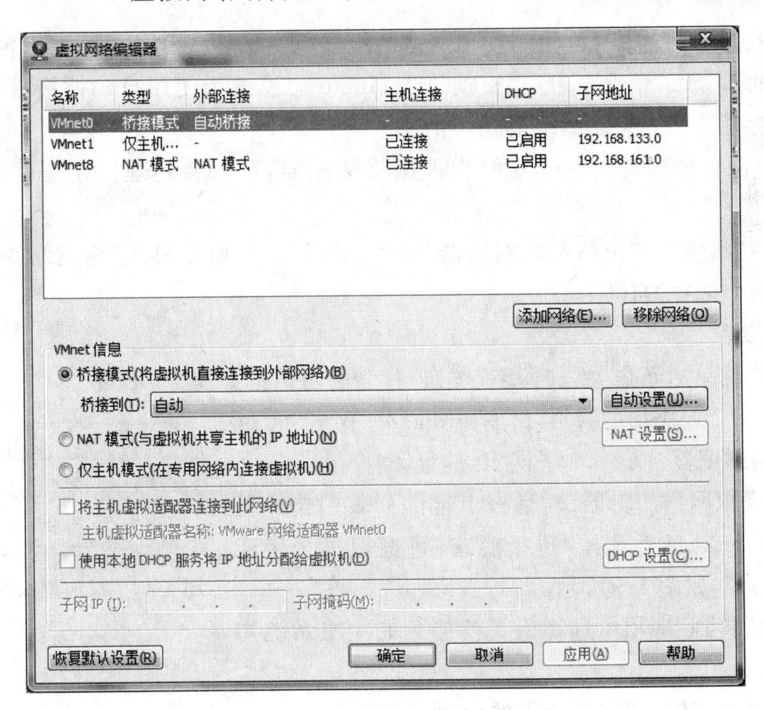

图 1-3　"虚拟网络编辑器"对话框

可以使用虚拟网络编辑器来实现以下操作：查看和更改关键网络连接设置、添加和移除虚拟网络，以及创建自定义虚拟网络连接配置。在虚拟网络编辑器中所做的更改会影响主机系统中运行的所有虚拟机。

在 Windows 主机中，任何用户都可以查看网络设置，但是只有“管理员”用户可以进行更改。在 Linux 主机中，必须输入 root 用户密码才能访问虚拟网络编辑器。

提示：如果单击“恢复默认设置”还原到默认网络设置，则在安装 Workstation 后对网络设置所做的所有更改都将永久丢失。请勿在虚拟机处于开启状态时还原到默认网络设置，否则可能导致桥接模式网络连接严重损坏。

1.4.1 添加桥接模式虚拟网络

如果 Workstation 安装到具有多个网络适配器的主机系统，可以配置多个桥接模式网络。

默认情况下，虚拟交换机 VMnet0 会映射到一个桥接模式网络。可以在虚拟交换机 VMnet2 至 VMnet7 上创建自定义桥接模式网络。在 Windows 主机中，还可以使用 VMnet9。在 Linux 主机中，也可以使用 VMnet10 至 VMnet255。

重要提示：如果将物理网络适配器重新分配到其他虚拟网络，所有使用原始网络的虚拟机将不再通过该虚拟网络桥接到外部网络，必须分别为每个受影响的虚拟机网络适配器更改设置。如果主机系统只有一个物理网络适配器，而将其重新分配到 VMnet0 以外的虚拟网络，上述限制带来的问题将尤其突出。即使虚拟网络表面上显示为桥接到一个自动选择的适配器，其所能使用的唯一适配器也会被分配到其他虚拟网络。

1. 前提条件

(1) 确认主机系统中有可用的物理网络适配器(如果只有一个网卡，那只能有一个虚拟网络是桥接的)。默认情况下，虚拟交换机 VMnet0 会设置为使用自动桥接模式，并桥接到主机系统中所有活动的物理网络适配器上。

(2) 通过限制桥接到 VMnet0 的物理网络适配器，可以将物理网络适配器变为可用。方法如下：

首先选择“编辑”→“虚拟网络编辑器”命令，然后选择“桥接模式”为网络 VMnet0，即从“桥接到”选项中选择“自动”。

2. 设置步骤

(1) 在图 1-3 中，单击“添加网络”按钮，打开的对话框如图 1-4 所示。

(2) 选择一个要添加的网络，比如 VMnet2。Workstation 将为虚拟网络适配器分配一个子网 IP 地址。

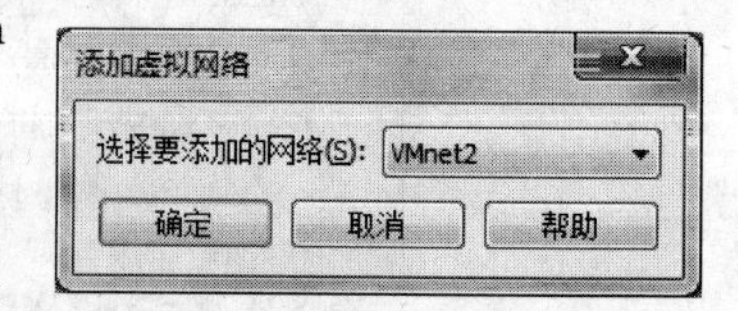

图 1-4 “添加虚拟网络”对话框

(3) 从“虚拟网络编辑器”对话框上部的列表中选择新虚拟网络 VMnet2，然后选择“桥接模式(将虚拟机直接连接到外部网络)”，如图 1-5 所示。

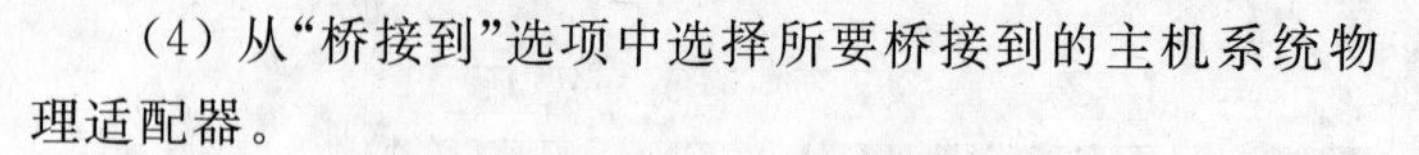

(4) 从“桥接到”选项中选择所要桥接到的主机系统物理适配器。

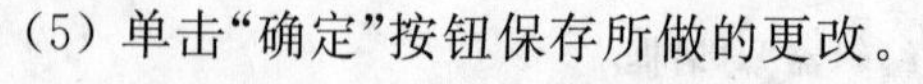

(5) 单击“确定”按钮保存所做的更改。

1.4.2 添加仅主机模式虚拟网络

可以使用虚拟网络编辑器来设置多个“仅主机”模式虚拟网络。

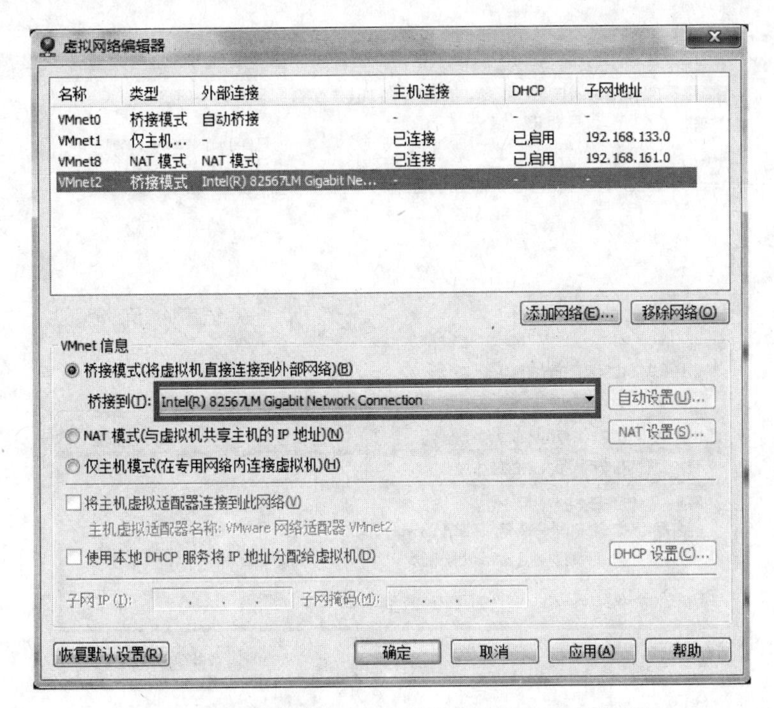

图 1-5　选择桥接模式(将虚拟机直接连接到外部网络)

在 Windows 和 Linux 主机系统中，第一个“仅主机”模式网络是在安装 Workstation 的过程中自动设置的。在下列情况下，用户可能会希望在同一台计算机中设置多个“仅主机”模式网络：

- 将两个虚拟机连接到一个“仅主机”模式网络，同时将其他虚拟机连接到另一个“仅主机”模式网络，以便隔离每个网络中的网络流量。
- 测试两个虚拟网络之间的路由。
- 在不使用任何物理网络适配器的情况下测试具有多个网卡的虚拟机。

设置步骤如下：

(1) 在图 1-3 中，单击“添加网络”按钮。

(2) 选择一个虚拟交换机，比如 VMnet3。

在 Windows 和 Linux 主机中，虚拟交换机 VMnet1 默认情况下会映射到一个“仅主机”模式网络。Workstation 将为虚拟网络分配一个子网 IP 地址。

(3) 从列表中选择新虚拟网络 VMnet3，然后选择“仅主机模式(在专用网络内部连接虚拟机)”，如图 1-6 所示。

(4) (可选)要将主机系统的物理网络连接到网络，可选择“将主机虚拟适配器连接到此网络”。

(5) (可选)要使用本地 DHCP 服务为网络中的虚拟机分配 IP 地址，可选择“使用本地 DHCP 服务将 IP 地址分配给虚拟机”。

(6) (可选)(仅限 Windows 主机)如果网络使用本地 DHCP 服务，要自定义 DHCP 设置，单击“DHCP 设置”按钮。

(7) (可选)要更改子网 IP 地址或子网掩码，可分别在“子网 IP”和“子网掩码”文本框中

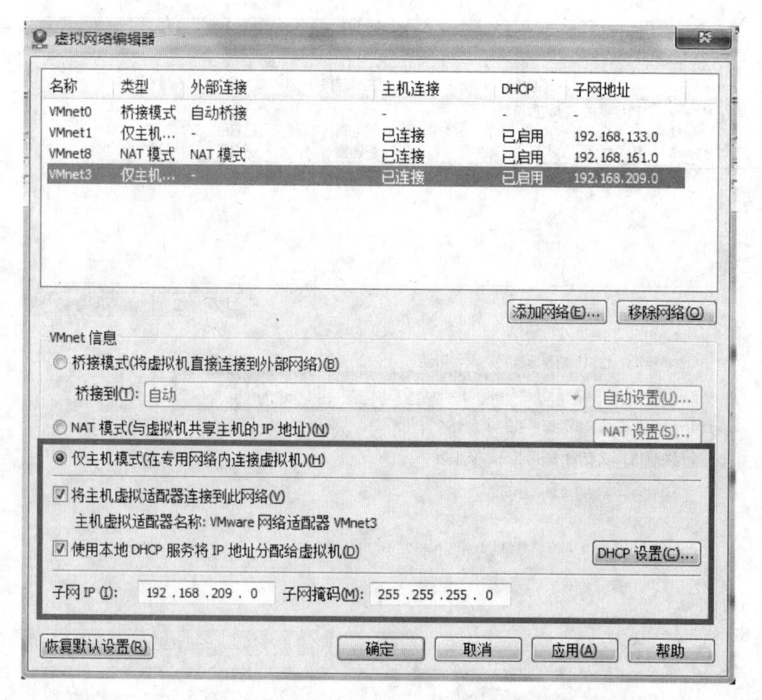

图 1-6　选择仅主机模式(在专用网络内部连接虚拟机)

修改相应的地址。

(8) 单击“确定”按钮,保存所做的更改。

1.4.3　在 Windows 主机中更改 NAT 设置

在 Windows 主机中,可以更改网关 IP 地址、配置端口转发,以及配置 NAT 网络的高级网络设置。要在 Windows 主机中更改 NAT 设置,可选择“编辑”→“虚拟网络编辑器”命令,然后在打开的对话框中选择 NAT 网络,并单击“NAT 设置”按钮,如图 1-7 所示。

注意: 默认情况下,NAT 设备会连接到 VMnet8 虚拟交换机。只能有一个 NAT 虚拟网络。

1.4.4　在 Windows 主机中更改 DHCP 设置

在 Windows 主机中,可以为使用 DHCP 服务分配 IP 地址的 NAT 及仅主机模式网络更改 IP 地址范围和 DHCP 许可证持续时间。

要在 Windows 主机中更改 DHCP 设置,选择“编辑”→“虚拟网络编辑器”命令,然后在打开的对话框中选择 NAT 或仅主机模式网络,并单击“DHCP 设置”按钮,如图 1-7 所示。

1.4.5　设置 VMware Workstation 的联网方式

需要注意的是 VMware 的联网方式。安装完 VMware Workstation 之后,默认会给主机系统增加两个虚拟网卡 VMware Network Adapter VMnet1 和 VMware Network Adapter VMnet8,这两个虚拟网卡分别用于不同的联网方式。VMware 常用的联网方式如表 1-3 所示。

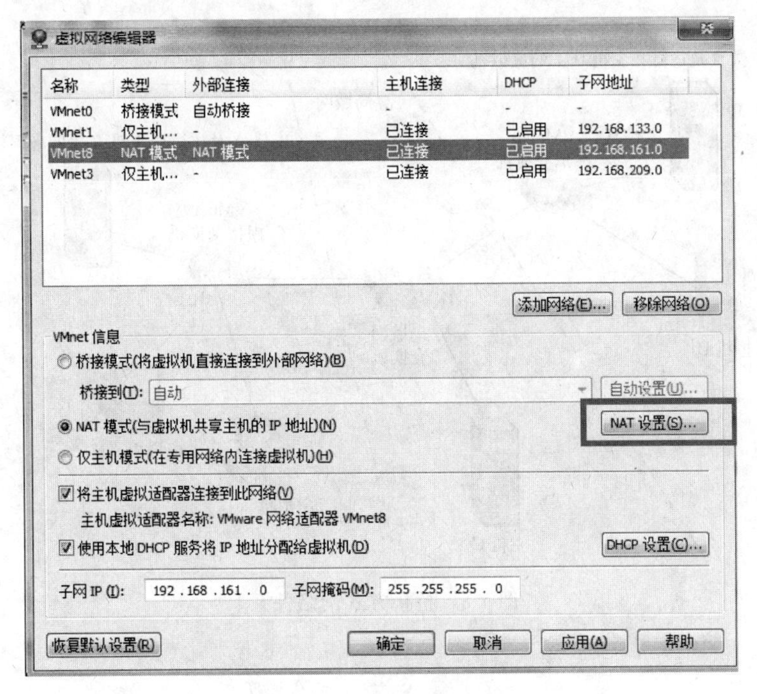

图 1-7　选择 NAT 模式

表 1-3　虚拟机网络连接属性及其意义

选择网络连接属性	意　义
Use bridged networking(桥接网络)	使用(连接)VMnet0 虚拟交换机,此时虚拟机相当于网络上的一台独立计算机,与主机一样,拥有一个独立的 IP 地址
Use network address translation(使用 NAT 网络)	使用(连接)VMnet8 虚拟交换机,此时虚拟机可以通过主机单向访问网络上的其他工作站(包括 Internet 网络),其他工作站不能访问虚拟机
Use Host-Only networking(使用主机网络)	使用(连接)Vmnet1 虚拟交换机,此时虚拟机只能与虚拟机、主机互联,网络上的其他工作站不能访问

1. 桥接网络

如图 1-8 所示,虚拟机 A1、虚拟机 A2 是主机 A 中的虚拟机,虚拟机 B1 是主机 B 中的虚拟机。如果 A1、A2 与 B 都采用“桥接”模式,则 A1、A2、B1 与 A、B、C 任意两台或多台之间都可以互相访问(需要设置为同一网段),这时 A1、A2、B1 与主机 A、B、C 处于相同的身份,相当于插在交换机上的一台“联网”计算机。

2. NAT 网络

如图 1-9 所示,虚拟机 A1、虚拟机 A2 是主机 A 中的虚拟机,虚拟机 B1 是主机 B 中的虚拟机。其中的“NAT 路由器”是启用了 NAT 功能的路由器,用来把 VMnet8 交换机上连接的计算机通过 NAT 功能连接到 VMnet0 虚拟交换机。如果 B1、A1、A2 设置成 NAT 方式,则 A1、A2 可以单向访问主机 B、C,B、C 不能访问 A1、A2;B1 可以单向访问主机 A、C,C、A 不能访问 B1;A1、A2 与 A,B1 与 B 可以互访。

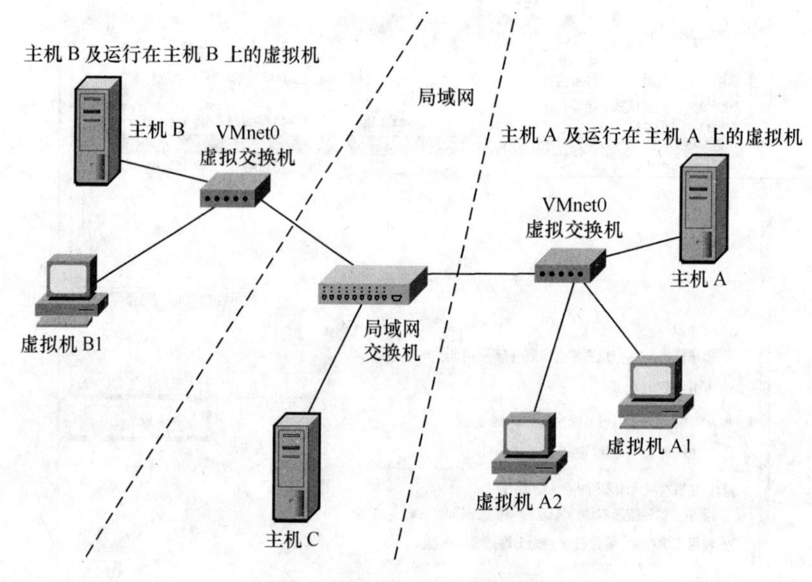

图 1-8　桥接方式网络关系

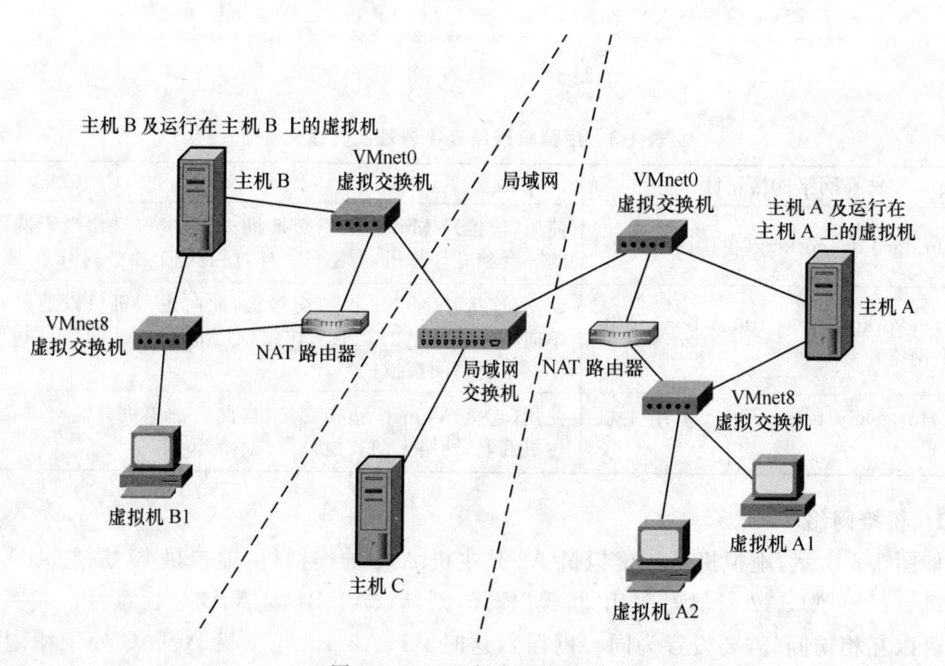

图 1-9　NAT 方式网络关系

3. 主机网络

如图 1-10 所示，虚拟机 A1、虚拟机 A2 是主机 A 中的虚拟机，虚拟机 B1 是主机 B 中的虚拟机。如果 B1、A1、A2 设置成 Host 方式，则 A1、A2 只能与 A 互相访问，A1、A2 不能访问主机 B、C，也不能被这些主机访问；B1 只能与 B 互相访问，B1 不能访问主机 A、C，也不能被这些主机访问。

在使用虚拟机“联网”的过程中，可以随时更改虚拟机所连接的“虚拟交换机”，这相当于

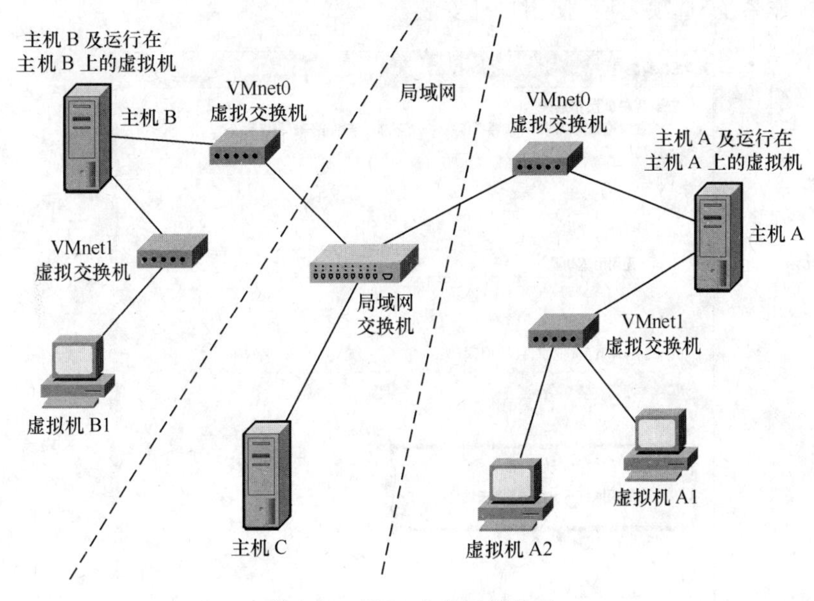

图 1-10　Host 方式网络关系

在真实的局域网环境中把网线从一台交换机插到另一台交换机上。当然，在虚拟机中改变网络要比实际上插拔网线方便多了。与真实的环境一样，在更改了虚拟机的联网方式后，还需要修改虚拟机中的 IP 地址以适应联网方式的改变。例如，在图 1-8 中，假设主机的 VMnet1 使用网段地址 192.168.10.0，VMnet8 使用网段地址 192.168.80.0，网关地址为 192.168.80.254(相当于图 1-9 中"NAT 路由器"内网地址)，主机网卡使用地址为 192.168.1.1。假设虚拟机 A1 开始被设置成桥接方式，虚拟机 A1 的 IP 地址被设置为 192.168.1.5。如果虚拟机 A1 想使用 Host 方式，则修改虚拟机的网卡属性为 Host-Only，然后在虚拟机中修改 IP 地址为 192.168.10.5 即可(也可以设置其他地址，只要网段与 Host 所用网段在同一子网即可，下同)；如果虚拟机 A1 想改用 NAT 方式，则修改虚拟机的网卡属性为 NAT，然后在虚拟机中修改 IP 地址为 192.168.80.5，设置网关地址为 192.168.80.254 即可。

一般来说，Bridged Networking(桥接网络)方式最方便，因为这种连接方式可以将虚拟机当作网络中的真实计算机使用，在完成各种网络实验时效果也最接近于真实环境。但如果没有足够可用的可连接到 Internet 的 IP 地址，也可以将虚拟机网络设置为 NAT 方式，从而通过物理机连接到 Internet。

1.5　安装与配置 Windows Server 2008 虚拟机

下面就可以组装一台虚拟机了。

1. 新建虚拟机

(1) 在 VMware Workstation 主窗口中单击"创建新虚拟机"按钮，或者选择菜单"文件"→"新建虚拟机"命令，打开新建虚拟机向导。

(2) 单击"下一步"按钮，在出现如图 1-11 所示的"新建虚拟机向导"对话框，在此选择

"稍后安装操作系统"选项,且不使用自动安装。

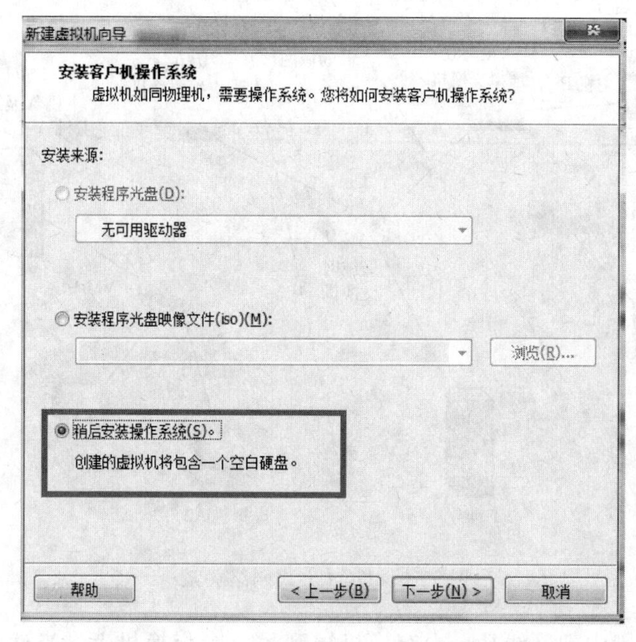

图 1-11 "新建虚拟机向导"对话框

(3) 在接下来的几个步骤中分别设置虚拟机存放位置、网络连接方式,以及分配给虚拟机的内存数量等,大部分选项均可采用系统的默认值。

说明:若系统分区的空间有限,建议将虚拟机的存放位置放在规划好的其他磁盘上,不使用默认设置。

(4) 向导设置完成后,通常还需要设置光盘驱动器的使用方式。选择菜单"虚拟机"→"设置",在图 1-12 所示窗口中选择"CD/DVD(SATA)"选项,可以看到光盘驱动器有两种使用方式。

- 使用物理驱动器:该选项使用主机系统的真实光盘驱动器,如使用该种方式安装操作系统,需要准备光盘介质。
- 使用 ISO 镜像文件:使用光盘映像 ISO 文件模拟光盘驱动器,只需要准备 ISO 文件,不需要实际的光盘介质。对虚拟机系统来说,这与真实的光盘介质并无区别。

特别注意:一定选中"启动时连接"选框,避免启动后找不到光盘镜像。

(5) 设置虚拟计算机完成后,单击工具栏上的绿色启动按钮,可以为虚拟机加电使之启动。此时使用鼠标单击虚拟机系统的屏幕,可将操作焦点转移到虚拟机上,使用组合键 Ctrl+Alt 可以将焦点转移回主机系统。

提示:有时组合键 Ctrl+Alt 可能与系统的某些默认组合键冲突,这时可以将热键设置为其他组合键。方法是选择菜单"编辑"→"首选项",在打开的设置对话框中选择"热键"选项卡,将热键设置为其他组合。

2. 虚拟机 BIOS 设置

在虚拟机窗口中单击,接受对虚拟机的控制,按 F2 键可以进行 BIOS 的设置,如图 1-13 所示,虚拟机中使用的是 Phoenix(凤凰)的 BIOS 程序。

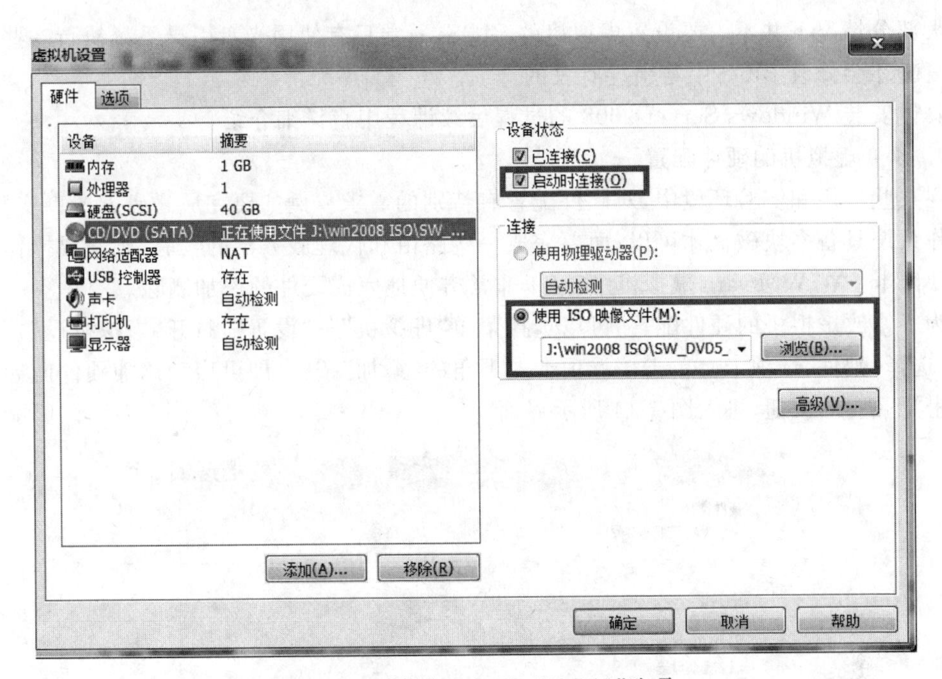

图 1-12　选择“CD/DVD(SATA)”选项

技巧：如果 F2 键不好掌握按下的时机，则可以通过选择“虚拟机”→“电源”→“启动时进入 BIOS”而直接进入 BIOS 设置状态。

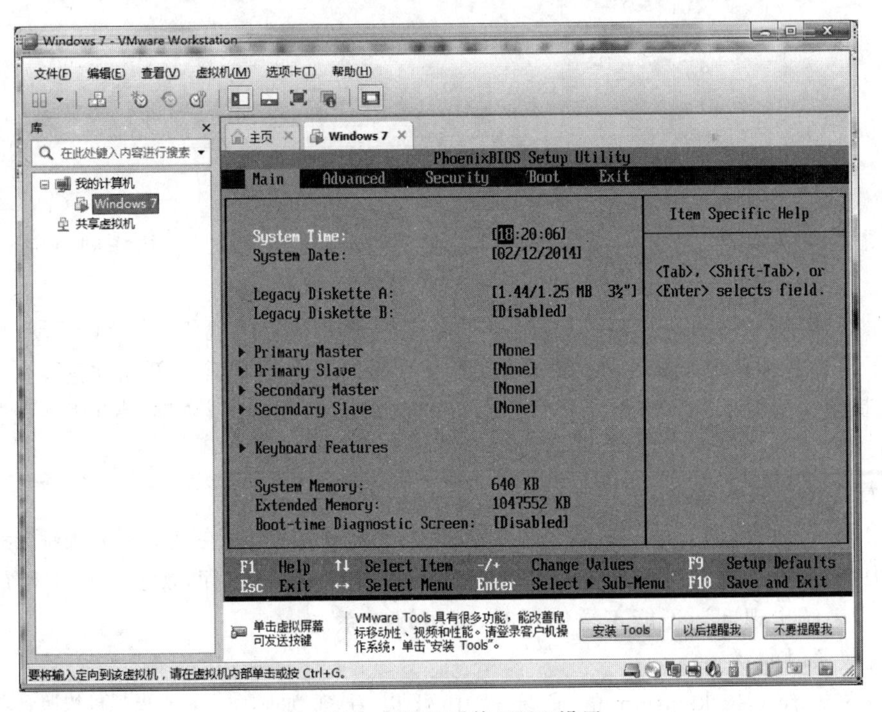

图 1-13　虚拟机系统 BIOS 设置

特别注意：Boot 选项可以更改是否使用光盘启动。

大部分情况下并不需要设置虚拟机的 BIOS，通常只有使用光盘引导系统执行一些维护和修复时才会修改 BIOS 中与引导有关的选项。

具体安装 Windows Server 2008 的过程后续课程中将详细介绍。

3. 改变虚拟机的硬件配置

在某些应用和实验环境中，对硬件配置有特别的需求。例如要完成磁盘 RAID 实验，需要操作系统具备多块磁盘才可以；而要完成一些路由和代理服务器的实验，则需要操作系统有多块网卡。在 WMware 虚拟机中，可以非常方便地完成硬件的添加删除。

为了修改虚拟机的硬件配置，可以选择菜单“虚拟机”→“设置”，打开“虚拟机设置”对话框，并选择“硬件”选项卡。单击该选项卡左下角的“添加”按钮，即可启动添加硬件向导。继续单击“下一步”按钮，进入图 1-14 所示界面。

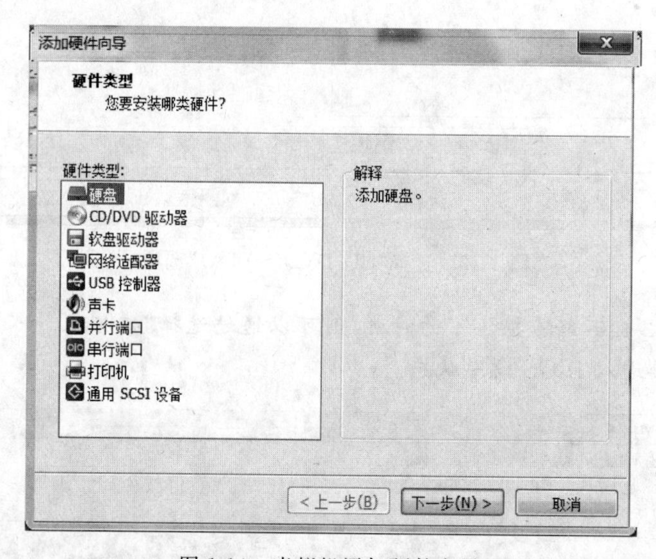

图 1-14　虚拟机添加硬件向导

在图 1-14 所示界面中选择要添加的硬件类型，按照向导提示进行操作即可完成硬件的添加。

如果选择“硬盘”，可以添加多块硬盘(最多支持 4 块 IDE 硬盘和 7 块 SCSI 硬盘)。

为了提高虚拟机系统的性能，建议将实验中不需要的硬件删除。例如软盘驱动器、声卡等设备，都可以暂时删除。方法是在“虚拟机设置”对话框中，选择要删除的硬件设备，单击“移除”按钮。

4. 管理虚拟机快照

使用虚拟机系统的好处之一就是可以为虚拟机建立快照，并在需要的时候将系统恢复到某个快照。所谓快照是对虚拟机系统状态的保存，有了快照，就可以放心地对系统进行任意操作，当系统出现问题不能正常使用时，就可以将系统恢复到建立快照时的状态。

在 VMware Workstation 的工具栏中可以看到如图 1-15 所示的按钮。

图 1-15　虚拟机快照管理按钮

单击第一个按钮，可以立刻对系统建立快照；单击第二个按钮，可以将系统恢复到上一次建立的快照；单击第三个按钮，打开如图 1-16 所示的对话框，在该对话框中对系统的快照进行管理。

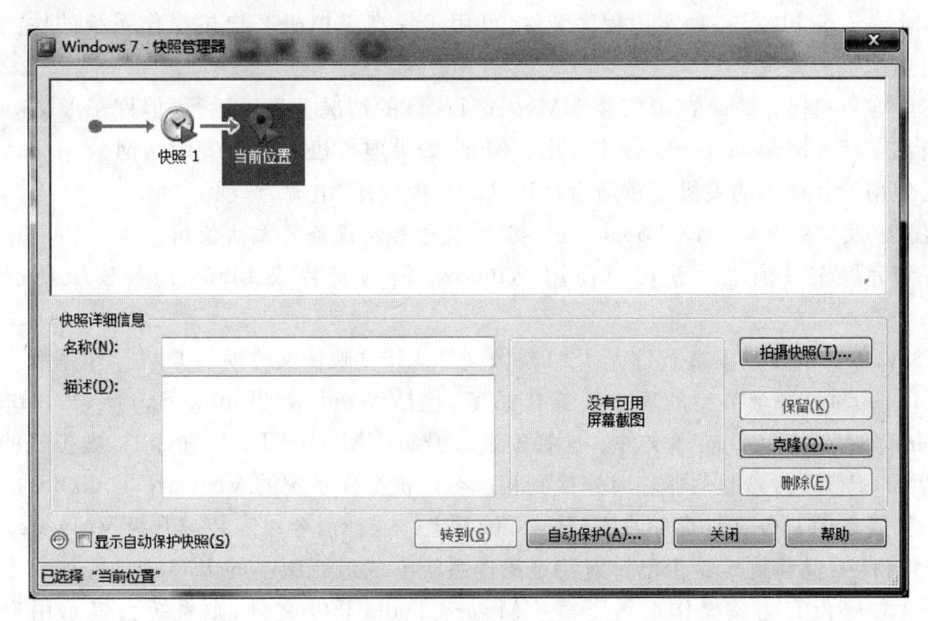

图 1-16　虚拟机快照管理

在该对话框中，可以对快照进行各种管理操作。例如建立新的快照，或者恢复到某个指定的快照，也可以将原有的快照删除。

为了更好地管理和使用虚拟机系统，建议在安装完一个操作系统之后，立即对系统建立快照，并使用简单易记的名字进行命名。在对虚拟机系统进行了重要配置之后，也应该建立相应的快照。

另外，为了不影响后面的实验，在每次做实验之前，将已经安装好的虚拟机创建一个"克隆"(链接)，在创建的克隆链接的虚拟机中做实验，在实验完确认不再使用后，删除克隆后的虚拟机。创建"克隆"(链接)的操作如下。

如图 1-16 所示，单击选中创建的快照点，单击"克隆"(Clone)按钮，出现向导对话框，单击"下一步"按钮，在接下来的对话框中选择"从快照作为原始点"(From Snapshot)按钮，接下来选择"创建一个链接克隆"(Create a link Clone)按钮，然后按提示输入克隆后的虚拟机名称，最后完成克隆虚拟机的创建。

1.6　安装和升级 VMware Tools

安装 VMware Tools 是创建新虚拟机的必需步骤。升级 VMware Tools 是让虚拟机始终符合最新标准的必需步骤。

为获得最佳性能和最新的更新，需要安装或升级 VMware Tools，使其与用户所用的 Workstation 版本相匹配，还提供其他兼容性选项。

1.6.1 安装 VMware Tools

VMware Tools 是一种实用程序套件，可用于提高虚拟机客户机操作系统的性能以及改善对虚拟机的管理。

尽管客户机操作系统在未安装 VMware Tools 的情况下仍可运行，但许多 VMware 功能只有在安装 VMware Tools 后才可用。例如，如果虚拟机中没有安装 VMware Tools，则将无法使用工具栏中的关机或重新启动选项。只能使用"电源"选项。

注意：*没安装 VMware Tools 之前，像 U 盘等移动设备将无法使用。*

安装完操作系统之后就可以使用 Windows 简易安装或 Linux 简易安装功能安装 VMware Tools。

VMware Tools 的安装程序是 ISO 映像文件。ISO 映像文件对客户机操作系统来说就如同 CD-ROM。每个类型的客户机操作系统，包括 Windows、Linux、Solaris、FreeBSD 和 NetWare 都有一个 ISO 映像文件。选择安装或升级 VMware Tools 命令时，虚拟机的第一个虚拟 CD-ROM 磁盘驱动器临时连接到相应客户机操作系统的 VMware Tools ISO 文件。

最新版本的 ISO 文件存储在 VMware 网站上。选择命令以安装或升级 VMware Tools 时，VMware 产品将确定是否已针对特定操作系统下载最新版本的 ISO 文件。如果未下载最新版本或还没有为该操作系统下载 VMware Tools ISO 文件，则系统会提示用户下载文件。

1.6.2 在 Windows 虚拟机中手动安装或升级 VMware Tools

所有受支持的 Windows 客户机操作系统均支持 VMware Tools。

在升级 VMware Tools 前，应考察运行虚拟机的环境，并权衡不同升级策略的利弊。例如，可以安装最新版本的 VMware Tools 以增强虚拟机的客户机操作系统的性能并改进虚拟机管理，也可以继续使用现有版本以在所处环境中提供更大的灵活性。

对于 Windows 2000 及更高版本，VMware Tools 将安装虚拟机升级助手工具。如果将虚拟机兼容性从 ESX/ESXi 3.5 升级到 ESX/ESXi 4.0 和更高版本，或者从 Workstation 5.5 升级到 Workstation 6.0 和更高版本，则此工具可还原网络配置。

1. 前提条件

- 打开虚拟机电源。
- 确认客户机操作系统正在运行。
- 如果安装操作系统时已将虚拟机的虚拟 CD/DVD 驱动器连接到 ISO 映像文件，请更改设置以使虚拟 CD/DVD 驱动器配置为自动检测物理驱动器。自动检测设置使得虚拟机的第一个虚拟 CD/DVD 驱动器能够检测并连接到 VMware Tools ISO 文件以进行 VMware Tools 安装。ISO 文件对客户机操作系统来说就如同物理 CD。使用虚拟机设置编辑器将 CD/DVD 驱动器设置为自动检测物理驱动器。
- 除非使用的是较早版本的 Windows 操作系统，否则，请以管理员身份登录。任何用户都可以在 Windows 95、Windows 98 或 Windows ME 客户机操作系统中安装 VMware Tools。对于比这些版本更新的操作系统，必须以管理员身份登录。

2. 安装步骤

(1) 在主机上，从 Workstation 菜单栏中选择“虚拟机”→“安装 VMware Tools”命令。如果安装了早期版本的 VMware Tools，则菜单项为“更新 VMware Tools”。

(2) 如果第一次安装 VMware Tools，请在“安装 VMware Tools”信息页面中单击“确定”按钮。如果在客户机操作系统中为 CD-ROM 驱动器启用了自动运行，则将启动 VMware Tools 安装向导。

(3) 如果自动运行未启用，要手动启动向导，可单击“开始”→“运行”命令，然后输入“D:\setup.exe”，其中“D:”是第一个虚拟 CD-ROM 驱动器，如图 1-17 所示。或者打开 D 盘，双击 setup.exe。图 1-18 为 VMware Tools 工具软件的内容。

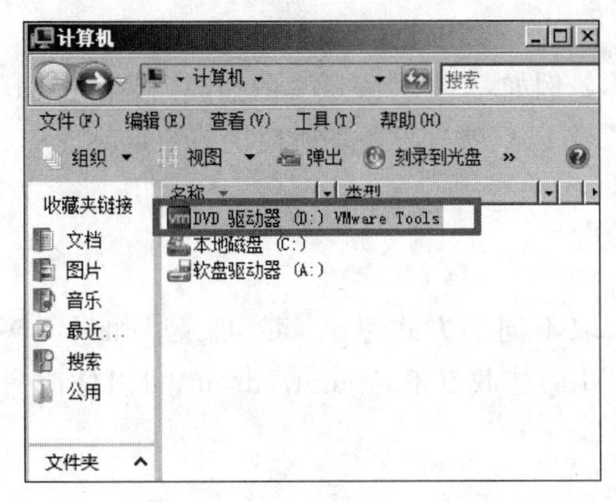

图 1-17　虚拟 CD-ROM 驱动器

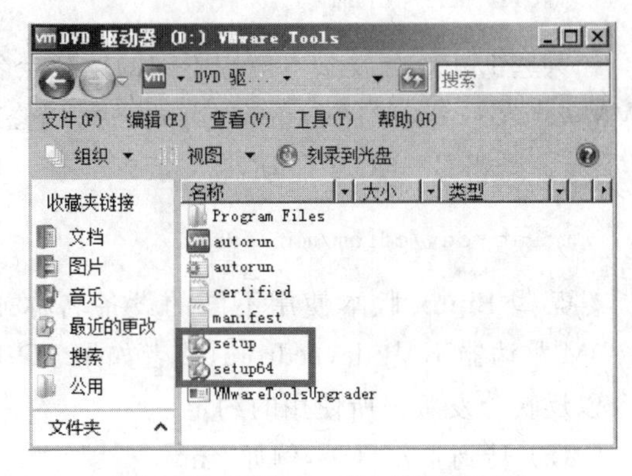

图 1-18　VMware Tools 工具软件

(4) 按照屏幕上的说明进行安装操作。

(5) 如果出现“新建硬件”向导，可以按照提示并接受默认值。

(6) 如果安装的是 VMware Tools 测试版或 RC 版本，且看到一个警告，指出软件包或驱动程序未签名，可以单击“仍然安装”完成安装。

(7) 出现提示时，可以重新引导虚拟机。

(8) 如果有新版虚拟硬件可用于虚拟机，可以升级虚拟硬件。

1.6.3　在 Linux 虚拟机中手动安装或升级 VMware Tools

对于 Linux 虚拟机，通过使用命令行手动安装或升级 VMware Tools。

在升级 VMware Tools 前，应考察运行虚拟机的环境，并权衡不同升级策略的利弊。例如，可以安装最新版本的 VMware Tools 以增强虚拟机的客户机操作系统的性能并改进虚拟机管理，也可以继续使用现有版本以在所处环境中提供更大的灵活性。

1. 前提条件

- 打开虚拟机电源。
- 确认客户机操作系统正在运行。
- 由于 VMware Tools 安装程序是采用 Perl 语言编写的，因此应确认客户机操作系统中已安装 Perl。

2. 安装步骤

(1) 在主机上，从 Workstation 菜单栏中选择“虚拟机”→“安装 VMware Tools”命令。

如果安装了早期版本的 VMware Tools，则菜单项为"更新 VMware Tools"。

(2) 在虚拟机中，以 root 身份登录客户机操作系统，然后打开终端窗口。

(3) 运行不带参数的 mount 命令以确定 Linux 分发版本是否已自动挂载 VMware Tools 虚拟 CD-ROM 映像。

如果已挂载 CD-ROM 设备，则将列出 CD-ROM 设备及其挂载点，如下所示：

```
/dev/cdrom on/mnt/cdrom type iso9660 (ro,nosuid,nodev)
```

(4) 如果未挂载 VMware Tools 虚拟 CD-ROM 映像，应挂载 CD-ROM 驱动器。

① 如果挂载点目录尚不存在，可以创建目录。

```
mkdir /mnt/cdrom
```

某些 Linux 分发版本使用不同的挂载点名称。例如，一些分发版本的挂载点是/media/VMware Tools，而不是/mnt/cdrom。可以修改命令以反映分发版本所使用的约定。

② 挂载 CD-ROM 驱动器。

```
mount /dev/cdrom/mnt/cdrom
```

某些 Linux 版本使用不同的设备名称或采取不同的方式组织/dev 目录。如果 CD-ROM 驱动器不是/dev/cdrom，或者如果 CD-ROM 的挂载点不是/mnt/cdrom，可以修改命令以反映分发版本所使用的约定。

(5) 转到工作目录，例如/tmp。

```
cd /tmp
```

(6) 在安装 VMware Tools 之前，删除任何以前的 vmware-tools-distrib 目录。

此目录的位置取决于以前执行安装时所指定的位置。通常情况下，此目录位于/tmp/vmware-tools-distrib 中。

(7) 列出挂载点目录的内容，并记下 VMware Tools tar 安装程序的文件名。

```
ls mount-point
```

(8) 解压缩安装程序。

```
tar zxpf /mnt/cdrom/VMwareTools-x.x.x-yyyy.tar.gz
```

x. x. x 是产品版本号，yyyy 是产品发行版本的内部版本号。

如果尝试在 RPM 安装之上执行 tar 安装，或者在 tar 安装上执行 RPM 安装，安装程序将检测到以前的安装，并且必须转换安装程序数据库格式，而后才能继续。

(9) 如有必要，应卸载 CD-ROM 映像。

```
umount /dev/cdrom
```

如果 Linux 分发版本已自动挂载 CD-ROM，则不需要卸载映像。

(10) 运行安装程序并配置 VMware Tools。

```
cd vmware-tools-distrib
./vmware-install.pl
```

通常情况下，运行完安装程序文件之后会运行 vmware-config-tools. pl 配置文件。

如果默认值符合系统的配置，则按照提示接受默认值。

提示：在 Linux 图形界面下，也可以双击桌面上的 VMware Tools 解压缩，然后双击 vmware-install. pl 文件运行，按提示进行安装即可。

1.6.4 卸载 VMware Tools

有时 VMware Tools 的升级是不完整的。通常可以通过卸载 VMware Tools 并重新安装来解决此问题。

1. 前提条件

- 打开虚拟机电源。
- 登录客户机操作系统。

2. 卸载步骤

以卸载 Windows 7 的 VMware Tools 为例。

(1) 在客户机操作系统中，选择“程序和功能”→“卸载或更改程序”命令，卸载 VMware Tools 工具，如图 1-19 所示。

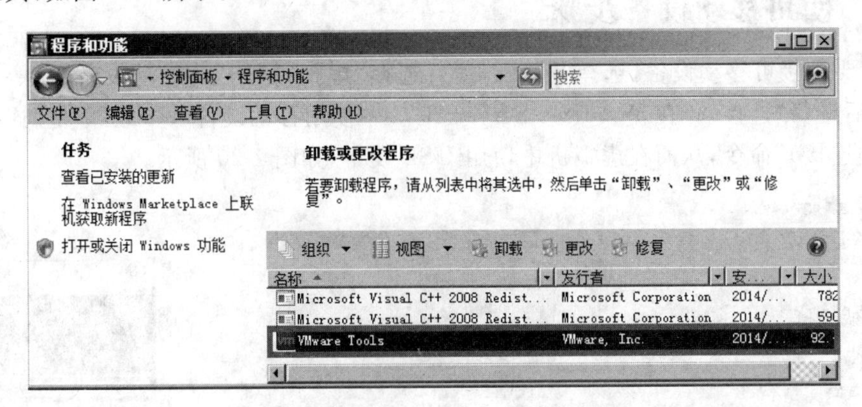

图 1-19 卸载 VMware Tools 工具软件

(2) 双击 VMware Tools，按提示卸载 VMware Tools 工具软件。

其他操作系统卸载 VMware Tools 工具软件的方法如表 1-4 所示。

表 1-4 卸载 VMware Tools 工具软件的方法

操作系统	操作
Windows 7/8	在客户机操作系统中选择“程序”→“卸载或更改程序”命令
Windows Vista 和 Windows Server 2008	在客户机操作系统中，选择“程序和功能”→“卸载或更改程序”命令
Windows XP 及更低版本	在客户机操作系统中，选择“添加/删除程序”
Linux	在使用 RPM 安装程序安装 VMware Tools 的 Linux 客户机操作系统上，在终端窗口中输入 rpm -e VMwareTools
Linux、Solaris、FreeBSD、NetWare	以 root 用户身份登录并在终端窗口中输入 vmware-uninstall-tools. pl
Mac OS X Server	使用位于 /Library/Application Support/VMware Tools 中的“卸载 VMware Tools”应用程序

1.7 在虚拟机中使用可移动设备

可以在虚拟机中连接和断开可移动设备，还可以通过修改远程虚拟机设置更改可移动设备的设置。

1.7.1 前提条件

- 开启虚拟机。
- 必须安装了 VMware Tools 工具软件。
- 如果要连接 USB 设备或断开 USB 设备的连接，应熟悉 Workstation 处理 USB 设备的方式。
- 如果要在 Linux 主机上连接 USB 设备或断开 USB 设备的连接，而 USB 设备文件系统不是位于/proc/bus/usb 中，应将 USB 文件系统装载到该位置。

1.7.2 使用移动设备步骤

(1) 要连接可移动设备，选择虚拟机，然后选择“虚拟机”→“可移动设备”命令，先选择设备，然后选择“连接”。在 Windows Server 2008 中使用移动设备(USB)，单击“连接(断开与主机的连接)”命令，从而在虚拟机中使用 USB 设备，如图 1-20 所示。

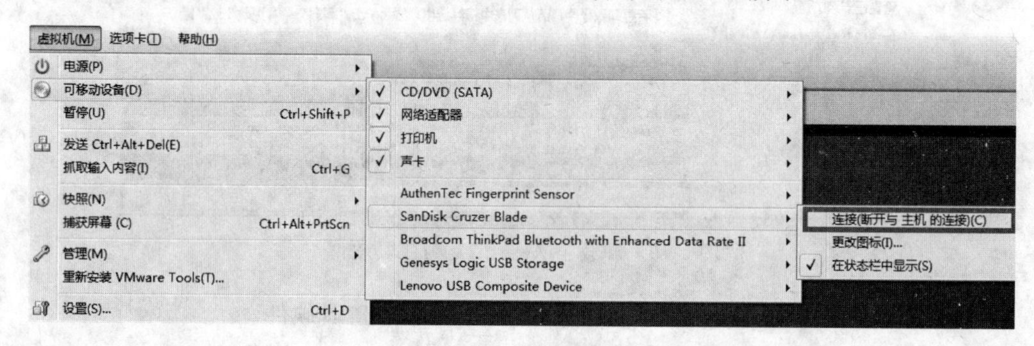

图 1-20 在 Windows Server 2008 中使用移动设备(USB)

注意：一个 USB 设备要么在主机系统中使用，要么在虚拟机系统中使用。不可能同时在两种系统中使用。

(2) 如果设备通过 USB 集线器连接到主机系统，虚拟机只会发现 USB 设备，而非集线器。

(3) 当设备连接到虚拟机后，设备名称旁边会显示一个复选标记，虚拟机任务栏上会显示一个设备图标。

(4) 要更改可移动设备的设置，选择“虚拟机”→“可移动设备”命令，选择设备，然后选择“设置”选项。

(5) 要断开可移动设备的连接，选择虚拟机，然后选择“虚拟机”→“可移动设备”命令，选择设备，再选择“断开连接”选项。

也可以通过单击或右击虚拟机任务栏上的设备图标来断开设备的连接。如果是以全屏模式运行虚拟机,使用任务栏图标会非常便捷。

1.7.3 将 USB 设备连接到虚拟机

在虚拟机运行时,其窗口就属于活动窗口。如果将 USB 设备插入到主机系统,设备将默认连接到虚拟机而非主机。如果连接到主机系统的 USB 设备未在虚拟机开机时连接到虚拟机,必须手动将该设备连接到虚拟机。

将 USB 设备连接到虚拟机时,Workstation 会保留与主机系统上相应端口的连接。可以挂起、关闭虚拟机或拔出设备。在重新插入该设备或继续运行虚拟机时,Workstation 将重新连接该设备。Workstation 会将一个自动连接条目写入到虚拟机配置(.vmx)文件以保留连接。

如果 Workstation 无法重新连接该设备(例如,由于设备连接断开),设备将被移除,Workstation 将显示一条消息表明其无法连接该设备。如果设备仍然可用,可以手动进行连接。

在实际拔出物理设备、将设备从主机系统移动到虚拟机、在虚拟机之间移动设备,或是将设备从虚拟机移到主机时,请按照设备制造商提供的流程将设备从主机上拔下。这些流程对于数据存储设备(如压缩驱动器)尤为重要。如果在保存文件后未等操作系统真正将数据写入到磁盘就过早移动了数据存储设备,数据将可能会丢失。

1.7.4 在 Linux 主机上装载 USB 文件系统

在 Linux 主机上,Workstation 使用 USB 设备文件系统连接 USB 设备。如果 USB 设备文件系统不在/proc/bus/usb 中,则必须将 USB 文件系统装载到此位置。

提示: 请勿尝试将 USB 驱动器设备节点目录(例如/dev/sda)作为硬盘添加到虚拟机。

在 Linux 主机上装载 USB 文件系统的步骤如下。

(1) 确认自己具有主机系统的 root 用户访问权限。

(2) 以 root 用户身份装载 USB 文件系统。

```
mount -t usbfs none /proc/bus/usb
```

(3) 将 USB 设备连接到主机系统。

1.8 为虚拟机设置共享文件夹

可以为虚拟机设置共享文件夹。共享文件夹便于在虚拟机和虚拟机与主机系统之间共享文件。

添加作为共享文件夹的目录可位于主机系统中,也可以是主机系统可访问的网络目录。对共享文件夹的访问受控于主机系统的权限设置。例如,如果作为用户 User 运行 Workstation,那么只有在 User 有权读写共享文件夹中的文件时,虚拟机才能读写这些文件。

要使用共享文件夹，客户机操作系统必须安装了最新版 VMware Tools 且必须支持共享文件夹。

重要提示：*共享文件夹会将文件呈现给虚拟机中的程序，这可能会使数据面临风险。应仅在信任虚拟机使用自己的数据时启用共享文件夹。*

可以为特定的虚拟机启用文件夹共享。要设置用于在虚拟机间共享的文件夹，必须将每个虚拟机配置为使用主机系统或网络共享中的同一目录。

注意：*无法为共享或远程虚拟机启用共享文件夹。*

1. 前提条件

- 确认虚拟机使用的是支持共享文件夹的客户机操作系统。
- 确认客户机操作系统中安装了最新版的 VMware Tools。
- 确认主机系统的权限设置允许访问共享文件夹中的文件。例如，如果作为用户 User 运行 Workstation，那么只有在 User 有权读写共享文件夹中的文件时，虚拟机才能读写这些文件。

要使用共享文件夹，虚拟机必须安装支持此功能的客户机操作系统。支持共享文件夹的客户机操作系统如下：Windows Server 2008、Windows Server 2003、Windows XP、Windows 2000、Windows NT 4.0、Windows Vista、Windows 7、Linux(内核版本为 2.6 或更高)、Solaris x86 10、Solaris x86 10 Update 1 及更高版本。

2. 为虚拟机 Windows Server 2008 设置共享文件夹

(1) 选择虚拟机，然后选择“虚拟机”→“设置”命令。

(2) 在“选项”选项卡中选择“共享文件夹”，如图 1-21 所示。

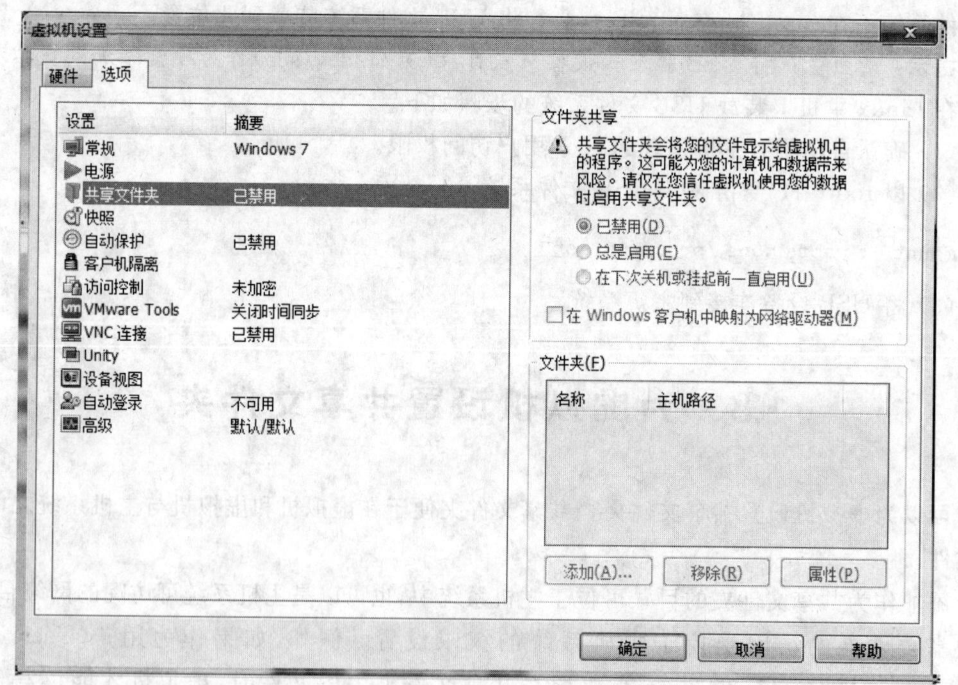

图 1-21 选择共享文件夹

(3) 选择一种“文件夹共享”选项。各选项作用如表 1-5 所示。

表 1-5 文件夹共享选项

选 项	描 述
总是启用	始终启用文件夹共享,即便虚拟机关闭、挂起或关机
在下次关机或挂起前一直启用	暂时启用文件夹共享,直到虚拟机关机、挂起或关闭。重新启动虚拟机后,共享文件夹仍保持启用状态。该设置仅在虚拟机处于开启状态时可用

(4) (可选)要将驱动器映射到 Shared Folders 目录,选择“在 Windows 客户机中映射为网络驱动器”。该目录包含用户启用的所有共享文件夹,Workstation 会选择驱动器盘符。

(5) 单击“添加”按钮,可以添加共享文件夹。Windows 主机上会启动添加共享文件夹向导。在 Linux 主机上,“共享文件夹属性”对话框将打开。

(6) 输入主机系统上要共享的目录路径。

如果在网络共享中指定了一个目录,例如“D:\share”,Workstation 将始终尝试使用该路径。如果这个目录随后被连接到主机上的其他驱动器盘符,Workstation 将无法找到共享文件夹。

(7) 指定虚拟机中应当显示的共享文件夹的名称。

对于客户机操作系统认为非法的共享名称字符,其在客户机中会以其他形式显示。例如,如果在共享名称中使用了星号(*),则该名称中的 * 在客户机中将显示为%002A。非法字符会转换为相应的十六进制 ASCII 值。

(8) 选择共享文件夹属性,如表 1-6 所示。

表 1-6 共享文件夹属性

选 项	描 述
启用此共享	启用共享文件夹。取消选择该选项可禁用共享文件夹,但不会将其从虚拟机配置中删除
只读	将共享文件夹设为只读。选择该属性后,虚拟机可以查看并从共享文件夹中复制文件,但不能添加、更改或移除文件。对共享文件夹中文件的访问还受控于主机的权限设置

(9) 单击“完成”按钮,添加共享文件夹。

共享文件夹会显示在“文件夹”列表中,如图 1-22 所示。选中文件夹名称对应的复选框表示文件夹正被共享。可以取消选中此复选框来禁用文件夹共享。

(10) 单击“确定”按钮,保存所做的更改。添加“D:\share”作为虚拟机的共享文件夹。

3. 查看共享文件夹

(1) 在 Linux 客户机中,共享文件夹位于/mnt/hgfs 目录下。在 Solaris 客户机中,共享文件夹位于/hgfs 目录下。

(2) 在 Windows 客户机中查看共享文件夹。

在 Windows 客户机操作系统中,可以使用桌面图标来查看共享文件夹。

注意:如果客户机操作系统使用的是 Workstation 4.0 中的 VMware Tools,共享文件夹会显示为指定驱动器盘符上的文件夹。

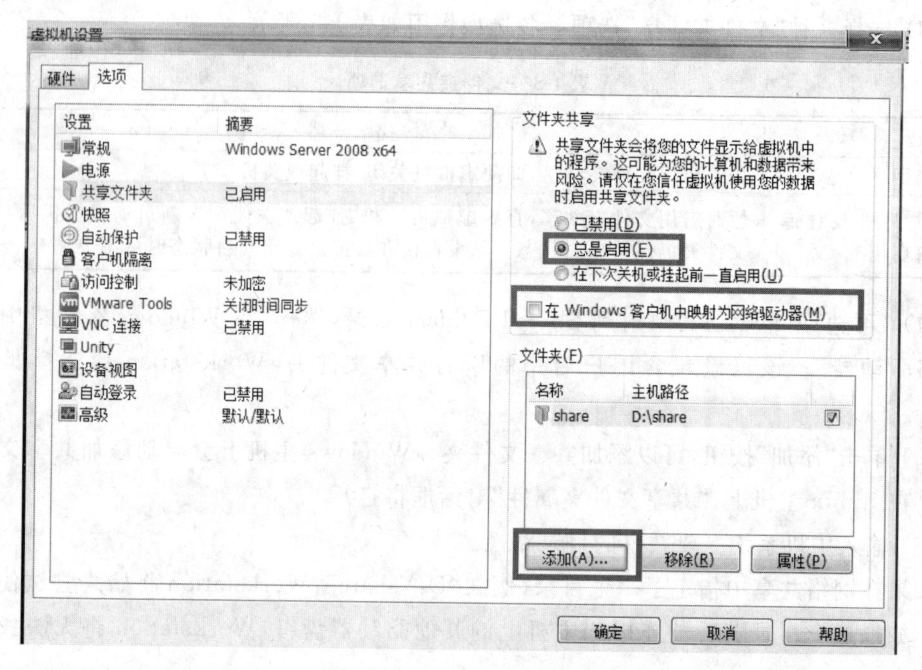

图 1-22　添加共享文件夹

在 Windows 客户机中查看共享文件夹的步骤如下。

根据所用的 Windows 操作系统版本，在“My Network Places（网上邻居）”、“Network Neighborhood（网上邻居）”或“网络”中查找“VMware 共享文件夹”。

如果将共享文件夹映射为网络驱动器，应打开“我的电脑”，在“网络驱动器”中查找“‘vmware-host’上的共享文件夹”。

要查看特定的共享文件夹，使用 UNC 路径\\vmware-host\Shared Folders\共享文件夹名称直接前往该文件夹。在上面的例子中，查看虚拟机 Windows Server 2008 设置的共享文件夹，在“运行”命令窗口中输入：\\vmware-host\Shared Folders\，出现如图 1-23 所示的对话框。

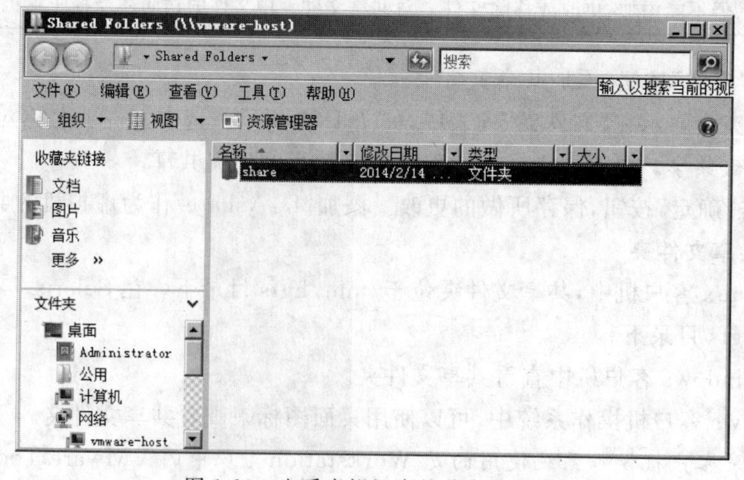

图 1-23　查看虚拟机中的共享文件夹

1.9　为虚拟机拍摄快照

为虚拟机拍摄快照可以保存虚拟机的当前状态，从而可以重复返回到同一状态。拍摄快照时，Workstation 会捕捉虚拟机的完整状态。可以使用快照管理器来查看和操作活动虚拟机的快照。

1.9.1　使用快照保留虚拟机状态

快照的内容包括虚拟机内存、虚拟机设置，以及所有虚拟磁盘的状态。恢复到快照时，虚拟机的内存、设置和虚拟磁盘都将返回到拍摄快照时的状态。

如果计划对虚拟机做出更改，则可能需要以线性过程拍摄快照。例如，可以拍摄快照，然后继续使用虚拟机，一段时间后再拍摄快照，以此类推。如果更改不符合预期，可以恢复到此项目中以前的一个已知工作状态快照。

对于本地虚拟机，每个线性过程可以拍摄超过 100 个快照。对于共享和远程虚拟机，每个线性过程最多可以拍摄 31 个快照。

如果要进行软件测试，则可能需要以过程树分支的形式保存多个快照(所有分支基于同一个基准点)。例如，可以在安装同一个应用程序的不同版本之前拍摄一个快照，以确保每次安装都从同一个基准点出发。图 1-24 为过程树中作为还原点的快照。

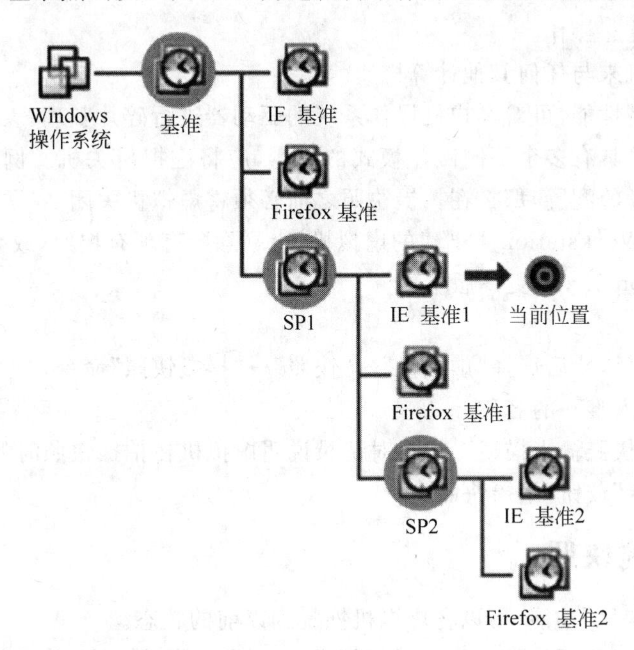

图 1-24　过程树中作为还原点的快照

多个快照之间为父子项关系。作为当前状态基准的快照即是虚拟机的父快照。拍摄快照后，所存储的状态即为虚拟机的父快照。如果恢复到更早的快照，则该快照将成为虚拟机的父快照。

在线性过程中,每个快照都有一个父项和一个子项,但最后一个快照没有子项。在过程树中,每个快照都有一个父项,但是可以有不止一个子项,也可能有些快照没有子项。

1.9.2 拍摄虚拟机快照

拍摄快照时,系统会及时保留指定时刻的虚拟机状态,而虚拟机则会继续运行。通过拍摄快照,可以反复恢复到同一个状态。可以在虚拟机处于开启、关机或挂起状态时拍摄快照。

当虚拟机中的应用程序正在与其他计算机进行通信时,尤其是在生产环境中,请勿拍摄快照。例如,如果在虚拟机正从网络中的服务器下载文件时拍摄快照,虚拟机会在快照拍摄完成后继续下载文件。当恢复到该快照时,虚拟机和服务器之间的通信会出现混乱,文件传输将会失败。

注意:Workstation 4 虚拟机不支持多个快照,必须将虚拟机升级到 Workstation 7.x 或更高版本才能拍摄多个快照。

1. 前提条件

- 确认虚拟机没有配置为使用物理磁盘。对于使用物理磁盘的虚拟机,无法拍摄快照。
- 要使虚拟机在开启时恢复到挂起、开机或关机状态,请确保在拍摄快照之前虚拟机处于相应的状态。恢复到快照时,虚拟机的内存、设置和虚拟磁盘都将返回到拍摄快照时的状态。
- 完成所有挂起操作。
- 确认虚拟机未与任何其他计算机通信。
- 为获得更高性能,可对客户机操作系统的驱动器进行碎片整理。
- 如果虚拟机具有多个不同磁盘模式的磁盘,应将虚拟机关机。例如,如果有需要使用独立磁盘的配置,那么在拍摄快照之前必须将虚拟机关闭。
- 对于使用 Workstation 4 创建的虚拟机,应删除所有现有快照,或者将虚拟机升级到 Workstation 5.x 或更高版本。

2. 步骤

(1) 选择虚拟机,然后选择“虚拟机”→“快照”→“拍摄快照”命令。

(2) 为快照输入唯一的名称。

(3) (可选)为快照输入描述。描述对记录说明虚拟机在拍摄快照时的状态非常有用。

(4) 单击“确定”按钮,拍摄快照。

1.9.3 恢复到快照

通过“恢复到快照”功能,可以将虚拟机恢复到以前的状态。

如果在为虚拟机拍摄快照后添加了任何类型的磁盘,恢复到该快照会从虚拟机中移除该磁盘。关联的磁盘(.vmdk)文件如果未被其他快照使用,则会被删除。

重要提示:如果在将独立磁盘添加到虚拟机后拍摄快照,恢复到该快照不会影响独立磁盘的状态。

恢复到快照的步骤如下。

(1) 要恢复到父快照,应选择虚拟机,然后选择"虚拟机"→"快照"→"恢复到快照"命令。

(2) 要恢复到任意快照,应选择虚拟机,然后选择"虚拟机"→"快照"命令,选择所需快照,单击"转到"按钮。

1.9.4　使用快照管理器

可以使用快照管理器来查看和操作活动虚拟机的快照。通过快照树可以查看虚拟机的快照以及快照之间的关系。

(1) 要使用快照管理器,应选择"虚拟机"→"快照"→"快照管理器"命令。

(2) "当前位置"图标显示了虚拟机的当前状态。其他图标代表自动保护快照、已开启的虚拟机的快照、已关机的虚拟机的快照,以及用于创建链接克隆的快照。要对选定快照执行操作,应单击相应的按钮。可以通过按住 Ctrl 键并单击的方式选择多个快照。表 1-7 描述了快照管理器的操作。

表 1-7　快照管理器操作

按　　钮	操　　作
拍摄快照	为选定的虚拟机拍摄快照。快照的内容包括虚拟机内存、虚拟机设置,以及所有虚拟磁盘的状态。拍摄快照不会保存物理磁盘的状态。独立磁盘的状态不受快照影响。 注意:如果拍摄快照功能被禁用,可能是因为虚拟机具有多个不同磁盘模式的磁盘。例如,如果采用了需要使用独立磁盘的特殊用途配置,那么在拍摄快照之前必须将虚拟机关闭
保留	防止选定的自动保护快照被删除。 当 Workstation 拍摄的快照数达到在设置自动保护时指定的最大自动保护快照数时,系统在每次拍摄新快照时会自动删除最早的自动保护快照,除非该快照具有删除保护
克隆	启动克隆虚拟机向导来指导用户完成操作或创建克隆。当需要将多个相同的虚拟机部署到一个组时,克隆功能会非常有用
放大和缩小	(仅限 Linux 主机)扩大或缩小快照树的大小
删除	删除选定的快照。删除快照不会影响虚拟机的当前状态。如果快照关联的虚拟机已被指定为克隆模板,则无法删除快照。 要删除某个快照及其所有子级对象,请右击该快照,然后选择"删除快照"及其子项。如果快照的子级对象包括自动保护快照,这些自动保护快照只有在"显示自动保护快照"处于选中状态时才会被删除。 重要提示:如果使用某个快照创建克隆,该快照会被锁定。如果删除锁定的快照,通过该快照创建的克隆将无法继续正常工作
显示自动保护快照	在快照树中显示自动保护快照
转到	恢复到选定的快照。 如果在为虚拟机拍摄快照后添加了任何类型的磁盘,恢复到该快照会从虚拟机中移除该磁盘。如果关联的磁盘文件未被其他快照使用,则会被删除。 如果在将独立磁盘添加到虚拟机后拍摄快照,恢复到该快照不会影响独立磁盘的状态
自动保护	显示选定虚拟机的自动保护选项
名称和描述	选定快照的名称和描述。编辑相应的文本框可以更改名称和描述

第 2 章　Linux 系统安装与常用命令

Linux 是当前最具发展潜力的计算机操作系统，Internet 的旺盛需求正推动着 Linux 的发展热潮一浪高过一浪。Linux 自由与开放的特性，加上强大的网络功能，使其在 21 世纪有着无限的发展前景。

中小型企业在选择网络操作系统时，首先推荐企业版 Linux 网络操作系统。一是由于其开源的优势；二是考虑安全性。

本章以 RHEL 6.4 为基础，首先介绍 Linux 系统的安装与系统管理，主要包含 Linux 的安装与配置、Linux 常用命令两部分内容。

2.1　Linux 的安装与配置

2.1.1　实训目的

- 掌握光盘方式下安装 RHEL 6 的基本步骤。
- 了解系统中各硬件设备的设置方法。
- 了解磁盘分区的相关知识，并手工建立磁盘分区。
- 掌握 RHEL 6 的初始化设置。
- 掌握 RHEL 6 的启动过程。
- 掌握 RHEL 6 的运行级别。

2.1.2　实训环境

- 一台已经安装好 Windows 7 的计算机。
- Windows 7 上已经安装好了 VMware Workstation 10.0.1，且运行正常。
- 一套 RHEL 6 安装光盘。或者 RHEL 6 的镜像文件(ISO)。

2.1.3　实训准备

中小型企业在选择网络操作系统时，首先推荐企业版 Linux 网络操作系统。一是由于其开源的优势；二是考虑安全性。

要想成功安装 Linux，首先必须要对硬件的基本要求、硬件的兼容性、多重引导、磁盘分区和安装方式等进行充分准备，获取发行版本，查看硬件是否兼容，选择适合的安装方式。做好这些准备工作，Linux 安装之旅才会一帆风顺。

用户可以借助 Windows 的设备管理器来查看计算机中各硬件的型号，并与 Red Hat 公司提供的硬件兼容列表进行对比，以确定硬件是否与 RHEL 6 兼容。

1. 硬件的基本要求

在安装 Red Hat Enterprise Linux 6 之前，我们首先要了解它的最低硬件需求，以保证主机可以正常运行。

- CPU：需要 Pentium 以上处理器。
- 内存：对于 x86、AMD 64/Intel 64 和 Itanium2 架构的主机，最少需要 512MB 的内存，如果主机是 IBM Power 系列，则至少需要 1GB 的内存(推荐 2GB)。
- 硬盘：必须保证有大于 1GB 的空间。实际上，这是安装占用的空间，如果考虑到交换分区、用户数据分区，则所需要的空间远远不止 1GB(完全安装就需要 5GB 以上的硬盘空间)。
- 显卡：需要 VGA 兼容显卡。
- 光驱：CD-ROM 或者 DVD。
- 其他：兼容声卡、网卡等。

由于 Windows 在操作系统上的垄断地位，绝大多数硬件产品厂商只开发了 Windows 操作系统的驱动程序，不过随着 Linux 的快速发展，这种局面在一定程度上得到了缓解，比如著名的显卡厂商 nVIDIA 和 AMD 都开始为 Linux 开发驱动程序，其他业余人员、爱好者也合作编写了质量相当高的各种硬件驱动程序。

Red Hat Enterprise Linux 6 支持目前绝大多数主流的硬件设备，不过由于硬件配置、规格更新极快，若想知道自己的硬件设备是否被 Red Hat Enterprise Linux 6 支持，最好去访问硬件认证网页(https://hardware. RedHat. com)，查看哪些硬件通过了 Red Hat Enterprise Linux 6 的认证。

2. 多重引导

Linux 和 Windows 的多系统共存有多种实现方式，最常用的有以下 3 种。

- 先安装 Windows，再安装 Linux，最后用 Linux 内置的 GRUB 或者 LILO 来实现多系统引导。这种方式实现起来最简单。
- 无所谓先安装 Windows 还是 Linux，最后经过特殊的操作，使用 Windows 内置的 OS Loader 来实现多系统引导。这种方式实现起来稍显复杂。
- 同样无所谓先安装 Windows 还是 Linux，最后使用第三方软件来实现 Windows 和 Linux 的多系统引导。这种实现方式最为灵活，操作也不算复杂。

在这 3 种实现方式中，目前用户使用最多的是通过 Linux 的 GRUB 或者 LILO 实现 Windows、Linux 的多系统引导。

LILO 是最早出现的 Linux 引导装载程序之一，其全称为 Linux Loader。早期的 Linux 发行版本中都以 LILO 作为引导装载程序。GRUB 比 LILO 晚出现，其全称是 GRand Unified Bootloader。GRUB 不仅具有 LILO 的绝大部分功能，并且还拥有漂亮的图形化交互界面、方便的操作模式。因此，包括 Red Hat 在内的越来越多 Linux 发行版本转而将 GRUB 作为默认安装的引导装载程序。

GRUB 提供给用户交互式的图形界面，还允许用户定制个性化的图形界面。而 LILO 的旧版本只提供文字界面，在其最新版本中虽然已经有图形界面，但对图形界面的支持还比较有限。

LILO 通过读取硬盘上的绝对扇区来装入操作系统，因此每次改变分区后都必须重新配置 LILO。如果调整了分区的大小或者分区的分配，那么 LILO 在重新配置之前就不能引导这个分区的操作系统。而 GRUB 是通过文件系统直接把内核读取到内存，因此只要操作系统内核的路径没有改变，GRUB 就可以引导操作系统。

GRUB 不但可以通过配置文件进行系统引导，还可以在引导前动态改变引导参数，动态加载各种设备。例如，刚编译出 Linux 的新内核，却不能确定其能否正常工作时，就可以在引导时动态改变 GRUB 的参数，尝试装载新内核。LILO 只能根据配置文件进行系统引导。

GRUB 提供强大的命令行交互功能，方便用户灵活地使用各种参数来引导操作系统和收集系统信息。GRUB 的命令行模式甚至还支持历史记录功能，用户使用上下箭头键就能寻找到以前的命令，非常高效易用，而 LILO 就不提供这种功能。

3. 磁盘分区

(1) 磁盘分区简介。

硬盘上最多只能有四个主分区，其中一个主分区可以用一个扩展分区来替换。也就是说主分区可以有 1～4 个，扩展分区可以有 0～1 个，而扩展分区中可以划分出若干个逻辑分区。

目前常用的硬盘主要有两大类：IDE 接口硬盘和 SCSI 接口硬盘。IDE 接口的硬盘读写速度比较慢，但价格相对便宜，是家庭用 PC 常用的硬盘类型。SCSI 接口的硬盘读写速度比较快，但价格相对较贵。通常，要求较高的服务器会采用 SCSI 接口的硬盘。一台计算机上一般有两个 IDE 接口（IDE0 和 IDE1），在每个 IDE 接口上可连接两个硬盘设备（主盘和从盘）。采用 SCSI 接口的计算机也遵循这一规律。

Linux 的所有设备均表示为/dev 目录中的一个文件，如：

- IDE 接口上的主盘称为/dev/hda；
- IDE 接口上的从盘称为/dev/hdb；
- SCSI 接口上的主盘称为/dev/sda；
- SCSI 接口上的从盘称为/dev/sdb；
- IDE 接口上主盘的第 1 个主分区称为/dev/hda1；
- IDE 接口上主盘的第 1 个逻辑分区称为/dev/hda5。

由此可知，/dev 目录下"hd"开头的设备是 IDE 硬盘，"sd"开头的设备是 SCSI 硬盘。设备名称中第 3 个字母为 a，表示该硬盘是连接在第 1 个接口上的主盘硬盘，而 b 则表示该盘是连接在第 2 个接口上的从盘硬盘，并以此类推。分区则使用数字来表示，数字 1～4 用于表示主分区或扩展分区，逻辑分区的编号从 5 开始。

(2) 分区方案。

对于初次接触 Linux 的用户来说，分区方案越简单越好，所以最好的选择就是为 Linux 装备两个分区，一个是用户保存系统和数据的根分区(/)，另一个是交换分区。其中交换分区不用太大，与物理内存同样大小即可；根分区则需要根据 Linux 系统安装后占用资源的大小和所需要保存数据的多少来调整大小（一般情况下，划分 15～20GB 就足够了）。

当然，对于 Linux 熟手，或者要安装服务器的管理员来说，这种分区方案就不太适合了。

此时,一般还会单独创建一个/boot分区,用于保存系统启动时所需要的文件,再创建一个/usr分区,操作系统基本都在这个分区中;还需要创建一个/home分区,所有的用户信息都存在这个分区下;还有/var分区,服务器的登录文件、邮件、Web服务器的数据文件都会放在这个分区中,如图2-1所示。

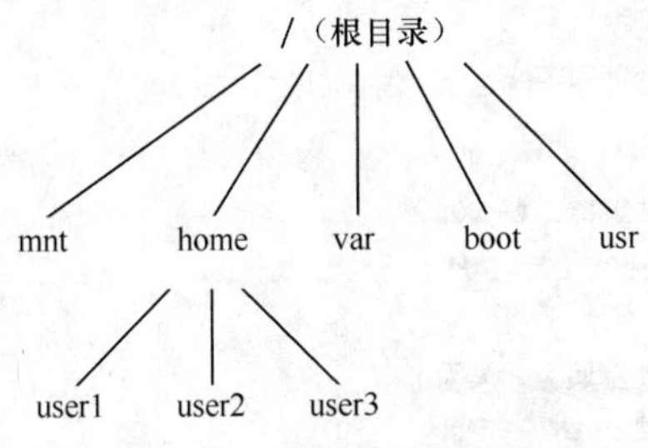

图2-1 Linux服务器常见分区方案

至于分区操作,由于Windows并不支持Linux下的ext2、ext3和swap分区,所以我们只有借助于Linux的安装程序进行分区了。当然,绝大多数第三方分区软件也支持Linux的分区,我们也可以用它们来完成这项工作。

4. 安装方式选择

Red Hat Enterprise Linux 6安装程序的启动,根据实际情况的不同,主要有4种选择。

- Red Hat Enterprise Linux 6 CD-ROM/DVD: 需要用户手上有Red Hat Enterprise Linux 6的安装光盘。
- 从CD-ROM/DVD启动: 用户的计算机必须支持光盘启动,并且安装文件可以通过本地硬盘、NFS/FTP/HTTP等途径访问。
- 从USB闪盘启动: 用户的计算机必须支持从闪盘启动,并且安装文件可以通过本地硬盘、NFS/FTP/HTTP等途径访问。
- 以PXE方式网络启动。

下面就以Red Hat Enterprise Linux 6 CD-ROM/DVD方式来启动计算机,并逐步安装程序。

2.1.4 实训步骤

1. 安装Red Hat Enterprise Linux 6

在安装前需要对虚拟机软件做一点介绍。启动VMWare软件,在VMWare Workstation主窗口中单击New Virtual Machine,或者选择File→New→Virtual Machine命令,打开新建虚拟机向导。继续单击"下一步"按钮,出现如图2-2所示对话框。从VMWare 6.5开始,在建立虚拟机时有一项Easy Install,类似Windows的无人值守安装,如果不希望执行Easy Install,选择第3项"我以后再安装操作系统"单选按钮(推荐选择本项)。其他内容可参照网上资料。

(1) 设置启动顺序

决定了要采用的启动方式后,就要到BIOS中进行设置,将相关的启动设备设置为高优先级。因为现在所有的Linux版本都支持从光盘启动,所以我们就进入Advanced BIOS Feature选项,设置第1个引导设备为CD-ROM。

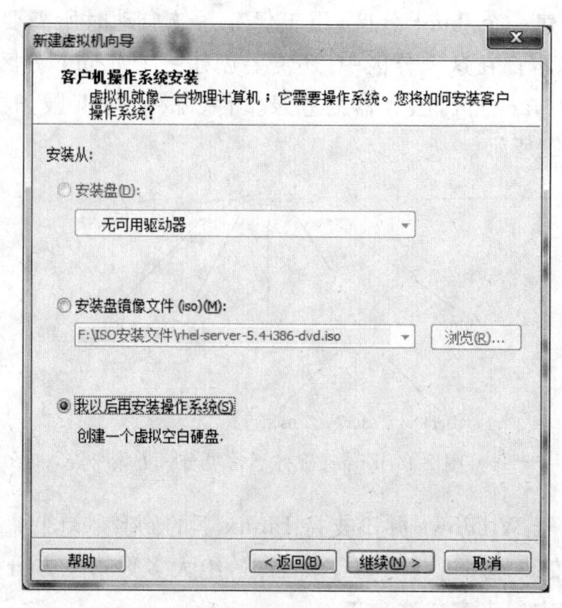

图 2-2　在虚拟机中选择安装方式

一般情况下，计算机的硬盘是启动计算机的第一选择，也就是说计算机在开机自检后，将首先读取硬盘上引导扇区中的程序来启动计算机。要安装 RHEL 6，首先要确认计算机将光盘设置为第 1 启动设备。开启计算机电源后，屏幕会出现计算机硬件的检测信息，此时根据屏幕提示按下相应的按键就进入 BIOS 的设置画面，如屏幕出现 Press DEL to enter SETUP 字样，那么单击 Delete 键就进入 BIOS 设置画面。不同的计算机提示信息有所不同，不同主板的计算机 BIOS 设置画面也有所差别。

在 BIOS 设置画面中将系统启动顺序中的第 1 启动设备设置为 CD-ROM 选项，并保存设置，退出 BIOS。

(2) 选择安装方式

现在把 Red Hat Enterprise Linux 6 CD-ROM/DVD 放入光驱，重新启动计算机，稍等片刻，就看到了经典的 Red Hat Linux 安装界面，如图 2-3 所示。

RHEL 6 的安装欢迎界面和 RHEL 6 有点区别，RHEL 6 分 4 个选项，第一个是安装或者升级一个存在的系统；第二个是安装基本的视频驱动系统；第三个是救援模式安装系统；第四个是从本地磁盘启动。光盘安装界面常用按 Tab 键是编辑，按 Enter 键是执行，移动可使用上下箭头键。

(3) 检测光盘和硬件

选中第一项，直接按 Enter 键，安装程序就会自动去检测硬件，并且会在屏幕上提示相关的信息，如光盘、硬盘、CPU、串行设备等，如图 2-4 所示。

检测完毕后，还会出现一个光盘检测窗口，如图 2-5 所示。这是因为大家使用的 Linux 很多都是从网上下载的。为了防止下载错误导致安装失败，Red Hat Enterprise Linux 特意设置了光盘正确性检查程序。如果确认自己的光盘没有问题，就按下 skip 按钮跳过漫长的检测过程。

Welcome to Red Hat Enterprise Linux 6.4!
Install or upgrade an existing system
Install system with basic video driver
Rescue installed system
Boot from local drive
Memory test
Press [Tab] to edit options
Automatic boot in 49 seconds...
RED HAT®
ENTERPRISE LINUX® 6
Copyright © 2003-2010 Red Hat, Inc. and others. All rights reserved.

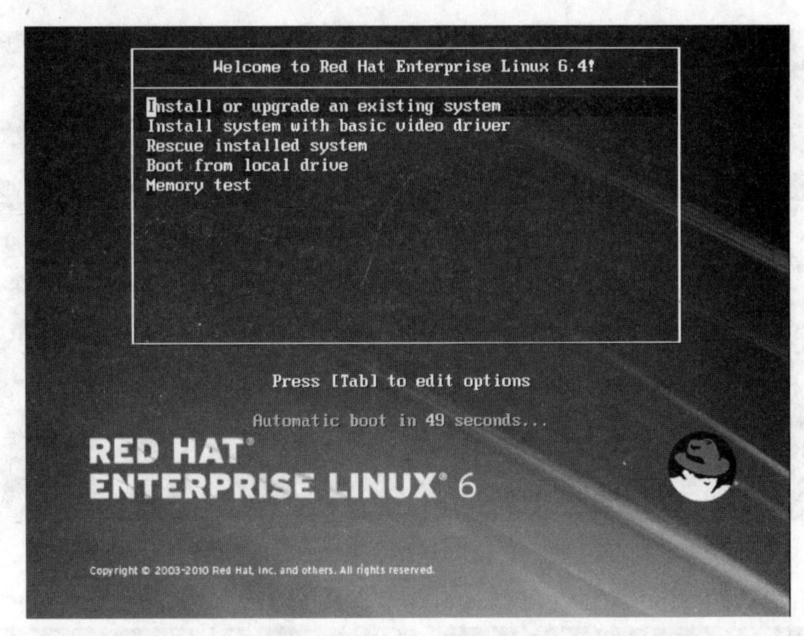

图 2-3　选择 Red Hat Enterprise Linux 6 安装模式

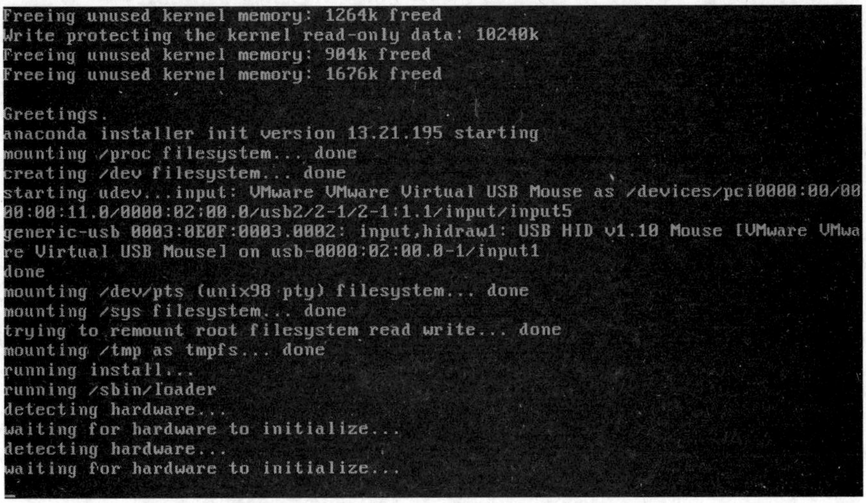

Freeing unused kernel memory: 1264k freed
Write protecting the kernel read-only data: 10240k
Freeing unused kernel memory: 904k freed
Freeing unused kernel memory: 1676k freed
Greetings.
anaconda installer init version 13.21.195 starting
mounting /proc filesystem... done
creating /dev filesystem... done
starting udev...input: VMware VMware Virtual USB Mouse as /devices/pci0000:00/00
00:00:11.0/0000:02:00.0/usb2/2-1/2-1:1.1/input/input5
generic-usb 0003:0E0F:0003.0002: input,hidraw1: USB HID v1.10 Mouse [VMware VMwa
re Virtual USB Mouse] on usb-0000:02:00.0-1/input1
done
mounting /dev/pts (unix98 pty) filesystem... done
mounting /sys filesystem... done
trying to remount root filesystem read write... done
mounting /tmp as tmpfs... done
running install...
running /sbin/loader
detecting hardware...
waiting for hardware to initialize...
detecting hardware...
waiting for hardware to initialize...

图 2-4　Red Hat Enterprise Linux 6 安装程序检测硬件中

(4) 选择安装语言并进行键盘设置

如果主机硬件可以很好地被 Red Hat Enterprise Linux 6 支持，就可以进入图形化安装阶段。首先打开的是欢迎界面，Red Hat Enterprise Linux 6 的安装可通过简单地选择来一步一步地完成，如图 2-6 所示。

Red Hat Enterprise Linux 6 的国际化做得相当好，它的安装界面内置了数十种语言支持。根据自己的需求选择语言种类，这里选择“简体中文”，单击 Next 按钮后，整个安装界面就变成简体中文显示了，如图 2-7 所示。

接下来是键盘布局选择窗口，对于选择了“简体中文”界面的用户来说，这里最好选择

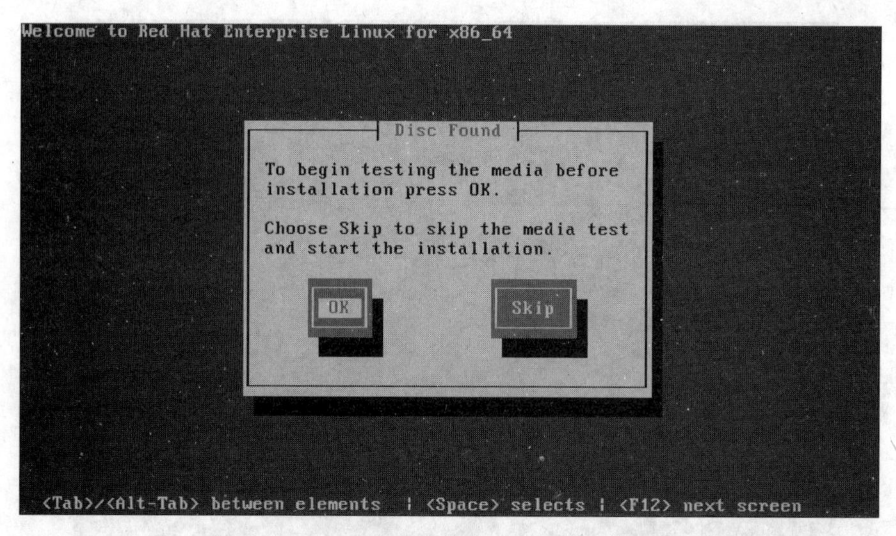

图 2-5　选择是否检测光盘介质

图 2-6　Red Hat Enterprise Linux 6 的欢迎界面

"美国英语式",如图 2-8 所示。

(5) 选择系统使用的存储设备

一般情况,默认选择"基本存储设备",再单击"下一步"按钮,如图 2-9 所示。

出现如图 2-10 所示的提示信息时,单击"是,忽略所有数据"按钮。

(6) 设置计算机名

可根据实际情况,对计算机主机名进行命名,如 RHEL6.4-1,如图 2-11 所示。

(7) 配置网络

单击界面左下角的"配置网络"按钮,进入配置服务器网络界面,选中 System eth0,然后单击"编辑..."按钮,可以给 eth0 配置静态 IP 地址,如图 2-12 所示。

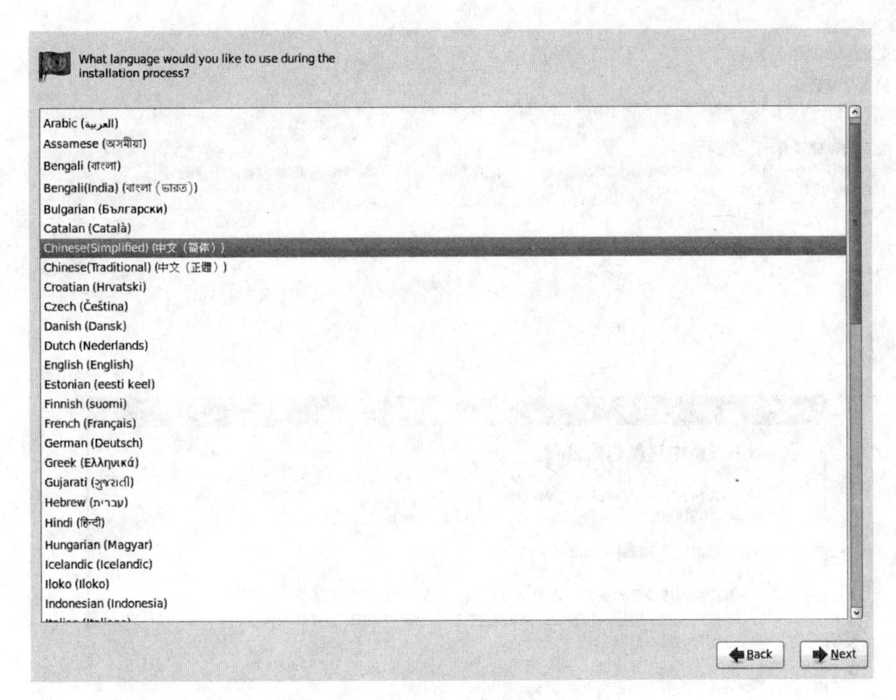

图 2-7　选择所采用的语言

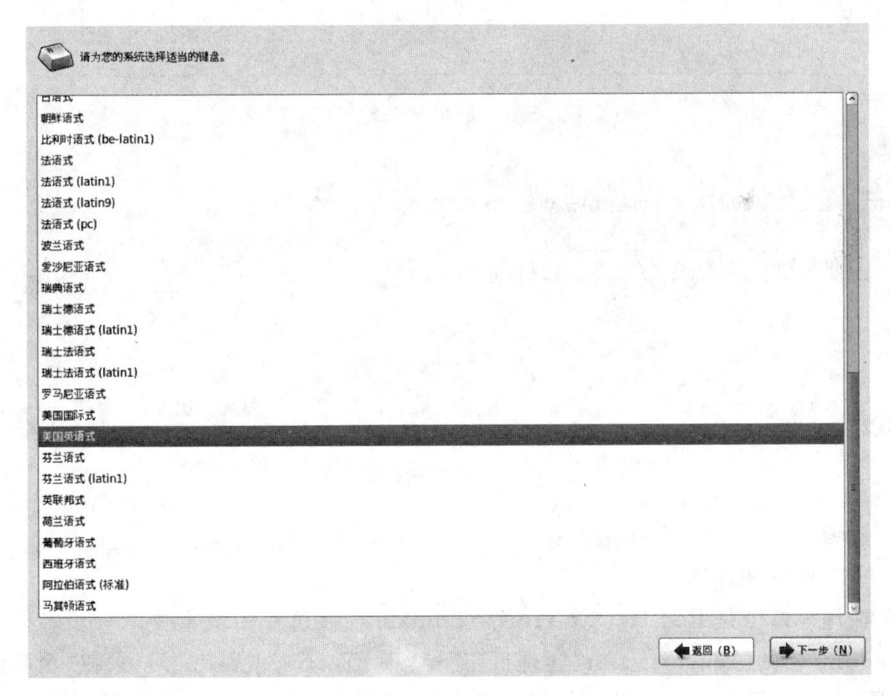

图 2-8　选择适合自己的键盘布局

（8）选择系统时区

单击“关闭”按钮，回到图 2-11，单击“下一步”按钮，出现如图 2-13 所示的时区选择图。时区默认为“亚洲/上海”，注意需要去掉“系统时钟使用 UTC 时间”前面的对号，然后单击

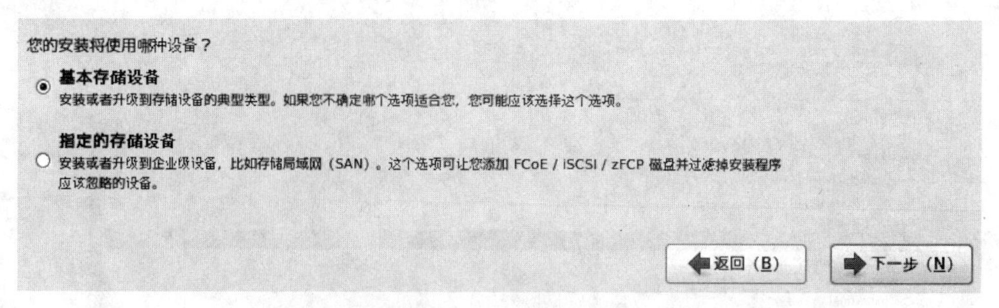

图 2-9　选择系统使用的存储设备

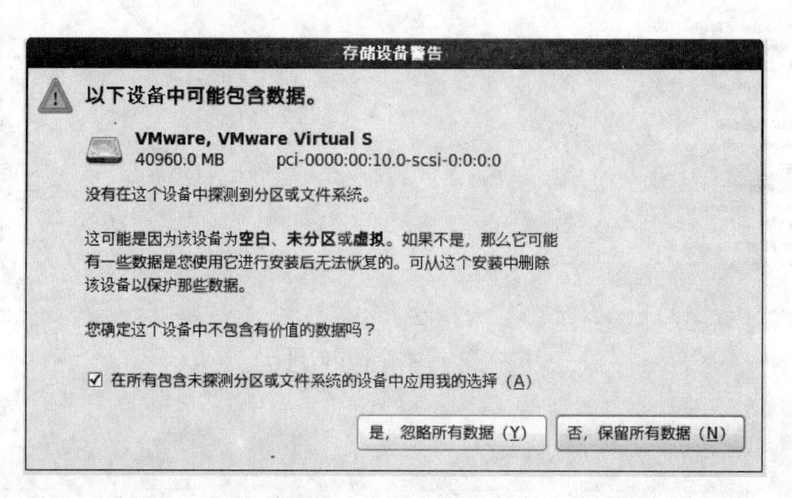

图 2-10　存储设备警告

图 2-11　为计算机命名

“下一步”按钮。

(9) 设置 root 账户密码

设置根用户口令是 Red Hat Enterprise Linux 6 安装过程中最重要的一步。根用户类似于 Windows 中的 Administrator(管理员)账号，对于系统来说具有生杀大权、至高无上的权力，如图 2-14 所示。建议输入一个复杂组合的密码，密码包含：大写、小写、数字、符号。

提示：如果想在安装好 Red Hat Enterprise Linux 6 之后重新设置根用户口令，就需要在命令行控制台下输入 system-config-rootpassword 指令。

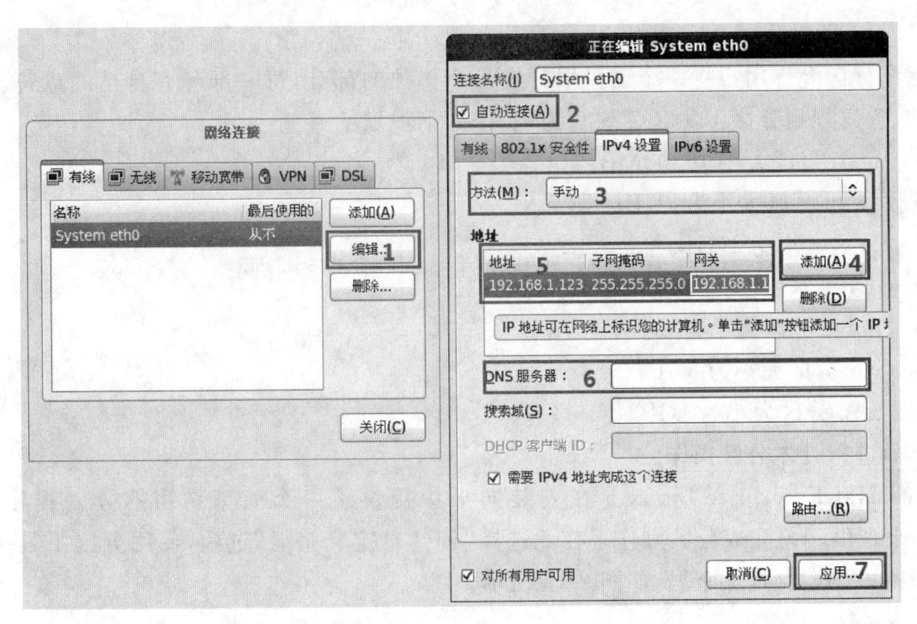

图 2-12 配置网络

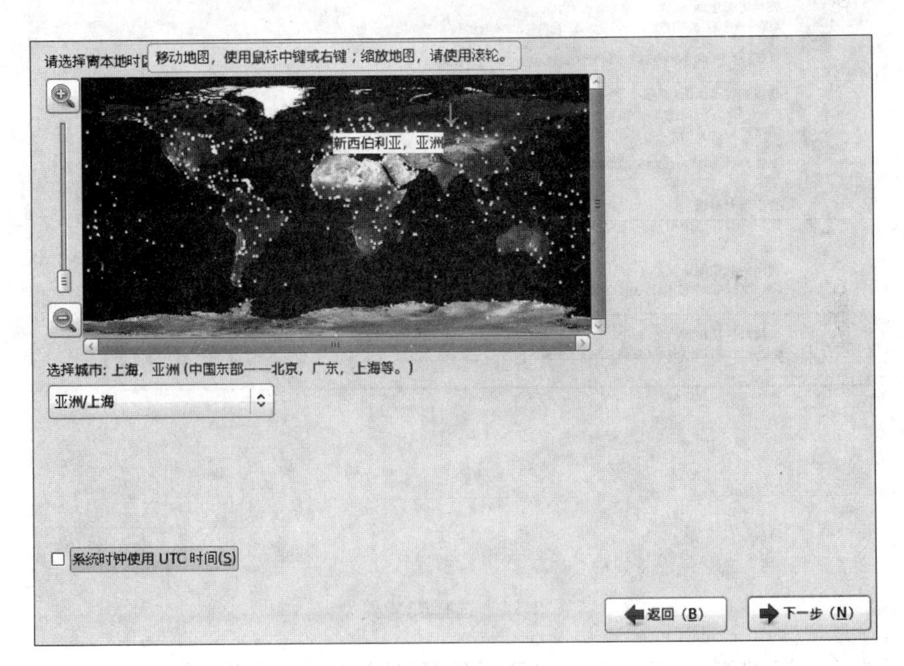

图 2-13 设置时区

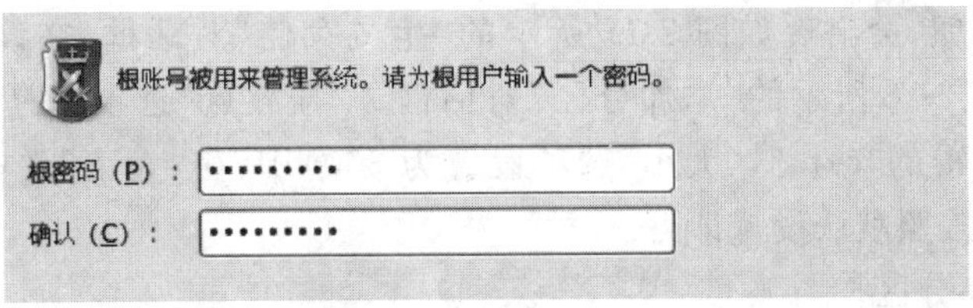

根账号被用来管理系统。请为根用户输入一个密码。

根密码（P）：••••••••••

确认（C）：••••••••••

图 2-14 为根用户设置一个强壮的口令

(10) 为硬盘分区

磁盘分区允许用户将一个磁盘划分成几个单独的部分,每一部分有自己的盘符。在分区之前,首先规划分区:以40G硬盘为例,作如下规划:

- /boot 分区大小为 300MB;
- /swap 分区大小为 4GB;
- /分区大小为 10GB;
- /usr 分区大小为 8GB;
- /home 分区大小为 8GB;
- /var 分区大小为 8GB;
- /tmp 分区大小为 1GB。

下面进行具体分区操作。

Red Hat Enterprise Linux 6 在安装向导中提供了一个简单易用的分区程序(Disk Druid)来帮助用户完成分区操作。在此选择"创建自定义布局"选项,使用分区工具手动在所选设备中创建自定义布局,如图 2-15 所示。

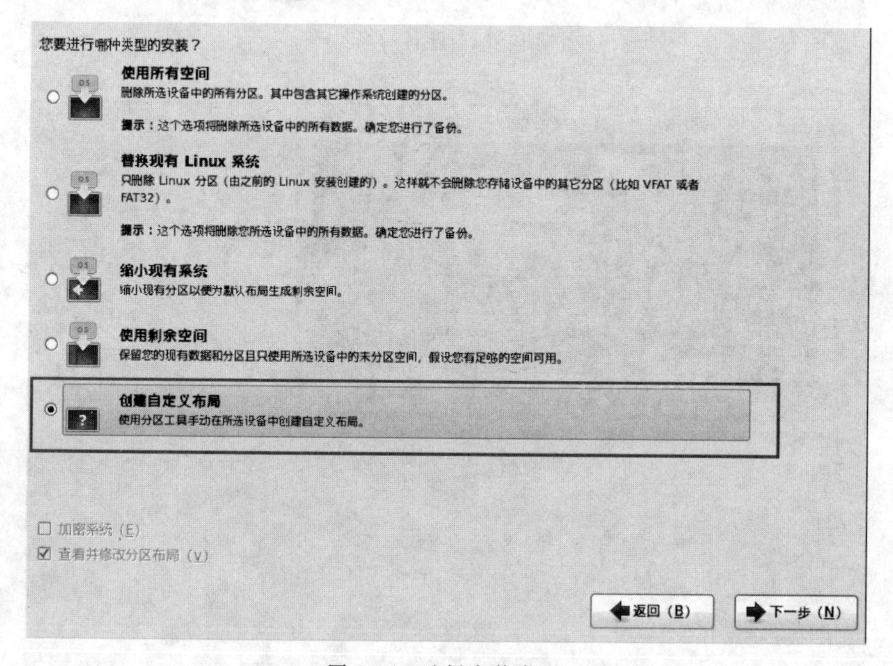

图 2-15　选择安装类型

单击"下一步"按钮,出现如图 2-16 所示的"请选择源驱动器"对话框。

① 先创建 boot 分区(启动分区)。

单击"创建"按钮,会出现如图 2-17 所示的"生成存储"对话框,在该对话框中单击"创建"按钮,出现如图 2-18 所示的"添加分区"对话框。"挂载点"选项选择"/boot",磁盘文件系统类型就选择标准的"ext4","大小"选项设置为 300MB(在"大小"文本框中输入 300,单位是 MB),其他的按照默认设置即可。

② 再创建交换分区。

同样,单击"创建"按钮,此时会出现同样的窗口,只需要在"文件系统类型"中选择 swap,

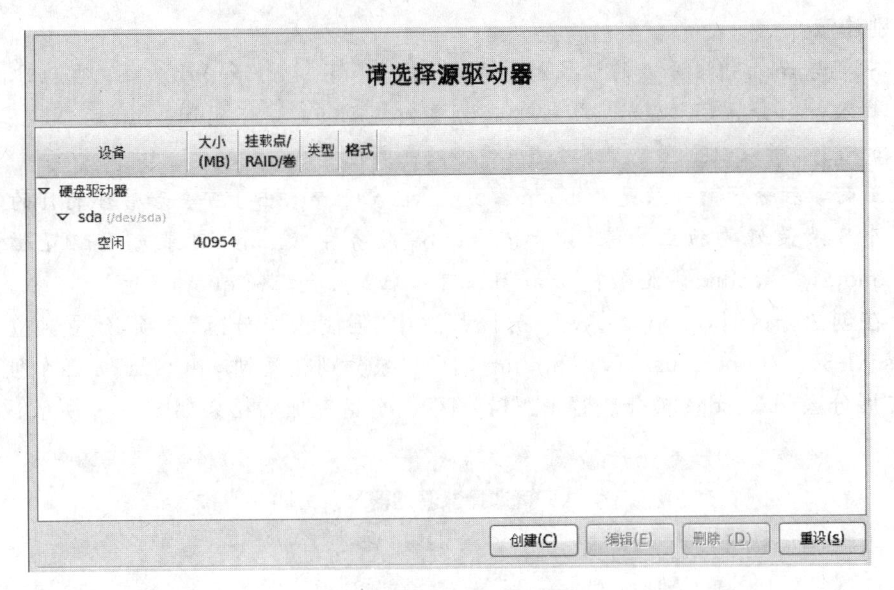

图 2-16 请选择源驱动器

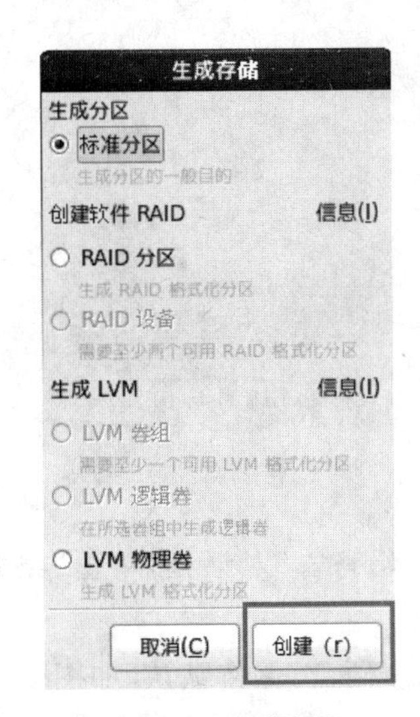

图 2-17 生成存储

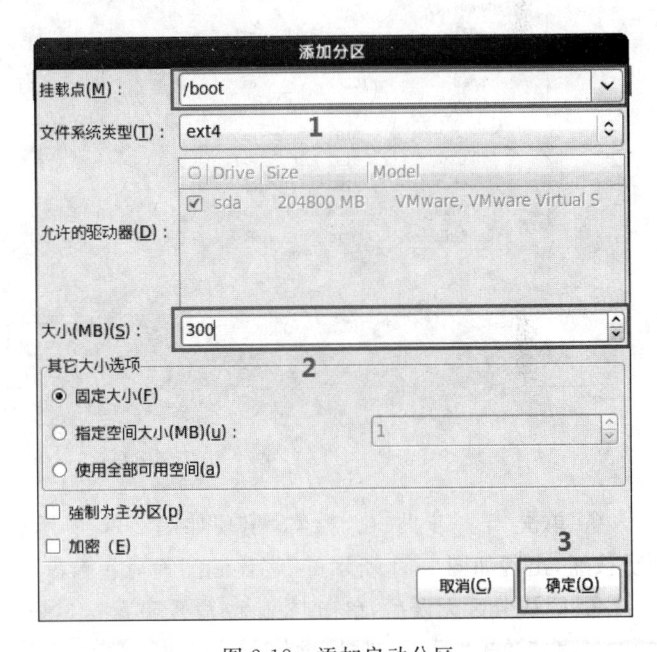

图 2-18 添加启动分区

大小一般设置为物理内存的两倍即可。比如，若计算机物理内存大小为 2GB，设置的 swap 分区大小就是 4096MB(4GB)。

说明：什么是 swap 分区？简单地说，swap 就是虚拟内存分区，它类似于 Windows 的 PageFile.sys 页面交换文件。就是当计算机的物理内存不够时，作为后备军利用硬盘上的指定空间来动态扩充内存的大小。

③ 同样，创建“/”分区大小为 10GB，“/usr”分区大小为 8GB，“/home”分区大小为 8GB，“/var”分区大小为 8GB，“/tmp”分区大小为 1GB。

特别注意：

- 不可与 root 分区分开的目录是：/dev、/etc、/sbin、/bin 和/lib。系统启动时，核心只载入一个分区，那就是“/”，核心启动要加载/dev、/etc、/sbin、/bin 和/lib 五个目录的程序，所以以上几个目录必须和“/”根目录在一起。
- 最好单独分区的目录是：/home、/usr、/var 和/tmp，出于安全和管理的目的，以上 4 个目录最好要独立出来，比如在 samba 服务中，/home 目录可以配置磁盘配额 quota，在 sendmail 服务中，/var 目录可以配置磁盘配额 quota。

④ 在创建分区时，/boot、/、swap 分区都选中“强制为主分区”选项，建立独立主分区(/dev/sda1-3)。/home、/usr、/var 和/tmp 四个目录分别挂载到/dev/sda5-8 四个独立逻辑分区(扩展分区/dev/sda4 被分成若干逻辑分区)。分区完成后结果如图 2-19 所示。

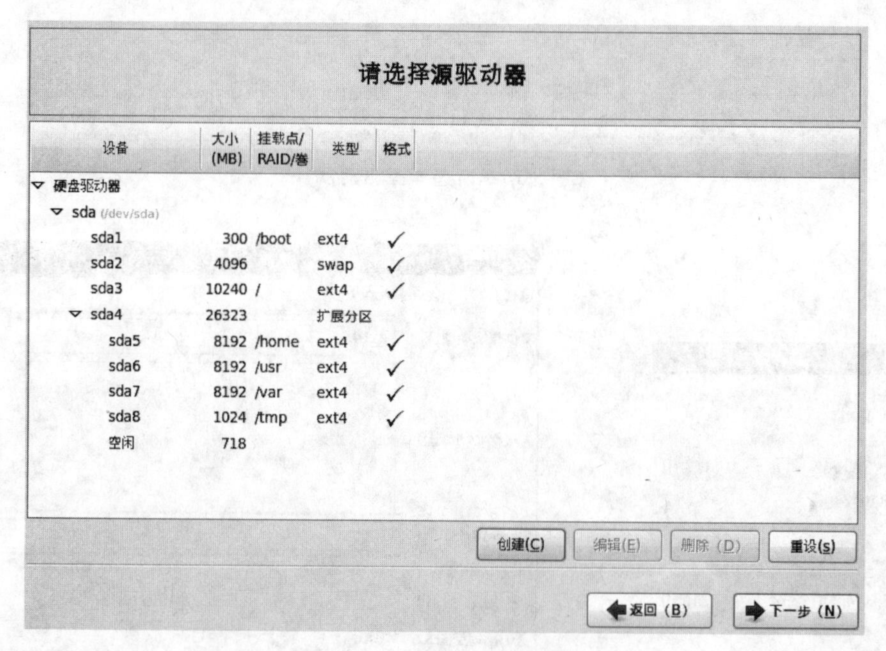

图 2-19　完成分区后的结果

⑤ 单击“下一步”按钮继续。出现如图 2-20 所示的“格式化警告”对话框，单击“格式化”按钮，出现如图 2-21 所示的“将存储配置写入磁盘”对话框。

⑥ 确认分区无误后，单击“将修改写入磁盘”，这里只有一个硬盘，保持默认，如图 2-22 所示。直接单击“下一步”按钮继续。

(11) 开始安装软件

① 出现选择安装软件组的对话框，如图 2-23 所示。这里选择“基本服务器”，并单击“现在自定义”按钮，然后单击“下一步”按钮。

各选项包含的软件如下。

- 基本服务器：安装的基本系统的平台支持，不包括桌面。
- 数据库服务器：基本系统平台，加上 mysql 和 PostgreSQL 数据库，无桌面。
- 万维网服务器：基本系统平台，加上 PHP、Web server，mysql 和 PostgreSQL 数据库的客户端，无桌面。

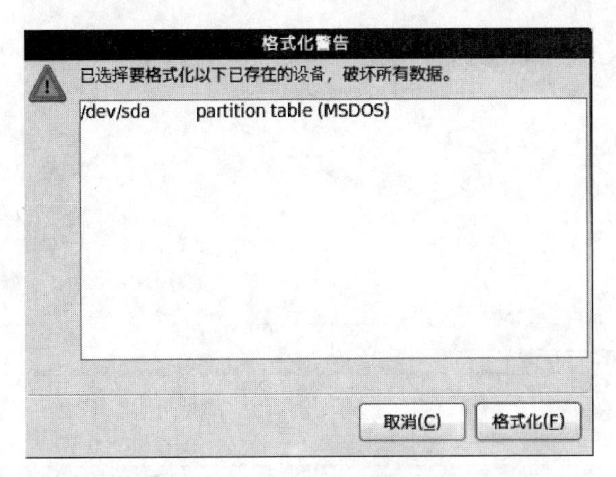

图 2-20　格式化警告

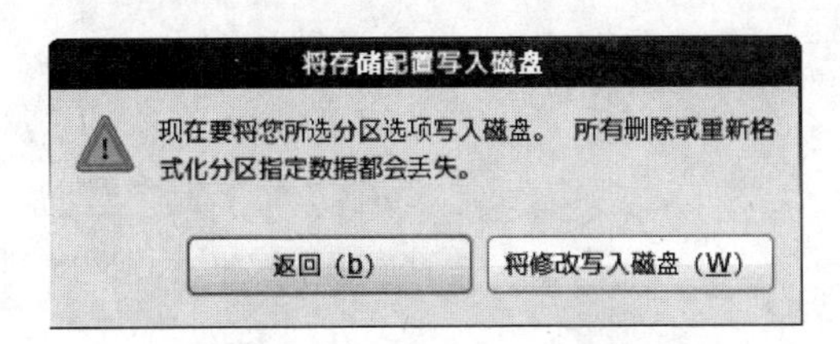

图 2-21　将存储配置写入磁盘

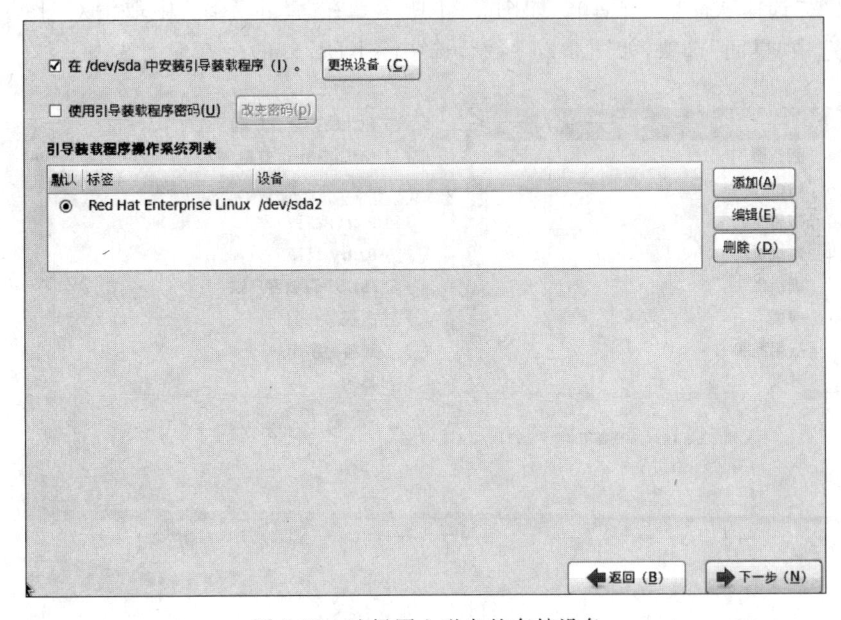

图 2-22　选择写入磁盘的存储设备

- 身份管理服务器：加入身份管理。
- 虚拟化主机：基本系统加虚拟化平台。
- 桌面：基本的桌面系统，包括常用的桌面软件，如文档查看工具。
- 软件开发工作站：包含的软件包较多，以及基本系统、虚拟化平台、桌面环境、开发工具。

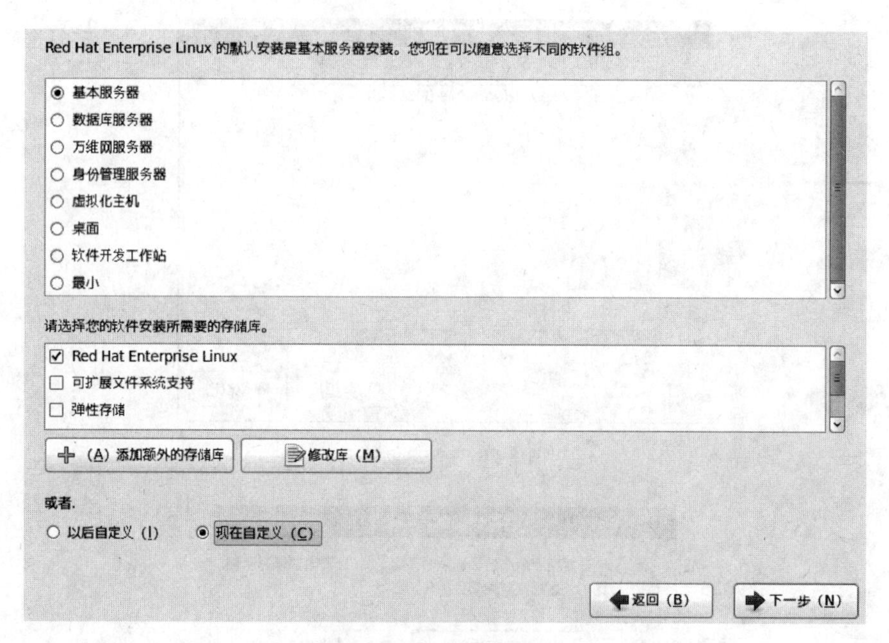

图 2-23　选择安装软件组

• 最小：基本的系统，不含有任何可选的软件包。

② 出现“选择软件包”对话框，如图 2-24 所示。在“基本系统”中取消对“Java 平台”的选择。再选中“桌面”选项，如图 2-25 所示，选中除 KDE 外的所有桌面选项。

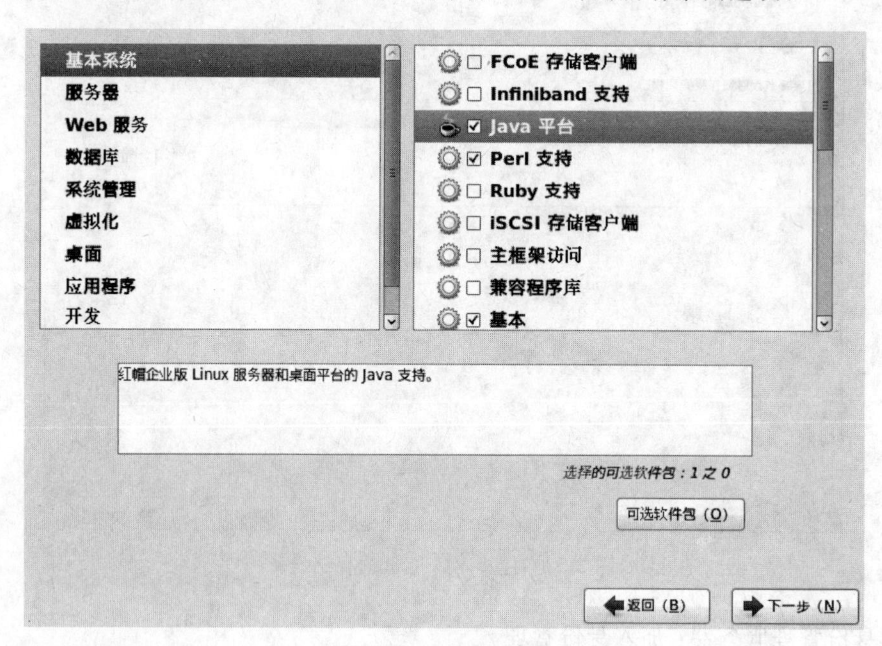

图 2-24　基本系统

注意：如果不选择“桌面”中的选项，安装完成后，不会出现图形界面，只会出现命令终端。

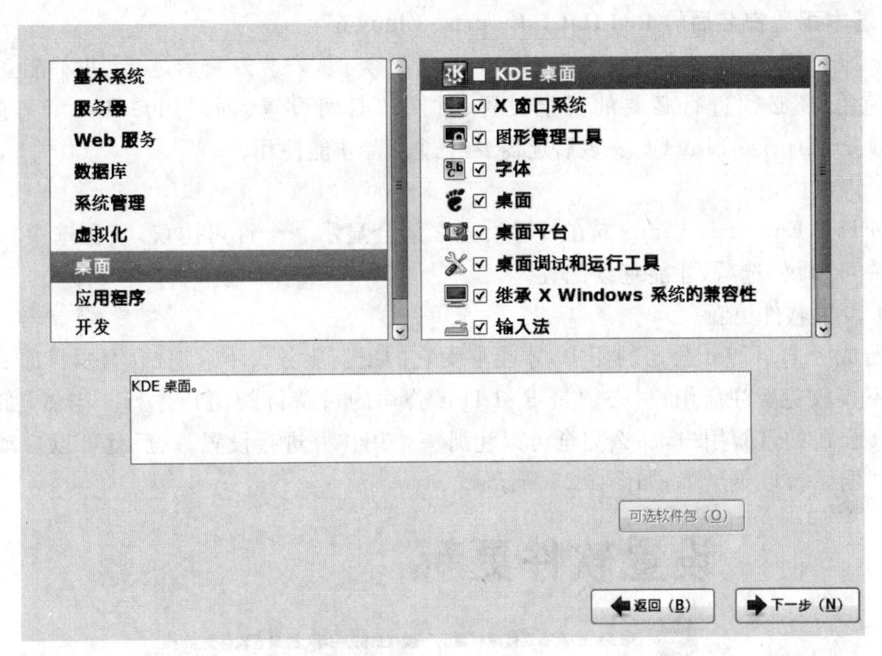

图 2-25　桌面

(12) RHEL 6 系统安装完成

进入安装软件阶段，等所选软件全部安装完成后，出现安装完成的祝贺界面，如图 2-26 所示。单击"重新引导"则重新引导计算机，启动新安装的 Linux。

图 2-26　安装完成的祝贺界面

(13) 安装 VMware Tools

参考第一章中的相关内容，完成 VMware Tools 的安装。至此，完成 Red Hat 6.4 的安装。

2. 基本配置安装后的 Red Hat Enterprise Linux 6

Red Hat Enterprise Linux 6 和 Windows XP 类似，安装好重启之后，并不能立刻就可以投入使用，还必须进行必要的安全设置、日期和时间设置、创建用户和声卡等的安装。Red Hat Enterprise Linux 6 安装后还需要经过设置才能使用。

(1) 许可协议

Red Hat Enteprise Linux 6 在开始设置之前会显示一个许可协议，只有选中“是，我同意这个许可协议”选项，才能继续配置。

(2) 设置软件更新

注册成为 Red Hat 公司的用户，才能享受它的更新服务。不过遗憾的是，目前 Red Hat 公司并不接收免费注册用户，必须是 Red Hat 公司的付费订阅用户才行。当然，如果你是 Red Hat 公司的订阅用户，那么完全可以注册一个用户并进行设置，以后就可以自动从 Red Hat 公司网站获取更新了，如图 2-27 所示。

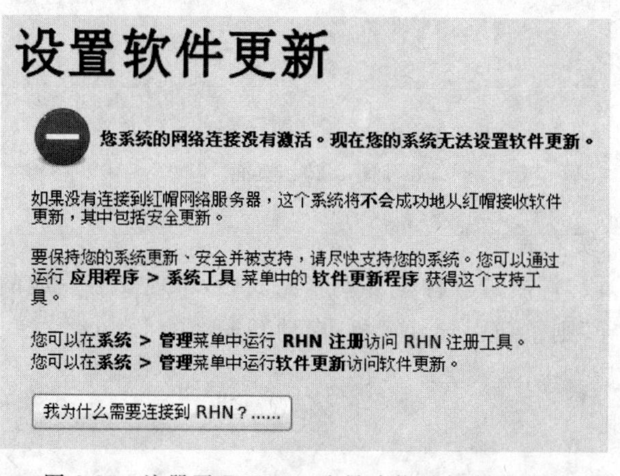

图 2-27 注册了 Red Hat 账号才能进行自动更新

(3) 创建用户

Red Hat Enterprise Linux 6 是一个多用户操作系统，安装系统之后为每个用户创建账号并设置相应的权限操作的过程必不可少。也许有的用户会说，我已经有了 root 账号，并且设置了密码，为什么还要创建其他账号呢？这是因为在 Red Hat Enterprise Linux 6 中，root 账号的权限过大，为了防止用户一时操作不慎损坏系统，最好创建其他账号，如图 2-28 所示。

(4) 时间和日期设置

Red Hat Enterprise Linux 6 与 Windows 一样，也在安装之后提供了日期和时间设置界面，如图 2-29 所示，我们可以手动来为计算机设置正确的日期和时间。

如果计算机此时连接到了网络上，还可以通过时间服务器来自动校准时间。只要选择图 2-29 中的“在网络上同步日期和时间(y)”复选框，重新启动计算机后，它会自动与内置的时间服务器进行校准。

(5) Kdump

Kdump 提供了一个新的崩溃转储功能，用于在系统发生故障时提供分析数据。在默认配置下该选项是启用的，如图 2-30 所示。

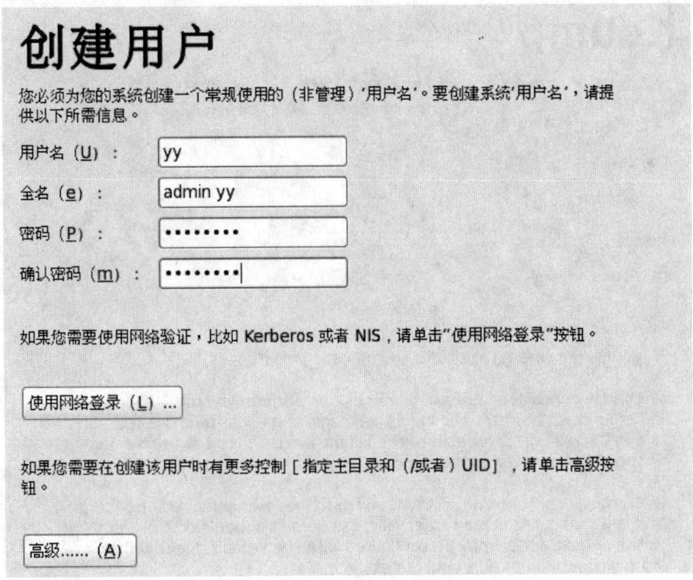

创建用户

您必须为您的系统创建一个常规使用的（非管理）'用户名'。要创建系统'用户名'，请提供以下所需信息。

用户名（U）：yy

全名（e）：admin yy

密码（P）：•••••••••

确认密码（m）：•••••••••

如果您需要使用网络验证，比如 Kerberos 或者 NIS，请单击"使用网络登录"按钮。

使用网络登录（L）...

如果您需要在创建该用户时有更多控制［指定主目录和（/或者）UID］，请单击高级按钮。

高级……（A）

图 2-28　创建用户并设置密码

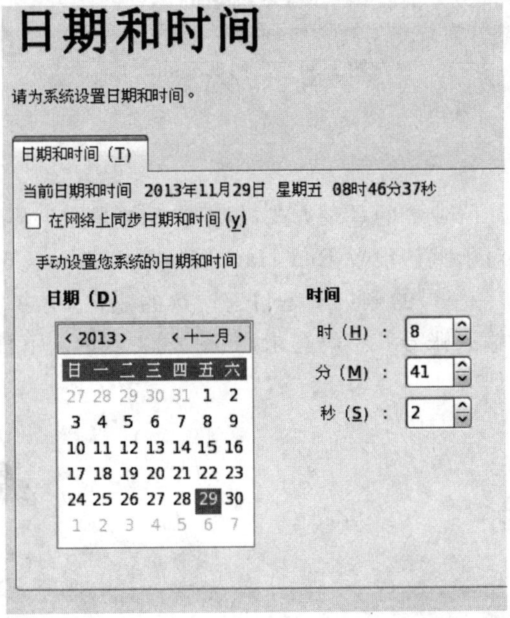

日期和时间

请为系统设置日期和时间。

日期和时间（T）

当前日期和时间　2013年11月29日　星期五　08时46分37秒

☐ 在网络上同步日期和时间（y）

手动设置您系统的日期和时间

日期（D）

‹ 2013 ›				‹ 十一月 ›		
日	一	二	三	四	五	六
27	28	29	30	31	1	2
3	4	5	6	7	8	9
10	11	12	13	14	15	16
17	18	19	20	21	22	23
24	25	26	27	28	29	30
1	2	3	4	5	6	7

时间

时（H）：8

分（M）：41

秒（S）：2

图 2-29　设置日期和时间

需要说明的是，Kdump 会占用大量的系统内存，所以在确保你的系统已经可以长时间稳定运行时，请关闭它。

至此，Red Hat Enterprise Linux 6 安装、配置成功，我们终于可以感受到 Linux 的风采了。

3. Linux 的登录和退出

Red Hat Enterprise Linux 6 是一个多用户操作系统，所以，系统启动之后用户若要使

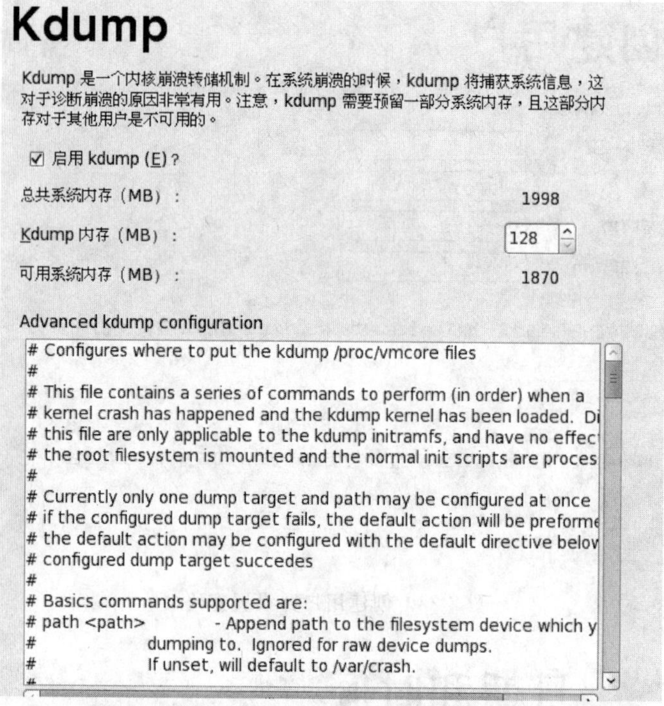

Kdump

Kdump 是一个内核崩溃转储机制。在系统崩溃的时候，kdump 将捕获系统信息，这对于诊断崩溃的原因非常有用。注意，kdump 需要预留一部分系统内存，且这部分内存对于其他用户是不可用的。

☑ 启用 kdump (E)？

总共系统内存（MB）： 1998

Kdump 内存（MB）： 128

可用系统内存（MB）： 1870

Advanced kdump configuration

```
# Configures where to put the kdump /proc/vmcore files
#
# This file contains a series of commands to perform (in order) when a
# kernel crash has happened and the kdump kernel has been loaded.  Di
# this file are only applicable to the kdump initramfs, and have no effec
# the root filesystem is mounted and the normal init scripts are proces
#
# Currently only one dump target and path may be configured at once
# if the configured dump target fails, the default action will be preforme
# the default action may be configured with the default directive belov
# configured dump target succedes
#
# Basics commands supported are:
# path <path>          - Append path to the filesystem device which y
#                dumping to.  Ignored for raw device dumps.
#                If unset, will default to /var/crash.
```

图 2-30　启用 Kdump

用还需要登录。

(1) 登录

Red Hat Enterprise Linux 6 的登录方式，根据启动的是图形界面还是文本模式而异。

① 图形界面登录。对于默认设置 Red Hat Enterprise Linux 6 来说，就是启动到图形界面，如图 2-31 所示。如果登录的账户不是目前所选的账户，单击“其他”选项则打开其他用户输入对话框，让用户输入账号和密码登录，如图 2-32 所示。下面以其他用户 root 登录系统。

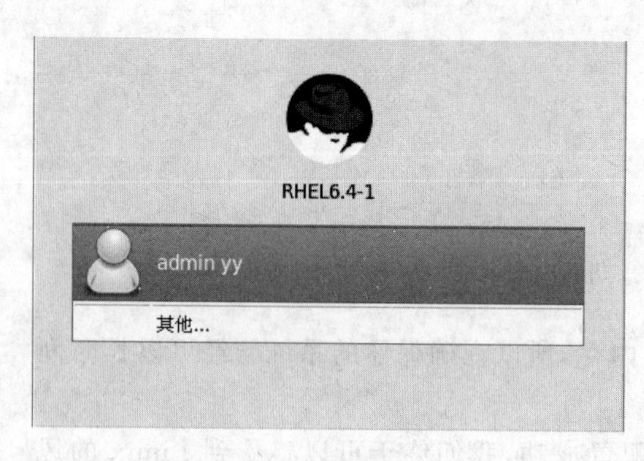

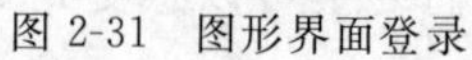

图 2-31　图形界面登录

图 2-32　以其他用户登录

② 文本模式登录。如果是文本模式，打开的则是 mingetty 的登录界面。会出现如

图 2-33 所示的登录提示。

图 2-33 以文本方式登录 Red Hat Enterprise Linux 6

注意：现在的 Red Hat Enterprise Linux 6 操作系统默认采用的都是图形界面的 GNOME 或者 KDE 操作方式，要想使用文本方式登录，一般用户可以执行"应用程序"→"系统工具"→"终端"来打开终端窗口(或者直接右击桌面，选择"终端"命令)，然后输入 init 3 命令，即可进入文本登录模式；如果在命令行窗口下输入 init 5 或 start x 命令可进入图形界面。

(2) 退出

至于退出方式，同样要根据所采用的是图形模式还是文本模式来进行相应的选择。

① 图形模式。图形模式很简单，只要执行"系统"→"注销"就可以退出了。

② 文本模式。Red Hat Enterprise Linux 6 文本模式的退出也十分简单，只要同时按下 Ctrl+D 组合键就注销了当前用户；也可以在命令行窗口输入 logout 命令来退出。

4. 认识 Linux 启动过程和运行级别

下面将重点介绍 Linux 启动过程、INIT 进程及系统运行级别。

(1) 启动过程

Red Hat Enterprise Linux 6 的启动过程包括以下几个阶段。

- 主机启动并进行硬件自检后，读取硬盘 MBR 中的启动引导器程序，并进行加载。
- 启动引导器程序负责引导硬盘中的操作系统，根据用户在启动菜单中选择的启动项不同，可以引导不同的操作系统启动。对于 Linux 操作系统，启动引导器直接加载 Linux 内核程序。
- Linux 的内核程序负责操作系统启动的前期工作，并进一步加载系统的 INIT 进程。
- INIT 进程是 Linux 系统中运行的第一个进程，该进程将根据其配置文件执行相应的启动程序，并进入指定的系统运行级别。
- 在不同的运行级别中，根据系统的设置将启动相应的服务程序。
- 在启动过程的最后，将运行控制台程序提示并允许用户输入账号和口令进行登录。

(2) INIT 进程

INIT 进程是由 Linux 内核引导运行的，是系统中运行的第一个进程，其进程号(PID)永远为"1"。INIT 进程运行后将作为这些进程的父进程按照其配置文件，引导运行系统所需的其他进程，INIT 进程。INIT 配置文件的全路径名为/etc/inittab，INIT 进程运行后将按照该文件中的配置内容运行系统启动程序。

inittab 文件作为 INIT 进程的配置文件，用于描述系统启动时和正常运行中所运行的那些进程。文件内容如图 2-34 所示。

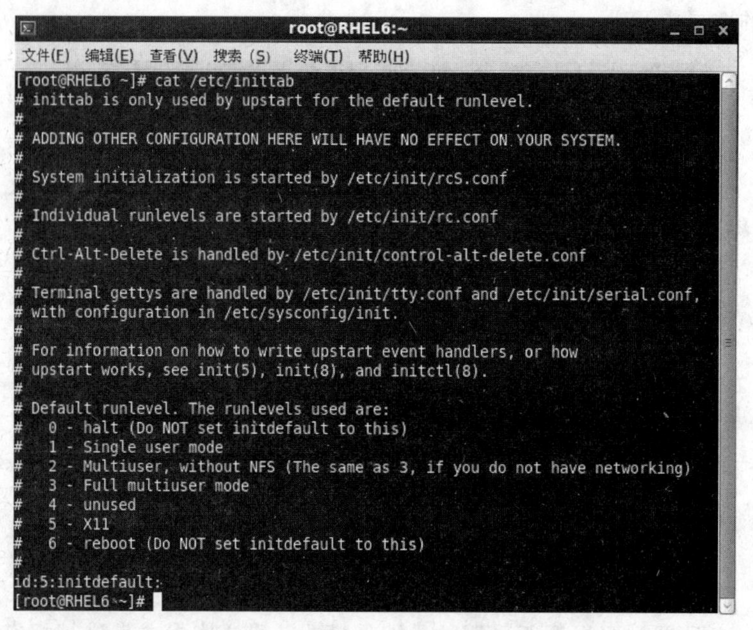

图 2-34　inittab 文件内容

(3) 系统运行级别

运行级别就是操作系统当前正在运行的功能级别。在 Linux 系统中，这个级别从 0 到 6，共 7 个级别，各自具有不同的功能。这些级别在/etc/inittab 文件里指定。各运行级别的含义如下。

- 0：停机，不要把系统的默认运行级别设置为 0，否则系统不能正常启动。
- 1：单用户模式，用于 root 用户对系统进行维护，不允许其他用户使用主机。
- 2：字符界面的多用户模式，在该模式下不能使用 NFS。
- 3：字符界面的完全多用户模式，主机作为服务器时通常在该模式下。
- 4：未分配。
- 5：图形界面的多用户模式，用户在该模式下可以进入图形登录界面。
- 6：重新启动，不要把系统的默认运行级别设置为 6，否则系统不能正常启动。

① 查看系统运行级别。

runlevel 命令用于显示系统当前的和上一次的运行级别。例如：

```
[root@RHEL6 ~]#runlevel
N 3
```

② 改变系统运行级别。

使用 init 命令，后跟相应的运行级别作为参数，可以从当前的运行级别转换为其他运行级别。例如：

```
[root@RHEL6 ~]#init 2
[root@RHEL6 ~]#runlevel
5 2
```

5. 启动 Shell

操作系统的核心功能就是管理和控制计算机硬件、软件资源，以尽量合理、有效的方法组织多个用户共享多种资源，而 Shell 则是介于使用者和操作系统核心程序(Kernel)间的一个接口。在各种 Linux 发行套件中，目前虽然已经提供了丰富的图形化接口，但是 Shell 仍旧是一种非常方便、灵活的途径。

Linux 中的 Shell 又被称为命令行，在这个命令行窗口中，用户输入指令，操作系统执行并将结果回显在屏幕上。

(1) 使用 Linux 系统的终端窗口

现在的 Red Hat Enterprise Linux 6 操作系统默认采用的都是图形界面的 GNOME 或者 KDE 操作方式，要想使用 Shell 功能，就必须像在 Windows 中那样打开一个命令行窗口。一般用户可以执行"应用程序"→"系统工具"→"终端"命令来打开终端窗口(或者直接右击桌面，选择"在终端中打开"命令)，如图 2-35 所示。

图 2-35 从这里打开终端

执行以上命令后，就打开了一个白底黑字的命令行窗口，在这里可以使用 Red Hat Enterprise Linux 6 支持的所有命令行指令。

(2) 使用 Shell 提示符

在 Red Hat Enterprise Linux 6 中，还可以更方便地直接打开纯命令行窗口。应该怎么操作呢？Linux 启动过程的最后，它定义了 6 个虚拟终端，可以供用户随时切换，切换时用 Ctrl+Alt+F1～Ctrl+Alt+F6 组合键可以打开其中任意一个。不过，此时就需要重新登录了。

提示：进入纯命令行窗口之后，还可以使用 Alt+F1～Alt+F6 组合键在 6 个终端之间切换，每个终端可以执行不同的指令，进行不一样的操作。

登录之后，普通用户的命令行提示符以"$"号结尾，超级用户的命令以"#"号结尾。

```
[yy@localhost ~]$                    ;一般用户以"$"号结尾
[yy@localhost ~]$su  root            ;切换到 root 账号
Password:
[root@localhost ~]#                  ;命令行提示符变成以"#"号结尾了
```

当用户需要返回图形桌面环境时，也只需要按下 Ctrl＋Alt＋F7 组合键，就可以返回到刚才切换出来的桌面环境。

也许有的用户想让 Red Hat Enterprise Linux 6 启动后就直接进入纯命令行窗口，而不是打开图形界面，这也很简单，使用任何文本编辑器打开/etc/inittab 文件，找到如下所示的行：

```
id:5:initdeafault:
```

将它修改为：

```
id:3:initdeafault:
```

重新启动系统你就会发现，它登录的是命令行而不是图形界面。

提示：要想让 Red Hat Enterprise Linux 6 直接启动到图形界面，可以按照上述操作将 id:3 中的 3 修改为 5；也可以在纯命令行模式，直接执行 startx 命令打开图形模式。

6. 配置常规网络

(1) 配置主机名

确保主机名在网络中是唯一的，否则通信会受到影响，建议设置主机名时要有规则地进行设置(比如按照主机功能进行划分)。

① 打开 Linux 的虚拟终端，使用 vim 编辑/etc/hosts 文件，修改主机名 localhost 为 RHEL6.4-1。

修改后效果如图 2-36 所示。

图 2-36 修改主机名后的效果

② 通过编辑/etc/sysconfig/network 文件中的 HOSTNAME 字段修改主机名。

```
NETWORKING=yes
NETWORKING_ipv6=no
HOSTNAME=RHEL6.4-1
GATEWAY=192.168.1.254
```

修改主机名为 RHEL6.4-1。

设置完主机名生效后，可以使用 hostname 查看当前主机名称。

```
[root@RHEL6 ~]#hostname
RHEL6.4-1
```

③ 可以使用两个简单的命令临时设置主机名。

a. 最常用的是使用 hostname 来设置。格式如下：

```
hostname 主机名
```

b. 使用 sysctl 命令修改内核参数。格式如下：

```
sysctl kernel.hostname=主机名
```

这样两个设置是临时的，重启系统后设置失效。

(2) 使用 ifconfig 配置 IP 地址及辅助 IP 地址

大多数 Linux 发行版都会内置一些命令来配置网络，而 ifconfig 是最常用的命令之一。它通常用来设置 IP 地址和子网掩码以及查看网卡相关配置。

① 配置 IP 地址。

格式：

```
ifconfig 网卡名 ip 地址 netmask 子网掩码
```

使用 ifconfig 命令来设置 IP 地址，修改 IP 地址为 192.168.1.123。

```
[root@RHEL6 ~]#ifconfig  eth0  192.168.1.123  netmask  255.255.255.0
```

直接使用 ifconfig 命令可以查看网卡配置信息，如 IP 地址、MAC 地址，收发数据包情况等，以此可以查看修改是否成功，如图 2-37 所示。

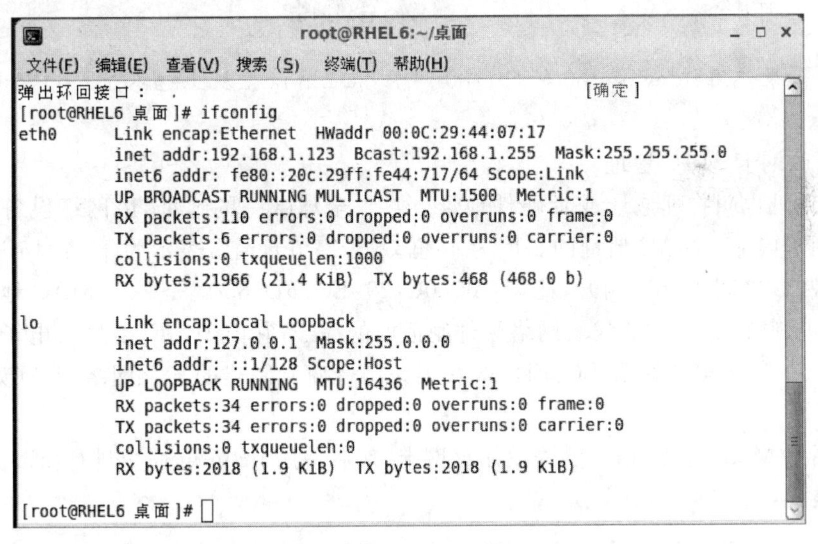

图 2-37　使用 ifconfig 命令可以查看网卡配置信息

执行命令后，ifconfig 命令会显示所有激活网卡的信息，其中 eth0 为物理网卡，lo 为回环测试接口。每块网卡的详细情况通过标志位表示。

② 配置虚拟网卡 IP 地址。在实际工作中，可能会出现一块网卡需要拥有多个 IP 地址的情况，可以通过设置虚拟网卡来实现。

命令格式：

```
ifconfig 网卡名：虚拟网卡 ID IP 地址 netmask 子网掩码
```

为第 1 块网卡 eth0 设置一个虚拟网卡，IP 地址为 192.168.1.208，子网掩码为 255.255.255.0，如果不设置 netmask，则使用默认的子网掩码。

```
[root@RHEL6 ~]#ifconfig  eth0:1  192.168.1.208  netmask  255.255.255.0
```

(3) 禁用和启用网卡

① 对于网卡的禁用和启用，依然可以使用 ifconfig 命令。

命令格式：

```
ifconfig  网卡名称  down                          //禁用网卡
ifconfig  网卡名称  up                            //启用网卡
```

使用 ifconfig eth0 down 命令后，在 Linux 主机还可以 ping 通 eth0 的 IP 地址，但是在其他主机上就 ping 不通 eth0 地址了。

使用 ifconfig eth0 up 命令后启用 eth0 网卡。

② 使用 ifdown eth0 和 ifup 命令也可以实现禁用和启用网卡的效果。

命令格式：

```
ifdown  网卡名称                                //禁用网卡
ifup    网卡名称                                //启用网卡
```

注意：如果使用 ifdown eth0 禁用 eth0 网卡，在 Linux 主机上也不能 ping 通 eth0 的 IP 地址。

(4) 更改网卡 MAC 地址

MAC 地址也叫物理地址或者硬件地址。它是全球唯一的地址，由网络设备制造商生产时写在网卡内部。MAC 地址的长度为 48 位(6 个字节)，通常表示为 12 个 16 进制数，每两个 16 进制数之间用冒号隔开，比如：00:0C:29:EC:FD:83 就是一个 MAC 地址。其中前 6 位 16 进制数 00:0C:29 代表网络硬件制造商的编号，它由 IEEE(电气与电子工程师协会)分配，而后 3 位 16 进制数 EC:FD:83 代表该制造商所制造的某个网络产品(如网卡)的系列号。

更改网卡 MAC 地址时，需要先禁用该网卡，然后使用 ifconfig 命令进行修改。

命令格式：

```
ifconfig 网卡名 hw ether MAC 地址
```

下面修改 eth0 网卡的 MAC 地址为 00:11:22:33:44:55。

```
[root@RHEL6 ~]#ifdown eth0
[root@RHEL6 ~]#ifconfig  eth0  hw  ether  00:11:22:33:44:55
```

通过 ifconfig 命令可以看到 eth0 的 MAC 地址已经被修改成 00:11:22:33:44:55 了。

注意：①如果我们不先禁用网卡会发现提示错误，修改不生效。②ifconfig 命令修改 IP

地址和 MAC 地址都是临时生效的，重新启动系统后设置失效。可以通过修改网卡配置文件使其永久生效。具体可以参看后面的网卡配置文件。

(5) route 命令

route 命令可以说是 ifconfig 命令的黄金搭档，也像 ifconfig 命令一样几乎所有的 Linux 发行版都可以使用该命令。route 通常用来进行路由设置。比如添加或者删除路由条目以及查看路由信息，当然也可以设置默认网关。

① route 命令设置网关。

route 命令格式：

```
route add default gw ip 地址                //添加默认网关
route del default gw ip 地址                //删除默认网关
```

下面把 Linux 主机的默认网关设置为 192.168.1.254，设置好后可以使用 route 命令查看网关及路由情况，如图 2-38 所示。

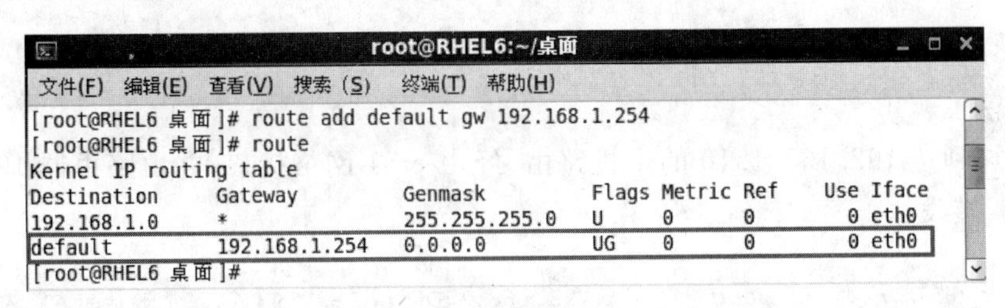

图 2-38　设置网关

在图 2-38 中，Flags 用来描述该条路由条目的相关信息，如是否活跃、是否为网关等，U 表示该条路由条目为活跃，G 表示该条路由条目要涉及网关。

注意：route 命令设置网关也是临时生效的，重启系统后失效。

② 查看本机路由表信息。

```
[root@RHEL6 ~]#route
Kernel IP routing table
Destination  Gateway        Genmask         Flags  Metric  Re  Use  Iface
192.168.1.0  *              255.255.255.0   U      0       0   0    eth0
169.254.0.0  *              255.255.0.0     U      0       0   0    eth0
default      192.168.1.254  0.0.0.0         UG     0       0   0    eth0
```

上面输出路由表中，各项信息的含义如下。

- Destination：目标网络 IP 地址，可以是一个网络地址也可以是一个主机地址。
- Gateway：网关地址，即该路由条目中下一跳的路由器 IP 地址。
- Genmask：路由项的子网掩码，与 Destination 信息进行“与”运算得出目标地址。
- Flags：路由标志。其中 U 表示路由项是活动的，H 表示目标是单个主机，G 表示使用网关，R 表示对动态路由进行复位，D 表示路由项是动态安装的，M 表示动态修改路由，! 表示拒绝路由。
- Metric：路由开销值，用以衡量路径的代价。
- Ref：依赖于本路由的其他路由条目。

- Use：该路由项被使用的次数。
- Iface：该路由项发送数据包使用的网络接口。

③ 添加/删除路由条目。

在路由表中添加路由条目，其命令语法格式为：

```
route add - net/host 网络/主机地址  netmask 子网掩码 [dev 网络设备名] [gw 网关]
```

在路由表中删除路由条目，其命令语法格式为：

```
route del - net/host 网络/主机地址  netmask
```

下面是几个配置实例。

a. 添加到达目标网络 192.168.1.0/24 的网络路由，经由 eth1 网络接口，并由路由器 192.168.2.254 转发。（命令一行写不下，可以使用转义符）

```
[root@RHEL6 ~]#route add - net 192.168.1.0 netmask 255.255.255.0\
               >gw 192.168.2.254 dev eth1
```

b. 添加到达 192.168.1.10 的主机路由，经由 eth1 网络接口，并由路由器 192.168.2.254 转发。

```
[root@RHEL6 ~]#route add - host 192.168.1.10 gw 192.168.2.254 dev eth1
```

c. 删除到达目标网络 192.168.1.0/24 的路由条目。

```
[root@RHEL6 ~]#route del - net 192.168.1.0 netmask 255.255.255.0
```

d. 删除到达主机 192.168.1.10 的路由条目。

```
[root@RHEL6 ~]#route del - host 192.168.1.10
```

注意：如果添加/删除的是主机路由，不需要子网掩码 netmask。

(6) 网卡配置文件

在更改网卡 MAC 地址时说过，ifconfig 设置 IP 地址和修改网卡的 MAC 地址以及后面的 route 设置路由和网关时，配置都是临时生效的。也就是说，在重启系统后配置都会失效。怎么样来解决这个问题让配置永久生效呢？这里就要直接编辑网卡的配置文件，通过参数来配置网卡，让设置永久生效。网卡配置文件位于/etc/sysconfig/network-scripts/目录下。

每块网卡都有一个单独的配置文件，可以通过文件名来找到每块网卡对应的配置文件。例如：ifcfg-eth0 就是 eth0 这块网卡的配置文件。下面来编辑/etc/sysconfig/network-scripts/ifcfg-eth0 文件来进行配置查看效果，如图 2-39 所示。

```
[root@RHEL6 ~]#vim  /etc/sysconfig/network-scripts/ifcfg-eth0
```

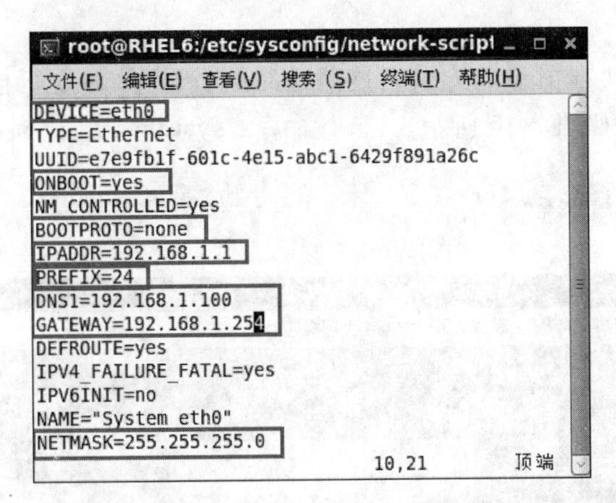

图 2-39　网卡 eht0 的配置效果

每个网卡配置文件都存储了网卡的状态，每一行代表一个参数值。系统启动时通过读取该文件所记录的情况来配置网卡。常见的参数解释如表 2-1 所示(注意字母大写)。

表 2-1　网卡配置文件常见参数

参　数	注　解	默 认 值	是否可省略
DEVICE	指定网卡名称	无	不能
BOOTPROTO	指定启动方式。 none：表示使用静态 IP 地址。 boot/dhcp：表示通过 BOOTP 或 DHCP 自动获得 IP 地址	none	可以
HWADDR	指定网卡的 MAC 地址	无	可以
BROADCAST	指定广播地址	通过 IP 地址和子网掩码自动计算得到	可以
IPADDR	指定 IP 地址	无	可以。当 BOOTPROTO＝none 时不能省略
NETMASK	指定子网掩码	无	可以。当 BOOTPROTO＝static 时不能省略
NETWORK	指定网络地址	通过 IP 地址和子网掩码自动计算得到	可以
ONBOOT	指定在启动 network 服务时是否启用该网卡	yes	可以
GATEWAY	指定网关	无	可以

修改过网卡配置文件后，需要重新启动 network 服务或重新启用设置过的网卡，使配置生效。

注意：重启网卡时，如果出现："正在关闭接口 eth0：错误：断开设备 'eth0'(/org/freedesktop/NetworkManager/Devices/0)失败：This device isnot active。"说明网卡没法工作，未被激活，检查网卡配置文件，一定保证 ONBOOT 的值是 yes。然后再使用 service network start 命令启动网卡即可。

(7) setup 命令

RHEL 6 支持以文本窗口的方式对网络进行配置，CLI 命令行模式下使用 setup 命令就可以进入文本窗口，如图 2-40 所示。(替代命令：system-config-network)

```
[root@RHEL6 ~]#setup
```

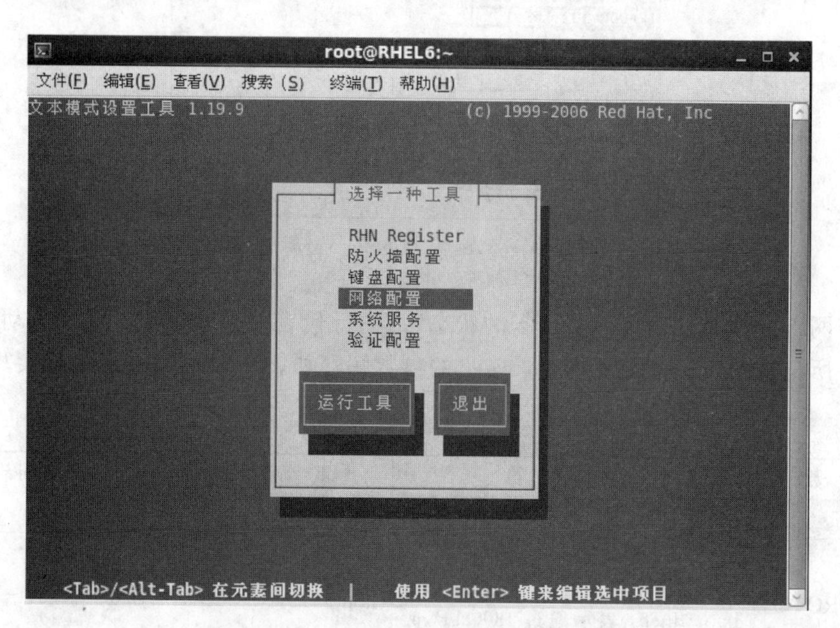

图 2-40 文本窗口模式下对网络进行配置

用 Tab 键或 Alt＋Tab 组合键在元素间进行切换，选择“网络配置”选项，按 Enter 键确认进入配置界面。可以对主机上的网卡 eth0 进行配置，界面简易明了，不再详述。

(8) 图形界面配置工具

在 Red Hat Enterprise Linux 6 中图形化的网络配置，是在桌面环境下的主菜单中选择“系统”→“首选项”→“网络连接”命令，打开“网络配置”对话框，选中 System eth0，然后单击“编辑”按钮，可以给 eth0 配置静态 IP 地址、子网掩码、网关、DNS 等，如图 2-41 所示。

(9) 修改 resolv. conf 设置 DNS

Linux 中设置 DNS 客户端时可以直接编辑/etc/resolv. conf，然后使用 nameserver 参数来指定 DNS 服务器的 IP 地址。

```
[root@RHEL6 ~]#vim /etc/resolv.conf
search  RHEL6-1
nameserver  192.168.0.1
```

192. 168. 0. 1 是首选 DNS 服务器地址，如果下面还有 nameserver 字段为备用 DNS 地址，也可以指定更多的 DNS 服务器地址在下面，当指定的 DNS 服务器超过 3 台时，只有前 3 台 DNS 服务器地址是有效的。客户端在向服务器发送查询请求时，会按照文件中的顺序依次发送，当第 1 台 DNS 服务器没有响应时，就会去尝试向下一台 DNS 服务器查询，直到发送到最后一台 DNS 服务器为止。所以建议将速度最快、稳定性最高的 DNS 服务器设置

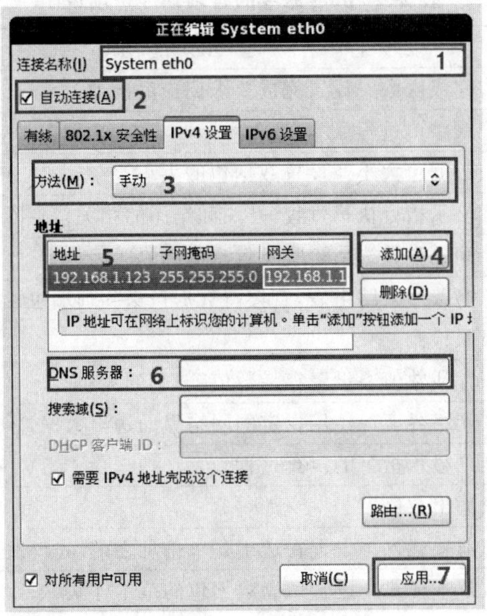

图 2-41　配置网络

在最前面，以确保查询不会超时。

(10) service

/etc/service 是一个脚本文件，利用 service 命令可以检查指定网络服务的状态，启动、停止或者重新启动指定的网络服务。/etc/service 通过检查/etc/init.d 目录中的一系列脚本文件来识别服务名称，否则会显示该服务未被认可。service 命令的语法格式如下：

```
service  服务名  start/stop/status/restart/reload
```

例如，要重新启动 network 服务，则命令及运行结果如下所示：

```
[root@RHEL6 ~]#service network restart
```

注意：*利用 service 命令中的"服务名"只能是独立守护进程不能是被动守护进程。*

7. 测试网络环境

(1) ping 命令检测网络状况

ping 命令可以测试网络连通性，在网络维护时使用非常广泛，在网络出现问题后，通常第一步使用 ping 测试网络的连通性，ping 命令使用 ICMP 协议，发送请求数据包到其他主机，然后接受对方的响应数据包，获取网络状况信息。可以根据返回的不同信息，判断可以出现的问题。ping 命令格式如下：

```
ping  可选项  IP 地址或主机名
```

ping 命令支持大量可选项，表 2-2 所示为 ping 命令的功能选项说明。

使用 ping 命令简单测试下网络的连通性，如图 2-42 所示。

表 2-2　ping 命令的各项功能选项说明

选项	说　明
-c	＜完成次数＞设置完成要求回应的次数
-R	记录路由过程
-s	＜数据包大小＞设置数据包的大小
-q	不显示指令执行过程，开头和结尾的相关信息除外
-i	＜间隔秒数＞指定收发信息的间隔时间
-r	忽略普通的路由表，直接将数据包送到远端主机上
-f	极限检测
-t	＜存活数值＞设置存活数值 TTL 的大小
-I	＜网络界面＞使用指定的网络界面送出数据包
-v	详细显示指令的执行过程
-n	只输出数值
-l	＜前置载入＞设置在送出要求信息之前，先行发出的数据包
-p	＜范本样式＞设置填满数据包的范本样式

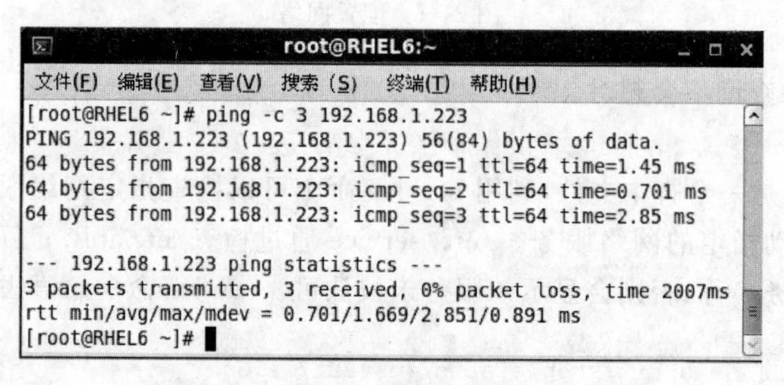

图 2-42　使用 ping 命令测试网络连通性

向 IP 地址为 192.168.1.223 的主机发送请求后，192.168.1.223 主机以 64 字节的数据包回应，说明两节点间的网络可以正常连接。每条返回信息会表示响应的数据包的情况。

- icmp_seq：数据包的序号，从 1 开始递增。
- ttl：即 Time To Live，生存周期。
- time：数据包的响应时间，即发送请求数据包到接收响应数据包的整个时间。该时间越短说明网络的延时越小，速度越快。

在 ping 命令终止后，会在下方出现统计信息，显示发送及接收的数据包，丢包率及响应时间，其中丢包率越低，说明网络状况越良好、越稳定。

注意：Linux 与 Windows 不同，默认不使用任何参数，ping 命令会不断发送请求数据包，并从对方主机获得响应信息，如果测试完毕可以使用 Ctrl+C 组合键终止，或者使用参数-c 设置指定发送数据包的个数。

(2) netstat 命令

netstat(network statistics)主要用于检测主机的网络配置和状况，可以查看显示网络连接(进站和出站)、系统路由表、网络接口状态。netstat 支持 UNIX、Linux 及 Windows 系统，功能非常强大。netstat 命令格式：

```
netstat [可选项]
```

netstat 常用的可选项如表 2-3 所示。

表 2-3 netstat 常用的可选项

选 项	说 明
-r 或--route	显示路由表
-i 或--interfaces	显示网络界面信息表单
-a 或--all	显示所有连接信息
-l 或--listening	显示监控中的服务器的 Socket
-t 或--tcp	显示 TCP 传输协议的连接状况
-n 或--numeric	使用数字方式显示地址和端口号
-u 或--udp	显示 UDP 传输协议的连接状况
-p 或--programs	显示正在使用 Socket 的程序识别码和程序名称
-c 或--continuous	持续列出网络状态，监控连接情况
-s 或--statistice	显示网络工作信息统计表

① 查看端口信息。

网络上的主机通信时必须具有唯一的 IP 地址以表示自己的身份，计算机通信时使用 TCP/IP 协议栈的端口，主机使用“IP 地址：端口”与其他主机建立连接并进行通信。计算机通信时使用的端口从 0～65 535，共有 65 536 个，数量非常多，对于一台计算机，可能同时使用很多协议，为了表示它们，相关组织为每个协议分配了端口号，比如 HTTP 的端口号为 80，SMTP 的端口号为 25，TELNET 的端口号为 23 等。网络协议就是网络中传递、管理信息的一些规范，计算机之间的相互通信需要共同遵守一定的规则，这些规则就称为网络协议。

使用 netstat 命令以数字方式查看所有 TCP 连接情况，命令及显示效果如图 2-43 所示。

```
root@RHEL6:~
文件(F)  编辑(E)  查看(V)  搜索(S)  终端(T)  帮助(H)
[root@RHEL6 ~]# netstat -atn
Active Internet connections (servers and established)
Proto Recv-Q Send-Q Local Address               Foreign Address             State
tcp        0      0 0.0.0.0:111                 0.0.0.0:*                   LISTEN
tcp        0      0 0.0.0.0:22                  0.0.0.0:*                   LISTEN
tcp        0      0 127.0.0.1:631               0.0.0.0:*                   LISTEN
tcp        0      0 127.0.0.1:25                0.0.0.0:*                   LISTEN
tcp        0      0 0.0.0.0:55390               0.0.0.0:*                   LISTEN
tcp        0      0 :::111                      :::*                        LISTEN
tcp        0      0 :::47029                    :::*                        LISTEN
tcp        0      0 :::22                       :::*                        LISTEN
tcp        0      0 ::1:631                     :::*                        LISTEN
tcp        0      0 ::1:25                      :::*                        LISTEN
[root@RHEL6 ~]#
```

图 2-43 netstat 命令测试

选项中-a 表示显示所有连接。

netstat 命令显示内容各列标题作用如下。

- Proto：协议类型，因为使用-t 选项，这里就只显示 TCP 了，要显示 UDP 可以使用-u

选项，不设置则显示所有协议。

- Local Address：本地地址，默认显示主机名和服务名称，使用选项-n 后显示主机的 IP 地址及端口号。
- Foreign Address：远程地址，与本机连接的主机，默认显示主机名和服务名称，使用选项-n 后显示主机的 IP 地址及端口号。
- State：连接状态，常见的有以下几种。
  - LISTEN：表示监听状态，等待接收入站的请求。
  - ESTABLISHED：表示本机已经与其他主机建立好连接。
  - TIME_WAIT：等待足够的时间以确保远程 TCP 接收到连接中断请求的确认。

② 查看路由表。

netstat 使用-r 参数，可以显示当前主机的路由表信息。

③ 查看网络接口状态。

灵活运用 netstat 命令，还可以监控主机网络接口的统计信息，显示数据包发送和接收情况，如图 2-44 所示。部分列标题的作用说明如下。

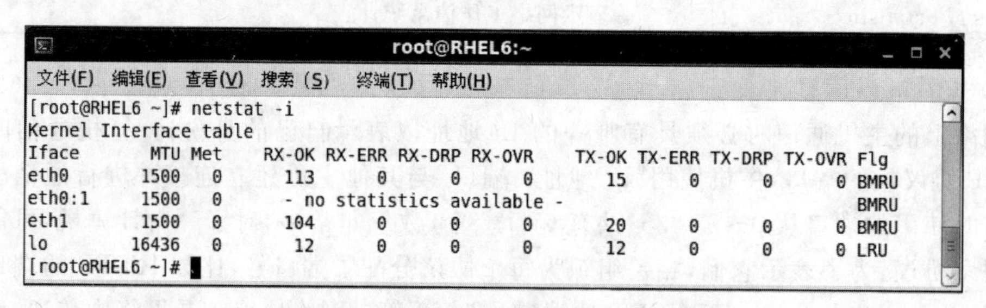

图 2-44 监控主机网络接口的统计信息

- MTU 字段：表示最大传输单元，即网络接口传输数据包的最大值。
- Met 字段：表示度量值，越小优先级越高。
- RX-OK/TX-OK：分别表示接收、发送的数据包数量。
- RX-ERR/TX-ERR：表示接收、发送的错误数据包数量。
- RX-DRP/TX-DRP：表示丢弃的数量。
- RX-OVR/TX-OVR：表示丢失数据包数量。

通过这些数据可以查看主机各接口连接网络的情况。

2.1.5 实训思考题

(1) Linux 的版本分为哪两类？分别代表什么意思？

(2) Linux 有几种安装方法？

(3) 要建立 Linux 分区可以有哪几种方法？怎样使用 Disk Druid 工具建立磁盘分区。

(4) 安装 Linux 至少需要哪两个分区？还有哪些常用分区？

2.1.6 实训报告要求

按要求完成实训报告(参见光盘模板，余同)。

2.2　Linux 常用命令

2.2.1　实训目的

- 掌握 Linux 各类命令的使用方法。
- 熟悉 Linux 操作环境。

2.2.2　实训内容

练习使用 Linux 常用命令，达到熟练应用的目的。

2.2.3　实训准备

1. Linux 命令特点

在 Linux 系统中命令区分大小写。在命令行中，可以使用 Tab 键来自动补齐命令，即可以只输入命令的前几个字母，然后按 Tab 键，系统将自动补齐该命令。若命令不止一个，则显示出所有和输入字符相匹配的命令。

按 Tab 键时，如果系统只找到一个和输入字符相匹配的目录或文件，则自动补齐；如果没有匹配的内容或有多个相匹配的名字，系统将发出警鸣声，再按一下 Tab 键将列出所有相匹配的内容(如果有的话)，以供用户选择。例如，在命令提示符后输入 mou，然后按 Tab 键，系统将自动补全该命令为 mount；如果在命令提示符后只输入 mo，然后按 Tab 键，此时将警鸣一声，再次按 Tab 键，系统将显示所有以 mo 开头的命令。

另外，利用向上或向下的箭头键，可以翻查曾经执行过的历史命令，并可以再次执行。

如果要在一个命令行上输入和执行多条命令，可以使用分号来分隔命令，如“cd /;ls”。

断开一个长命令行，可以使用反斜杠“\”，以将一个较长的命令分成多行表达，增强命令的可读性。执行后，Shell 自动显示提示符“＞”，表示正在输入一个长命令，此时可继续在新行上输入命令的后续部分。

2. 后台运行程序

一个文本控制台或一个仿真终端在同一时刻只能运行一个程序或命令，在执行未结束前，一般不能进行其他操作，此时可采用将程序在后台执行，以释放控制台或终端，使其仍能进行其他操作。要使程序以后台方式执行，只需在要执行的命令后跟上一个“&”符号即可，如“find / -name httpd.conf &”。

3. 浏览目录类命令

(1) pwd 命令

pwd 命令用于显示用户当前所在的目录。如果用户不知道自己当前所在的目录，就必须使用它。

(2) cd 命令

cd 命令用来在不同的目录中进行切换。用户在登录系统后，会处于用户的家目录($HOME)中，该目录一般以/home 开始，后跟用户名，这个目录就是用户的初始登录目录

(root 用户的家目录为/root)。如果用户想切换到其他的目录中,就可以使用 cd 命令,后跟想要切换的目录名。

(3) ls 命令

ls 命令用来列出文件或目录信息。该命令的语法为:

```
ls [参数] [目录或文件]
```

4. 浏览文件类命令

(1) cat 命令

cat 命令主要用于滚屏显示文件内容或是将多个文件合并成一个文件。该命令的语法为:

```
cat [参数] 文件名
```

(2) more 命令

more 命令通常用于分屏显示文件内容。大部分情况下,可以不加任何参数选项执行 more 命令查看文件内容,执行 more 命令后,进入 more 状态,按 Enter 键可以向下移动一行,按 Space 键可以向下移动一页,按 Q 键可以退出 more 命令。该命令的语法为:

```
more [参数] 文件名
```

(3) less 命令

less 命令是 more 命令的改进版,比 more 命令的功能强大。more 命令只能向下翻页,而 less 命令可以向下、向上翻页,甚至可以前后左右的移动。执行 less 命令后,进入 less 状态,按 Enter 键可以向下移动一行,按 Space 键可以向下移动一页,按 B 键可以向上移动一页,也可以用箭头键向前、后、左、右移动,按 Q 键可以退出 less 命令。

less 命令还支持在一个文本文件中进行快速查找。先按下斜杠键"/",再输入要查找的单词或字符。less 命令会在文本文件中进行快速查找,并把找到的第 1 个搜索目标高亮度显示。如果希望继续查找,就再次按下斜杠键"/",再按 Enter 键即可。

less 命令的用法与 more 基本相同,例如:

```
[root@RHEL6 ~]#less /etc/httpd/conf/httpd.conf
//以分页方式查看 httpd.conf 文件的内容
```

(4) head 命令

head 命令用于显示文件的开头部分,默认情况下只显示文件的前 10 行内容。该命令的语法为:

```
head [参数] 文件名
```

(5) tail 命令

tail 命令用于显示文件的末尾部分,默认情况下只显示文件的末尾 10 行内容。该命令的语法为:

```
tail [参数] 文件名
```

5. 目录操作类命令

(1) mkdir 命令

mkdir 命令用于创建一个目录。该命令的语法为：

```
mkdir [参数] 目录名
```

(2) rmdir 命令

rmdir 命令用于删除空目录。该命令的语法为：

```
rmdir [参数] 目录名
```

6. 文件操作类命令

(1) cp 命令

cp 命令主要用于文件或目录的复制。该命令的语法为：

```
cp [参数] 源文件  目标文件
```

(2) mv 命令

mv 命令主要用于文件或目录的移动或改名。该命令的语法为：

```
mv [参数] 源文件或目录  目标文件或目录
```

(3) rm 命令

rm 命令主要用于文件或目录的删除。该命令的语法为：

```
rm [参数] 文件名或目录名
```

(4) touch 命令

touch 命令用于建立文件或更新文件的修改日期。该命令的语法为：

```
touch [参数] 文件名或目录名
```

(5) diff 命令

diff 命令用于比较两个文件内容的不同。该命令的语法为：

```
diff [参数] 源文件  目标文件
```

(6) ln 命令

ln 命令用于建立两个文件之间的链接关系。该命令的语法为：

```
ln [参数] 源文件或目录  链接名
```

(7) gzip 和 gunzip 命令

gzip 命令用于对文件进行压缩，生成的压缩文件以“.gz”结尾，而 gunzip 命令是对以

“.gz”结尾的文件进行解压缩。该命令的语法为：

```
gzip  -v    文件名
gunzip  -v  文件名
```

(8) tar 命令

tar 是用于文件打包的命令行工具，tar 命令可以把一系列的文件归档到一个大文件中，也可以把档案文件解开以恢复数据。总的来说，tar 命令主要用于打包和解包。tar 命令是 Linux 系统中常用的备份工具之一。该命令的语法为：

```
tar [参数]  档案文件   文件列表
```

(9) rpm 命令

rpm 命令主要用于对 RPM 软件包进行管理。RPM 包是 Linux 各种发行版本中应用最为广泛的软件包格式之一。学会使用 rpm 命令对 RPM 软件包进行管理至关重要。该命令的语法为：

```
rpm  [参数]  软件包名
```

(10) find 命令

find 命令用于文件查找。它的功能非常强大。该命令的语法为：

```
find  [路径]  [匹配表达式]
```

(11) grep 命令

grep 命令用于查找文件中包含有指定字符串的行。该命令的语法为：

```
grep  [参数]  要查找的字符串   文件名
```

7. 系统信息类命令

(1) dmesg 命令

dmesg 命令用实例名和物理名称来标识连到系统上的设备。dmesg 命令也显示系统诊断信息、操作系统版本号、物理内存大小及其他信息。例如：

```
[root@RHEL6 ~]#dmesg|more
```

(2) df 命令

df 命令主要用来查看文件系统各个分区的占用情况。

该命令列出系统上所有已挂载分区的大小、已占用的空间、可用空间及占用率。空间大小的单位为 KB。使用选项-h，将使输出的结果具有更好的可读性。

(3) du 命令

du 命令主要用来查看某个目录中各级子目录所使用的硬盘空间数。基本用法是在命令后跟目录名。如果不跟目录名，则默认为当前目录。

(4) free 命令

free 命令主要用来查看系统内存、虚拟内存的大小及占用情况。

(5) date 命令

date 命令可以用来查看系统当前的日期和时间。

(6) cal 命令

cal 命令用于显示指定月份或年份的日历,可以带两个参数,其中年、月份用数字表示;只有一个参数时表示年份,年份的范围为 1～9999;不带任何参数的 cal 命令显示当前月份的日历。

(7) clock 命令

clock 命令用于从计算机的硬件获得日期和时间。

8. 进程管理类命令

(1) ps 命令

ps 命令主要用于查看系统的进程。该命令的语法为:

```
ps  [参数]
```

(2) kill 命令

前台进程在运行时,可以用 Ctrl＋C 组合键终止它,但后台进程无法使用这种方法终止,此时可以使用 kill 命令向进程发送强制终止信号,以达到目的。

(3) killall 命令

和 kill 命令相似,killall 命令可以根据进程名发送信号。例如:

```
[root@RHEL6 dir1]#killall -9 httpd
```

(4) top 命令

和 ps 命令不同,top 命令可以实时监控进程的状况。top 屏幕自动每 5s 刷新一次,也可以用"top -d 20",使得 top 屏幕每 20s 刷新一次。

(5) bg、jobs、fg 命令

bg 命令用于把进程放到后台运行。例如:

```
[root@RHEL6 dir1]#bg find
```

jobs 命令用于查看在后台运行的进程。例如:

```
[root@RHEL6 dir1]#find / -name aaa &
[1] 2469
[root@RHEL6 dir1]#jobs
[1]+  Running                 find / -name aaa &
```

fg 命令用于把从后台运行的进程调到前台。例如:

```
[root@RHEL6 dir1]#fg find
```

9. 其他命令

man 命令用于列出命令的帮助手册。例如：

```
[root@RHEL6 dir1]#man ls
```

2.2.4 实训环境

- 一台已经安装好 Linux 操作系统的主机，并且已经配置好基本的 TCP/IP 参数，能够通过网络连接局域网中或远程的主机。
- 一台 Linux 服务器，能够提供 FTP、Telnet 和 SSH 连接。

2.2.5 实训步骤

1. 文件和目录类命令

(1) 启动计算机，利用 root 用户登录到系统，进入字符提示界面。

(2) 用 pwd 命令查看当前所在的目录。

```
#pwd
```

(3) 用 ls 命令列出此目录下的文件和目录。

```
#ls
```

(4) 用-a 选项列出此目录下包括隐藏文件在内的所有文件和目录。

```
#ls  -a
```

(5) 用 man 命令查看 ls 命令的使用手册。

```
#man  ls
```

(6) 在当前目录下，创建测试目录 test。

```
#mkdir  test
```

(7) 利用 ls 命令列出文件和目录，确认 test 目录创建成功。

```
#ls
```

(8) 进入 test 目录，利用 pwd 查看当前工作目录。

```
#cd test;pwd
```

(9) 利用 touch 命令，在当前目录创建一个新的空文件 newfile。

```
#touch  newfile
```

(10) 利用cp命令复制系统文件/etc/profile到当前目录下。

```
#cp /etc/profile
```

(11) 复制文件profile到一个新文件profile.bak,作为备份。

```
#cp profile profile.bak
```

(12) 用ll命令以长格形式列出当前目录下的所有文件,注意比较每个文件的长度和创建时间的不同。

```
#ll
```

(13) 用less命令分屏查看文件profile的内容。注意练习less命令的各个子命令,如b、p、q等,并对then关键字查找。

```
#less profile
```

(14) 用grep命令在profile文件中对关键字then进行查询,并与上面的结果比较。

```
#grep profile
```

(15) 给文件profile创建一个软链接lnsprofile和一个硬链接lnhprofile。

```
#ln -s profile lnsprofile
#ln profile lnhprofile
```

(16) 长格形式显示文件profile、lnsprofile和lnhprofile的详细信息。注意比较3个文件链接数的不同。

```
#ll
```

(17) 删除文件profile,用长格形式显示文件lnsprofile和lnhprofile的详细信息,比较文件lnhprofile的链接数的变化。

```
#rm profile;ll
```

(18) 用less命令查看文件lnsprofile的内容,看看有什么结果。

```
#less lnsprofile
```

(19) 用less命令查看文件lnhprofile的内容,看看有什么结果。

```
#less lnhprofile
```

(20) 删除文件lnsprofile,显示当前目录下的文件列表,回到上层目录。

```
#rm lnsprofile;ls;cd ..
```

(21) 用 tar 命令把目录 test 打包。

```
#tar -cvf  test.tar  test
```

(22) 用 gzip 命令把打好的包进行压缩。

```
#gzip  test.tar
```

(23) 把文件 test. tar. gz 改名为 backup. tar. gz。

```
#mv test.tar.gz  backup.tar.gz
```

(24) 显示当前目录下的文件和目录列表,确认重命名成功。
(25) 把文件 backup. tar. gz 移动到 test 目录下。

```
#mv  backup.tar.gz test/
```

(26) 显示当前目录下的文件和目录列表,确认移动成功。
(27) 进入 test 目录,显示目录中的文件列表。
(28) 把文件 backup. tar. gz 解包。

```
#tar -zxvf backup.tar.gz
```

(29) 显示当前目录下的文件和目录列表,复制 test 目录为 testbak 目录作为备份。

```
#ls;cp -r test testbak
```

(30) 查找 root 用户自己主目录下的所有名为 newfile 的文件。

```
#grep ~-name newfile
```

(31) 删除 test 子目录下的所有文件。

```
#rm test/*
```

(32) 利用 rmdir 命令删除空子目录 test。

```
#rmdir test
```

回到上层目录,利用 rm 命令删除目录 test 和其下所有文件。

2. 系统信息类命令

(1) 利用 date 命令显示系统当前时间,并修改系统的当前时间。

```
#date;date -d 08/23/2008
```

(2) 显示当前登录到系统的用户状态。
(3) 利用 free 命令显示内存的使用情况。

```
#free
```

(4) 利用 df 命令显示系统的硬盘分区及使用状况。

```
#df
```

(5) 显示当前目录下各级子目录的硬盘占用情况。

```
#du
```

3. 进程管理类命令

(1) 使用 ps 命令查看和控制进程。

① 显示本用户的进程：#ps。

② 显示所有用户的进程：#ps -au。

③ 在后台运行 cat 命令：#cat &。

④ 查看进程 cat ：# ps aux |grep cat。

⑤ 杀死进程 cat：#kill -9 cat。

⑥ 再次查看进程 cat,看看是否被杀死。

(2) 使用 top 命令查看和控制进程。

① 用 top 命令动态显示当前的进程。

② 只显示用户 user01 的进程(利用 U 键)。

③ 利用 K 键,杀死指定进程号的进程。

(3) 挂起和恢复进程。

① 执行命令 cat。

② 按 Ctrl+Z 组合键,挂起进程 cat。

③ 输入 jobs 命令,查看作业。

④ 输入 bg,把 cat 切换到后台执行。

⑤ 输入 fg,把 cat 切换到前台执行。

⑥ 按 Ctrl+C 组合键,结束进程 cat。

(4) find 命令的使用。

① 在/var/lib 目录下查找所有文件的所有者是 games 用户的文件。

```
#find /var/lib -user games 2>/dev/null
```

② 在/var 目录下查找所有文件的所有者是 root 用户的文件。

```
#find /var -user root 2>/dev/mull
```

③ 查找所有文件的所有者不是 root、bin 和 student 用户,并用长格式显示(如用 ls-l 显示结果)。

```
#find / -not -user root -not -user bin -not -user student -ls 2>/dev/null
```

或者

```
#find / ! -user root ! -user bin ! -user student -exec ls -ld {} \; 2>/dev/null
```

④ 查找/usr/bin 目录下所有大小超过一百万字节(B)的文件,并用长格式显示(如用 ls-l 显示结果)。

```
#find /usr/bin -size +1000000c -ls 2>/dev/null
```

⑤ 对/etc/mail 目录下的所有文件使用 file 命令。

```
#find /etc/maill -exec file {} \; 2 >/dev/null
```

⑥ 查找/tmp 目录下属于 student 的所有普通文件,这些文件的修改时间为 120min 以前,查询结果用长格式显示(如用 ls-l 显示结果)。

```
#find /tmp -user student -and -mmin +120 -and -type f -ls 2>/dev/null
```

⑦ 对于查到的上述文件,用-ok 选项删除。

```
#find /tmp -user student -and -mmin +120 -and -type f -ok rm {} \;
```

4. rpm 软件包的管理

(1) 查询系统是否安装了软件包 squid。

```
[root@RHEL6 ~]#rpm -q squid
```

(2) 如果没有安装,则挂载 Linux 第 2 张安装光盘,安装 squid-3. 5. STABLE6-3. i386. rpm 软件包。

```
[root@RHEL6 ~]#mount /media/cdrom
[root@RHEL6 ~]#rpm -ivh /media/cdrom/RedHat/RPMS/squid-3.5.STABLE6-3.i386.rpm
```

(3) 卸载刚刚安装的软件包。

```
[root@RHEL6 ~]#rpm -e squid
```

(4) 软件包的升级:rpm Uvh squid-3. 5. STABLE6-3. i386. rpm。

(5) 软件包的更新:rpm Fvh squid-3. 5. STABLE6-3. i386. rpm。

5. tar 命令的使用

系统上的主硬盘在使用的时候有可怕的噪声,但是它上面保留着有价值的数据。系统在两年半以前备份过,现在用户决定手动备份少数几个最紧要的文件。/tmp 目录里储存在不同硬盘的分区上快坏的分区,这样用户想临时把文件备份到那里。

(1) 在/home 目录里,用 find 命令定位文件所有者是 student 的文件,然后将其压缩。

```
#find /home -user student -exec tar zvf /tmp/backup.tar {} \;
```

(2) 保存/etc 目录下的文件到/tmp 目录下。

```
#tar cvf /tmp/confbackup.tar /etc
```

(3) 列出两个文件的大小。

(4) 使用 gzip 压缩文档。

2.2.6　实训思考题

more 与 less 命令有何区别?

2.2.7　实训报告要求

按要求完成实训报告。

第3章　Linux系统配置与管理

Linux操作系统是多用户多任务的操作系统，它允许多个用户同时登录到系统，使用系统资源。当多个用户同时使用系统时，为了使所有用户的工作都能顺利进行，保护每个用户的文件和进程，也为了系统自身的安全和稳定，必须建立一种秩序，使每个用户的权限都能得到规范。为了区分不同的用户，就产生了用户账户。

账户和组群的管理只是Linux系统配置与管理的一部分。除此之外，本章内容还包括安装与管理软件包、配置与管理文件的权限、配置与管理磁盘、管理Linux服务器的网络配置等内容。

3.1　Linux系统用户管理

3.1.1　实训目的

- 熟悉Linux用户的访问权限。
- 掌握在Linux系统中增加、修改、删除用户或用户组的方法。
- 掌握用户账户管理及安全管理的方法。
- 掌握批量创建新账号的方法。
- 使用常用的账户管理命令。

3.1.2　实训内容

- 用户的访问权限。
- 账号的创建、修改、删除。
- 自定义组的创建与删除。

3.1.3　实训环境

一台已经安装好RHEL 6的计算机(最好有音响或耳机)，一套RHEL 5安装光盘(或ISO镜像)。

3.1.4　实训准备

Linux属于多用户、多任务的操作系统，可以让不同的用户从本地登录。在网络上则允许用户利用Telnet等方式从远程登录。但无论是从本机还是从远程登录，用户都必须在该主机上拥有账号。

1. 管理员账号

安装 Linux 之后，系统默认包括了 root 账号。此账号的用户为系统管理员，对系统有完全的控制权，可对系统做任何设置和修改(甚至摧毁整个系统)，所以维护 root 账号的安全格外重要。以管理员身份登录系统后，可对 root 账号密码进行修改，修改密码可在 X Window 图形模式中进行，也可以命令方式进行。

2. 用户账号

用户登录系统时，必须有自己的账号名(login name)和密码，且用户的账号名必须是唯一的。用户的账号可以由管理员创建、修改或删除。

3. 组

为方便用户管理，把具有相同性质、相同权限的用户集中起来管理，这种用户集合就称为组。创建组的方法和创建账号几乎相同，组名也必须是唯一的，组也可以由管理员创建、修改和删除。

用户和组的管理可以在图形模式下进行，也可以在字符方式下用 Linux 相关命令进行管理。

注意：①用户标识码 UID 和组标识码 GID 的编号从 500 开始，0～499 保留给系统使用。若创建用户账号或组群时未指定标识码，则系统会自动指定从编号 500 开始查找尚未使用的号码。②在 Linux 系统中，英文字母的大小写是有差别的。

4. 用户切换

在某些情况下，已经登录的用户需要改变身份，即进行用户切换，以执行当前用户权限之外的操作。这时可以用下述方法实现。

(1) 注销并重新进入系统。在 GNOME 桌面环境中单击左上角的“系统”按钮，执行“注销”命令，如图 3-1 所示。这时屏幕上会出现“确认”对话框，单击“注销”按钮后，出现新的登录界面，输入新的用户账号及密码，即可重新进入系统。

图 3-1 GNOME 桌面环境

(2) 运行 su 命令进行用户切换。Linux 操作系统提供了虚拟控制台功能，即在同一物理控制台实现多用户同时登录和同时使用该系统。使用者可以充分利用这种功能进行用户切换。su 命令可以使用户方便地进行切换，不需要用户进行注销操作就可以完成用户切换。要升级为超级用户(root)，只需在提示符 $ 下输入 su，按屏幕提示输入超级用户(root)的密码，即可切换成超级用户。依次单击左上角的"应用程序"→"附件"→"终端"，进入终端控制台，然后在终端控制台输入以下命令。

```
[root@RHEL6 ~]#whoami
root
[root@RHEL6 ~]#su user1          //root 用户转换为任何用户都不需要口令
[user1@RHEL6 root]$whoami
User1
[user1@RHEL6 root]$su root       //普通用户转换为任何用户都需要提供口令
Password:
[user1@RHEL6 root]$exit          //使用 exit 命令可以退回到上一次使用 su 命令时的用户
exit
[root@RHEL6 ~]#whoami
root
```

su 命令不指定用户名时将从当前用户转换为 root 用户，但需要输入 root 用户的口令。

3.1.5 实训步骤

1. 用户账号管理

在图形模式下管理用户账号。以 root 账号登录 GNOME 后，在 GNOME 桌面环境中单击左上角的主选按钮，单击"系统"→"管理" →"用户和组群"，出现"用户管理者"界面，如图 3-2 所示。

图 3-2 "用户管理者"界面

在"用户管理者"界面中可以进行创建用户账号、修改用户账号和口令、删除账号、加入指定的组群等操作。

(1) 创建用户账号。在图 3-2 所示的"用户管理者"界面的工具栏中单击"添加用户"按钮,出现"创建新用户"界面。在界面中相应位置输入用户名、全称、密码、确认密码、主目录等信息,最后单击"确定"按钮,新用户即可建立。

(2) 修改用户账号和口令。在"用户管理者"界面的用户列表中选定要修改的用户账号和口令,单击"属性"按钮,出现"用户属性"界面,选择"用户数据"选项卡,修改该用户的账号(用户名)和密码,单击"确定"按钮即可,如图 3-3 所示。

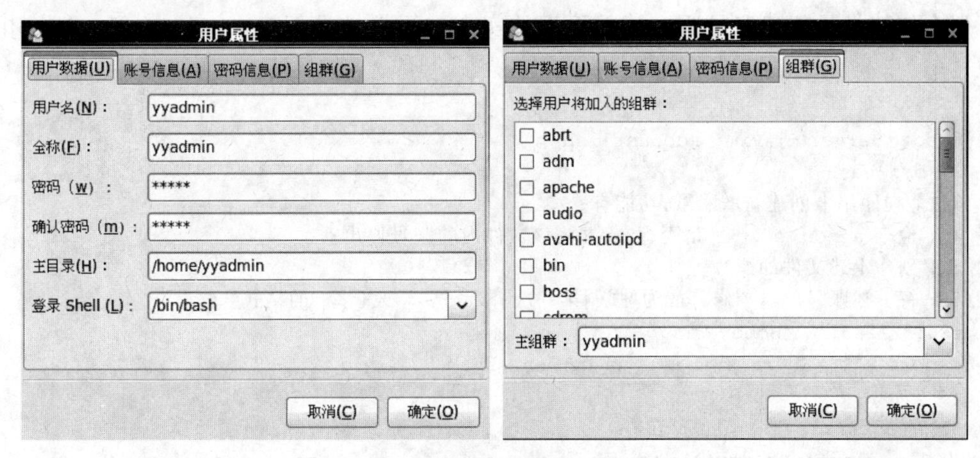

图 3-3 "用户属性"界面

(3) 将用户账号加入组群。在"用户属性"界面中单击"组群"选项卡,在组群列表中选定该账号要加入的组群,单击"确定"按钮。

(4) 删除用户账号。在用户管理器中选定欲删除的用户名,单击"删除"按钮,即可删除用户账号。

(5) 其他设置。在"用户属性"界面中,单击"账号信息"和"口令信息",可查看和设置账号与口令信息。

2. 在图形模式下管理组群

在"用户管理者"界面中选择"组群"选型卡,选择要修改的组,然后单击工具栏上的"属性"按钮,打开"组群属性"对话框,如图 3-4 所示,从中可以修改该组的属性。

单击"用户管理者"界面中工具栏上的"添加组群"按钮,可以打开"创建新组群"对话框,输入组群名和 GID,然后单击"确定"按钮即可创建新组群,如图 3-5 所示。组群的 GID 也可

图 3-4 "组群属性"对话框

图 3-5 "创建新组群"对话框

以采用系统的默认值。

要删除现有组群，只需选择要删除的组群，并单击工具栏上的“删除”按钮即可。

3. 批量新建账号

由于 RHEL 5. x 的 passwd 命令已经提供了 --stdin 的功能，因此如果我们可以提供账号、口令，那么就能够很简单地建立起我们需要的账号、口令了。

那么如何批量新建账号呢？请看下面的实例。要求批量创建 std01～std10 十个用户账户。

```
[root@Server ~]#vim  account1.sh
#!/bin/bash
#这个程序用来创建新增账号,功能有:
#1. 检查 account1.txt 是否存在,并将该文件内的账号取出;
#2. 创建上述文件的账号;
#3. 将上述账号的口令修订成为"强制第一次进入需要修改口令"的格式。
#2013/12/31    Bobby Yang
export PATH=/bin:/sbin:/usr/bin:/usr/sbin

#检查 account1.txt 是否存在
if [ ! -f account1.txt ]; then
        echo "所需要的账号文件不存在,请创建 account1.txt ,每行一个账号名称"
        exit 1
fi

usernames=$(cat account1.txt)

for username in $usernames
do
        useradd $username                                #<==新增账号
        echo $username | passwd --stdin $username        #<==与账号相同的口令
        chage -d 0 $username                             #<==强制登录修改口令
done
```

接下来只要创建 account1. txt 这个文件就可以了。这个文件里面共有十行，你可以自行创建该文件，每一行一个账号。注意，最终的结果是每个账号具有与当前账号相同的口令，且初次登录后，必须要重新配置口令后才能够再次登录并使用系统资源。

```
[root@Server ~]#vim account1.txt
std01
std02
std03
std04
std05
std06
std07
std08
std09
std10
```

```
[root@Server ~]#sh account1.sh
Changing password for user std01.
passwd: all authentication tokens updated successfully.
...
```

4. 使用常用的账户管理命令

账户管理命令可以在非图形化操作中对账户进行有效管理。

(1) vipw

vipw 命令用于直接对用户账户文件/etc/passwd 进行编辑，使用的默认编辑器是 vi。在对/etc/passwd 文件进行编辑时将自动锁定该文件，编辑结束后对该文件进行解锁，保证了文件的一致性。vipw 命令在功能上等同于 vi /etc/passwd 命令，但是比直接使用 vi 命令更安全。命令格式如下：

```
[root@Server ~]#vipw
```

(2) vigr

vigr 命令用于直接对组群文件/etc/group 进行编辑。在用 vigr 命令对/etc/group 文件进行编辑时将自动锁定该文件，编辑结束后对该文件进行解锁，保证了文件的一致性。vigr 命令在功能上等同于 vi/etc/group 命令，但是比直接使用 vi 命令更安全。命令格式如下：

```
[root@Server ~]#vigr
```

(3) pwck

pwck 命令用于验证用户账户文件认证信息的完整性。该命令检测/etc/passwd 文件和/etc/shadow 文件的每行中字段的格式和值是否正确。命令格式如下：

```
[root@Server ~]#pwck
```

(4) grpck

grpck 命令用于验证组群文件认证信息的完整性。该命令检测/etc/group 文件和/etc/gshadow 文件的每行中字段的格式和值是否正确。命令格式如下：

```
[root@Server ~]#grpck
```

(5) id

id 命令用于显示一个用户的 UID 和 GID 以及用户所属的组列表。在命令行输入 id 并直接按 Enter 键，将显示当前用户的 ID 信息。id 命令格式如下：

```
id  [选项] 用户名
```

例如，显示 user1 用户的 UID、GID 信息的实例如下所示：

```
[root@Server ~]#id  user1
uid=500(user1) gid=500(user1) groups=500(user1)
```

(6) finger、chfn、chsh

使用 finger 命令可以查看用户的相关信息，包括用户的主目录、启动 Shell、用户名、地址、电话等存放在/etc/passwd 文件中的记录信息。管理员和其他用户都可以用 finger 命令来了解用户。直接使用 finger 命令可以查看当前用户信息。finger 命令格式及实例如下：

```
finger  [选项] 用户名
```

```
[root@Server ~]#finger
Login  Name  Tty    Idle  Login    Time   Office  Office Phone
root   root  tty1   4     Sep  1   14:22
root   root  pts/0        Sep  1   14:39  (192.168.1.101)
```

finger 命令常用的一些选型如表 3-1 所示。

表 3-1　finger 命令选项

选项	说　明
-l	以长格形式显示用户信息。这是默认选项
-m	关闭以用户姓名查询账户的功能，如不加此选项，可以用一个用户的姓名来查询该用户的信息
-s	以短格形式查看用户的信息
-p	不显示 plan(plan 信息是用户主目录下的. plan 等文件)

用户自己可以使用 chfn 和 chsh 命令来修改 finger 命令显示的内容。chfn 命令可以修改用户的办公地址、办公电话和住宅电话等。chsh 命令用来修改用户的启动 Shell。用户在用 chfn 和 chsh 修改个人账户信息时会提示输入密码。例如：

```
[user1@Server ~]$chfn
Changing finger information for user1.
Password:
Name [oneuser]:oneuser
Office []: network
Office Phone []: 66773007
Home Phone []: 66778888
Finger information changed.
```

用户可以直接输入 chsh 命令或使用-s 选项来指定要更改的启动 Shell。例如用户 user1 想把自己的启动 Shell 从 bash 改为 tcsh。可以使用以下两种方法：

```
[user1@Server ~]$chsh
Changing shell for user1.
Password:
New shell [/bin/bash]: /bin/tcsh
Shell changed.
```

或者

```
[user1@Server ~]$chsh -s /bin/tcsh
Changing shell for user1.
```

(7) whoami

whoami 命令用于显示当前用户的名称。whoami 与命令"id -un"作用相同。

```
[user1@Server ~]$whoami
User1
```

(8) su

su 命令用于转换当前用户到指定的用户账户,root 用户可以转换到任何用户而不需要输入该用户口令,普通用户转换为其他用户时需要输入用户口令。例如:

```
[root@Server ~]#whoami
root
[root@Server ~]#su user1          //root 用户转换为任何用户都不需要口令
[user1@Server /root]$whoami
User1
[user1@Server /root]$su root      //普通用户转换为任何用户都需要提供口令
Password:
[user1@Server /root]$exit         //使用 exit 命令可以退回到上一次使用 su 命令时的用户
exit
[root@Server ~]#whoami
Root
```

su 命令不指定用户名时将从当前用户转换为 root 用户,但需要输入 root 用户的口令。

(9) newgrp

newgrp 命令用于转换用户的当前组到指定的主组群,对于没有设置组群口令的组群账户,只有组群的成员才可以使用 newgrp 命令改变主组群身份到该组群。如果组群设置了口令,其他组群的用户只要拥有组群口令也可以改变主组群身份到该组群。应用实例如下:

```
[root@Server ~]#id                  //显示当前用户的 gid
uid=0(root) gid=0(root) groups=0(root),1(bin),2(daemon),3(sys),4(adm),6
(disk),10(wheel)
[root@Server ~]#newgrp group1       //改变用户的主组群
[root@Server ~]#id
uid=0(root) gid=500(group1) groups=0(root),1(bin),2(daemon),3(sys),4(adm),6
(disk),10(wheel)
[root@Server ~]#newgrp              //newgrp 命令不指定组群时转换为用户的私有组
[root@Server ~]#id
uid=0(root) gid=0(root) groups=0(root),1(bin),2(daemon),3(sys),4(adm),6
(disk),10(wheel)
```

使用 groups 命令可以列出指定用户的组群。例如:

```
[root@Server ~]#whoami
root
[root@Server ~]#groups
root bin daemon sys adm disk wheel
```

5. 企业实战与应用——账号管理实例

(1) 情境：假设需要的账号数据如表 3-2 所示，你该如何操作？

表 3-2 账号数据

账号名称	账号全名	支持次要群组	是否可登录主机	口 令
myuser1	1st user	mygroup1	可以	password
myuser2	2nd user	mygroup1	可以	password
myuser3	3rd user	无额外支持	不可以	password

(2) 解决方案如下。

```
#先处理账号相关属性的数据：
[root@www ~]#groupadd mygroup1
[root@www ~]#useradd -G mygroup1 -c "1st user" myuser1
[root@www ~]#useradd -G mygroup1 -c "2nd user" myuser2
[root@www ~]#useradd -c "3rd user" -s /sbin/nologin myuser3

#再处理账号的口令相关属性的数据：
[root@www ~]#echo "password" | passwd --stdin myuser1
[root@www ~]#echo "password" | passwd --stdin myuser2
[root@www ~]#echo "password" | passwd --stdin myuser3
```

要注意的地方主要有：myuser1 与 myuser2 都支持次要群组，但该群组不一定存在，因此需要先手动创建。另外，myuser3 是"不可登录系统"的账号，因此需要使用 /sbin/nologin 来设置，这样该账号就成为非登录账户了。

3.1.6 实训思考题

(1) root 账号和普通账号有什么区别？root 账号为什么不能删除？
(2) 用户和组群有何区别？
(3) 如何在组群中添加用户？

3.1.7 实训报告要求

按要求完成实训报告。

3.2 安装与管理软件包

3.2.1 实训目的

- 掌握 RPM 安装、查询、移除软件的方法。

• 学会使用 yum 安装与升级软件。

3.2.2 实训内容

练习 Linux 系统下软件安装的方法与技巧。

3.2.3 实训准备

1. RPM 与 DPKG

目前在 Linux 中，软件安装方式最常见的有两种，分别如下。

(1) DPKG

这个机制最早是由 Debian Linux 社群开发出来的，通过 DPKG 的机制，Debian 提供的软件就能够简单地安装，同时还能提供安装后的软件信息。凡是衍生于 Debian 的其他 Linux 发布版本大多使用 DPKG 机制来管理软件，包括 B2D、Ubuntu 等。

(2) RPM

这个机制最早是由 Red Hat 公司开发出来的。后来由于软件很好用，很多发布版本就使用这个机制来作为软件安装的管理方式，包括 Fedora、CentOS、SuSE 等知名的开发商都是用 RPM。

如前所述，DPKG/RPM 机制或多或少都会有软件依赖性的问题，那该如何解决呢？其实前面谈到过，每个软件文件都提供软件依赖性的检查。如果我们将依赖属性的数据做成列表，等到实际软件安装时，若发生有依赖属性的软件时，例如安装 A 需要先安装 B 与 C，而安装 B 则需要安装 D 与 E 时，那么当你要安装 A，可以通过依赖属性列表管理机制自动去取得 B、C、D、E 来同时安装，就解决了软件依赖性的问题。

目前新的 Linux 开发商都提供这样的"线上升级"机制，通过这个机制，原版光盘只有第一次安装时用到，其他时候只要有网络，你就能够取得开发商所提供的任何软件了。在 DPKG 管理机制上开发出了 APT 线上升级机制，RPM 则依开发商的不同，有 Red Hat 系统的 yum，SuSE 系统的 Yast Online Update(YOU)、Mandriva 的 urpmi 软件等。线上升级如表 3-3 所示。

表 3-3 各发行版本的线上升级

发布版本代表	软件管理机制	使用命令	线上升级机制(命令)
Red Hat/Fedora	RPM	rpm,rpmbuild	YUM (yum)
Debian/Ubuntu	DPKG	dpkg	APT (apt-get)

RHEL 6 使用的软件管理机制为 RPM 机制，而用来作为线上升级的方式则为 yum！下面将会谈到 RPM 与 YUM。

2. 什么是 RPM 与 SRPM

RPM 全名是 Red Hat Package Manager，简称为 RPM。顾名思义，当初这个软件管理的机制是由 Red Hat 这家公司开发出来的。RPM 是以一种数据库记录的方式来将需要的软件安装到你的 Linux 系统的一套管理机制。

其最大的特点就是将要安装的软件先编译通过，并且打包成为 RPM 机制的包装文件，通过包装好的软件里面默认的数据库记录，记录这个软件要安装的时候必须具备的依赖属性软件。当将软件安装在 Linux 主机时，RPM 会先依照软件里面的数据库记录查询 Linux 主机的依赖属性软件是否满足，若满足则予以安装，若不满足则不予安装。

但是这也造成了一些困扰。由于 RPM 文件是已经打包好的数据，也就是说，里面的数据已经“编译完成”了。所以，该软件文件几乎只能安装在原来默认的硬件与操作系统版本中，也就是说，你的主机系统环境必须要与当初创建这个软件文件的主机环境相同才行。举例来说，rp-pppoe 这个 ADSL 拨号软件必须要在 ppp 这个软件存在的环境下才能进行安装。如果你的主机并没有 ppp 这个软件，那么除非你先安装 ppp，否则 rp-pppoe 不能成功安装（当然你强制安装，但是通常都会出现一点问题）。

所以，通常不同的发布版本的 RPM 文件并不能用在其他的发布版本上。举例来说，Red Hat 发布的 RPM 文件，通常无法直接在 SuSE 上面进行安装。更有甚者，相同发布版本的不同版本之间也无法互通，例如，RHEL 4. x 的 RPM 文件就无法直接套用在 RHEL 5. x上。由此可知，RPM 存在以下问题：

- 软件文件安装的环境必须与打包时的环境需求一致或相当；
- 需要满足软件的依赖属性需求；
- 反安装时需要特别小心，最底层的软件不可先移除，否则可能造成整个系统的问题。

那如果确实需要安装其他发布版本提供的好用的 RPM 软件文件该怎么办？这时可以使用 SRPM。

SRPM 是什么呢？它是 Source RPM 的意思，也就是 RPM 文件里面含有源码。特别应注意的是，SRPM 所提供的软件内容“并没有经过编译”，其提供的是源码。

通常 SRPM 的扩展名是以***. src. rpm 这种格式命名。不过，既然 SRPM 提供的是源码，那么为什么我们不使用 Tarball 直接来安装呢？这是因为 SRPM 虽然内容是源码，但是仍然含有该软件所需要的依赖性软件说明，以及所有 RPM 文件所提供的数据。同时，与 RPM 不同的是，它也提供了参数配置文件（就是 configure 与 makefile）。所以，如果我们下载的是 SRPM，那么要安装该软件时，它就必须要做到如下几点：

- 先将该软件以 RPM 管理的方式编译，此时 SRPM 会被编译成为 RPM 文件；
- 然后将编译完成的 RPM 文件安装到 Linux 系统当中。

通常一个软件在发布的时候，都会同时发布该软件的 RPM 与 SRPM。RPM 文件必须要在相同的 Linux 环境下才能够安装，而 SRPM 既然是源码的格式，自然可以通过修改 SRPM 内的参数配置文件，然后重新编译并产生能适合 Linux 环境的 RPM 文件，这样就可以将该软件安装到系统当中，而不必与原作者打包的 Linux 环境相同。这就是 SRPM 的用处，如表 3-4 所示。

表 3-4 RPM 与 SRPM 比较

文件格式	文件名格式	直接安装与否	内含程序类型	可否修改参数并编译
RPM	***. rpm	可	已编译	不可
SRPM	***. src. rpm	不可	未编译之源码	可

3. 什么是 i386、i586、i686、noarch、x86_64

从上面的说明可以知道，RPM 与 SRPM 的格式分别为：

```
xxxxxxxxx.rpm   <==RPM 的格式,已经经过编译且包装完成的 rpm 文件;
xxxxx.src.rpm   <==SRPM 的格式,包含未编译的源码信息。
```

通过文件名可以知道软件的版本、适用的平台、编译发布的次数:

```
rp-pppoe -        3.1      -      5        .i386        .rpm
软件名称      软件的版本信息   发布的次数 适合的硬件平台 扩展名
```

除了后面适合的硬件平台与扩展名外,主要是以"-"来隔开各个部分,这样可以很清楚地找到该软件的名称、版本信息、打包次数与操作的硬件平台。

(1) 软件名称

当然就是每一个软件的名称了！上面的范例就是 rp-pppoe。

(2) 版本信息

每一次升级版本就需要有一个版本的信息,否则如何知道这一版是新是旧？这里通常又分为主版本跟次版本。以上面为例,主版本为 3,在主版本的架构下更动部分源码内容,而释出一个新的版本,就是次版本。以上面为例,就是 1。

(3) 发布版本次数

通常就是编译的次数。那么为何需要重复地编译呢？这是由于同一版的软件中,可能由于有某些 bug 或者是安全上的顾虑,所以必须要进行小幅度的更新(patch)或重设一些编译参数。配置完成之后重新编译并打包成 RPM 文件。

(4) 操作硬件平台

由于 RPM 可以适用在不同的操作平台上,但是不同的平台配置的参数还是有所差异的。并且,我们可以针对比较高阶的 CPU 来进行最佳化参数的配置,这样才能够使用高阶 CPU 所带来的硬件加速功能。所以就有 i386、i586、i686、x86_64 与 noarch 等的文件名称出现了,如表 3-5 所示。

表 3-5　不同的硬件平台

平台名称	适合平台说明
i386	几乎适用于所有的 x86 平台,不论是旧的 Pentum 或者是新的 Intel Core 2 与 K8 系列的 CPU 等,都可以正常地工作。"i"指的是 Intel 兼容 CPU 的意思,至于 386 不用说,就是 CPU 的等级了
i586	针对 586 等级计算机进行最佳化编译。包括 Pentum 第一代 MMX CPU、AMD 的 K5、K6 系列 CPU(socket 7 插脚)等的 CPU
i686	在 Pentum Ⅱ 以后的 Intel 系列 CPU 及 K7 以后等级的 CPU 都属于这个 686 等级。由于目前市面上几乎仅剩 Pentum Ⅱ 以后等级的硬件平台,因此很多 distributions 都直接释出这种等级的 RPM 文件
x86_64	针对 64 位的 CPU 进行最佳化编译配置,包括 Intel 的 Core 2 以上等级 CPU,以及 AMD 的 Athlon64 以后等级的 CPU,都属于这一类型的硬件平台
noarch	就是没有任何硬件等级上的限制。一般来说,这种类型的 RPM 文件,里面应该没有 binary program 存在,较常出现的就是属于 shell script 方面的软件

4. RPM 属性依赖的解决方法:YUM 线上升级

为了重复利用既有的软件功能,因此很多软件都会以函数库的方式发布部分功能,以方便其他软件的调用。例如 PAM 模块的验证功能。此外，为了节省用户的数据量，目前的 distributions 在发布软件时，都会将软件的内容分为一般使用与开发使用(development)两大类。所以你才会常常看到有类似 pam-x. x. rpm 与 pam-devel-x. x. rpm 之类的文件名。而默认情况下，大部分的 software-devel-x. x. rpm 都不必安装，因为终端用户大部分不去做开发软件的工作。

因此，RPM 软件文件就会有所谓的属性依赖的问题产生(其实所有的软件管理几乎都有这方面的情况存在)。那有没有办法解决呢？前面已经谈到 RPM 软件文件内部会记录依赖属性的数据，请想一想，要是将这些依赖属性的软件先列表，在需要安装软件的时候，先到这个列表中查找，同时与系统内已安装的软件相比较，没安装的依赖软件也会同时安装，那不就解决了依赖属性的问题了吗？有没有这种机制呢？当然有，那就是 YUM 机制。

RHEL 先将发布的软件存放到 YUM 服务器内，然后分析这些软件的依赖属性问题，将软件内的记录信息写下来(header)。然后再将这些信息分析后记录成软件相关性的清单列表。这些列表数据与软件所在的位置可以叫容器(repository)。当用户端有软件安装的需求时，用户端主机会主动地向网络上面的 YUM 服务器的容器网址下载清单列表，然后通过清单列表的数据与本机 RPM 数据库已存在的软件数据相比较，就能够一下安装所有需要的具有依赖属性的软件了，整个流程如图 3-6 所示。

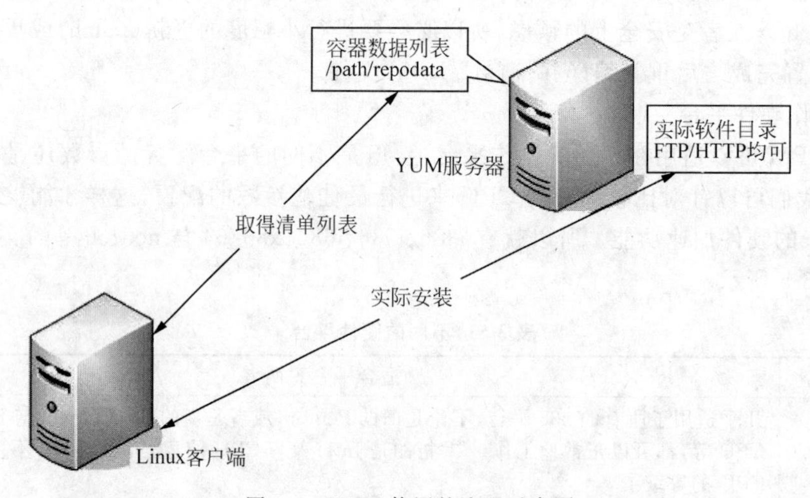

图 3-6　YUM 使用的流程示意图

当用户端有升级、安装的需求时，YUM 会向容器要求清单的更新，使清单更新到本机的/var/cache/yum 目录中。当用户端实施更新、安装时，就会用本机清单与本机的 RPM 数据库进行比较，这样就知道该下载什么软件了。接下来 YUM 会到容器服务器(YUM Server)下载所需要的软件，然后再通过 RPM 的机制开始安装软件。这就是整个流程，但仍然离不开 RPM。

3.2.4　实训步骤

1. 使用 RPM

RPM(软件包管理)的使用其实不难，只要使用 rpm 命令即可。

(1) RPM 默认安装的路径

一般来说，RPM 类型的文件在安装的时候，会先去读取文件内记载的配置参数内容，然后将该数据用来比对 Linux 系统的环境，以找出是否有属性依赖的软件尚未安装的问题。例如 Openssh 连接软件需要通过 Openssl 软件，所以要先安装 Openssl，才能安装 Openssh。如果没有 Openssl，就无法安装 Openssh。

若环境检查合格了，RPM 文件就开始安装到 Linux 系统上。安装完毕后，该软件相关的信息就会被写入/var/lib/rpm/目录下的数据库文件中。上面这个目录内的数据很重要。因为将来如果有软件升级的需求，版本之间的比较就是来自于这个数据库，而如果想查询系统已经安装的软件，也是从这里查询的。同时，目前的 RPM 也提供数字签名信息，这些数字签名也是在这个目录内记录的。所以，千万不要删除这个目录。

那么软件内的文件到底是存放在哪里呢？当然与文件系统有关。表 3-6 是某些重要目录的含义。

表 3-6 重要目录的含义

目 录	含 义
/etc	放置配置文档放置的目录，例如 /etc/crontab
/usr/bin	放置可运行文件
/usr/lib	放置程序使用的动态函数库
/usr/share/doc	基本的软件使用手册与说明文档
/usr/share/man	放置 man page 文件

(2) RPM 的安装

因为安装软件是 root 用户的工作，因此只有 root 用户的身份才能够操作 rpm 命令。用 RPM 安装软件很简单。假设需要安装一个文件名为 rp-pppoe-3. 5-32. 1. i386. rpm 的文件，那么可以这样操作：

```
[root@www ~]#rpm -i rp-pppoe-3.5-32.1.i386.rpm
```

不过，这样的参数其实无法显示安装的进度，所以，通常会这样操作：

```
[root@www ~]#rpm -ivh package_name
```

选项与参数说明如下。

- -i：install
- -v：查看更细微的安装信息
- -h：以安装信息列显示安装进度

范例一：安装 rp-pppoe-3. 5-32. 1. i386. rpm。

```
[root@www ~]#rpm -ivh rp-pppoe-3.5-32.1.i386.rpm
```

范例二：安装两个以上的软件。

```
[root@www ~]#rpm -ivh a.i386.rpm b.i386.rpm * .rpm
#后面可以直接跟多个软件文件
```

范例三：根据网址安装网络上的某个文件。

```
[root@www ~]#rpm -ivh http://website.name/path/pkgname.rpm
```

另外，如果在安装软件的过程当中发现问题，或者已经知道会发生问题，还是要“强行”安装这个软件时，可以通过--force 参数强制安装。但可能会发生很多不可预期的问题。

亲自动手做一下：*在没有网络的前提下，安装一个名为 pam-devel 的软件，你手边只有原版光盘，该如何操作？*

分析：可以通过挂载原版光盘来进行数据的查询与安装。下面尝试将光盘挂载到/media 当中，并以此来处理软件的下载。

① 挂载光盘：mount /dev/cdrom /media

② 找出文件的实际路径：find /media -name 'pam-devel *'

③ 测试此软件是否具有依赖性：rpm -ivh pam-devel... --test

④ 直接安装：rpm -ivh pam-devel...

⑤ 卸载光盘：umount /dev/cdrom

该实例在 RHEL 6 中的运行如下所示，请读者对照完成实例的操作。

```
[root@localhost ~]#mount /dev/cdrom /media
mount: block device /dev/cdrom is write-protected, mounting read-only
[root@localhost ~]#cd /media/Server
[root@localhost Server]#find /media -name 'pam-devel * '
/media/Server/pam-devel-0.99.6.2-6.el5.i386.rpm
[root@localhost Server]#rpm -ivh pam-devel-0.99.6.2-6.el5.i386.rpm --test
warning: pam-devel-0.99.6.2-6.el5.i386.rpm: Header V3 DSA signature: NOKEY, key
ID 897da07a
Preparing...                ###########################################[100%]
[root@localhost Server]#rpm -ivh pam-devel-0.99.6.2-6.el5.i386.rpm
warning: pam-devel-0.99.6.2-6.el5.i386.rpm: Header V3 DSA signature: NOKEY, key
ID 897da07a
Preparing...                ###########################################[100%]
   1:pam-devel              ###########################################[100%]
[root@localhost Server]#
```

在 RHEL 6 系统中，RPM 软件并没有属性依赖的问题，因此最后一个步骤可以顺利地进行下去。

(3) RPM 查询

RPM 在查询的时候，其实查询的是/var/lib/rpm/目录下的数据库文件。另外，RPM 也可以查询未安装的 RPM 文件内的信息。方法如下：

```
[root@www ~]#rpm -qa                                    //已安装软件
[root@www ~]#rpm -q[licdR] 已安装的软件名称             //已安装软件
[root@www ~]#rpm -qf 存在于系统上面的某个文件名         //已安装软件
[root@www ~]#rpm -qp[licdR] 未安装的某个文件名称        //查阅 RPM 文件
```

选项与参数说明如下。

- -q：仅查询后面跟的软件是否已经安装。
- -qa：列出已经安装在本机 Linux 系统上面的所有软件名称。
- -qi：列出该软件的详细信息，包括开发商、版本与说明等。
- -ql：列出该软件所有的文件与目录所在的完整文件名(list)。
- -qc：列出该软件的所有配置文件(找出在/etc/下面的文件名)。
- -qd：列出该软件的所有说明文件(找出与 man 有关的文件)。
- -qR：列出与该软件有关的依赖软件所含的文件(只是 Required 的首字母)。
- -qf：通过后面跟的文件名称来找出该文件属于哪一个已安装的软件。

查询某个 RPM 文件内含有的信息：

```
-qp[icdlR]
```

注意：-qp 后面接的所有参数与上面列出的参数一致。但用途仅在于找出某个 RPM 文件内的信息，而非已安装的软件信息。

在查询时，所有参数之前都需要加上-q。查询主要分为两部分，一部分是查看已安装到系统上面的软件信息，这部分的信息由/var/lib/rpm/提供。另一部分则是查看某个 RPM 文件内容，即在 RPM 文件内找出一些要写入数据库内的信息，使用 - qp(p 是 package 的首字母)。

下面请读者对照范例完成实训。

范例一：找出 Linux 系统是否安装了 logrotate 软件。

```
[root@www ~]#rpm -q logrotate
logrotate-3.7.4-9
[root@www ~]#rpm -q logrotating
package logrotating is not installed
//不必要加上版本。通过显示的结果就知道是否安装了 logrotate 软件
```

范例二：列出范例一中，该软件所提供的所有目录与文件：

```
[root@www ~]#rpm -ql logrotate
/etc/cron.daily/logrotate
/etc/logrotate.conf
...
```

范例三：列出 logrotate 软件的相关说明数据。

```
[root@www ~]#rpm -qi logrotate
Name: logrotate                              Relocations: (not relocatable)
Version: 3.7.4                               Vendor: CentOS
Release: 8                                   Build Date: Sun 02 Dec 2007 08:38:06
                                             AM CST
Install Date: Sat 09 May 2009 11:59:05 PM CST  Build Host: builder6
...
```

```
Install the logrotate package if you need a utility to deal with the
log files on your system.
//列出该软件中的相关信息,包括软件名称、版本、开发商、SRPM 文件名称、打包次数、简单说明信
  息、软件打包者、安装日期等
```

范例四：分别找出 logrotate 的配置文件与说明文件。

```
[root@www ~]#rpm -qc logrotate
[root@www ~]#rpm -qd logrotate
```

范例五：查询要成功安装 logrotate,还需要哪些文件？

```
[root@www ~]#rpm -qR logrotate
/bin/sh
config(logrotate) =3.7.4-8
libc.so.6
…
//可以看出,还需要很多文件的支持。
```

范例六：由上面的范例五,找出/bin/sh 是由哪个软件提供的？

```
[root@www ~]#rpm -qf /bin/sh
bash-3.2-24.el5
//这个参数后面跟的是"文件",不像前面都是跟软件这个功能是查询系统的某个文件属于哪一个
  软件。在解决依赖关系时用处很大(知道所依赖的模块属于哪个软件才能安装这个软件)
```

范例七：假设下载了一个 RPM 文件,想知道该文件的需求文件,操作方法如下。

```
[root@www ~]#rpm -qpR filename.i386.rpm
//加上 -qpR ,找出该文件需求的数据
```

(4) RPM 反安装与重建数据库(erase/rebuilddb)

反安装就是将软件卸载。要注意的是,反安装的过程一定要由最上一级往下删除。以 rp-pppoe 为例,这一软件主要是依据 ppp 软件来安装的,所以当要卸载 ppp 时,就必须先卸载 rp-pppoe,否则就会发生结构上的问题。正如要拆除五、六楼,必须由六楼拆起的道理一样。

移除的选项很简单,通过-e 即可移除。不过,常常会发生软件的属性有依赖关系而导致无法移除某些软件的问题。

请完成下面的实例。

范例一：找出与 pam 有关的软件名称,并尝试移除 pam 软件。

```
[root@www ~]#rpm -qa | grep pam
pam_krb5-2.2.14-10
…
pam_smb-1.1.7-7.2.1
[root@www ~]#rpm -e pam
error: Failed dependencies:        //这里提到的是依赖性的问题
```

```
        libpam.so.0 is needed by (installed) coreutils-5.97-14.el5.i386
        libpam.so.0 is needed by (installed) libuser-0.54.7-2.el5.5.i386
…
```

范例二：若仅移除 pam-devel，可用以下命令。

```
[root@www ~]#rpm -e pam-devel   //不会出现任何信息
[root@www ~]#rpm -q pam-devel
package pam-devel is not installed
```

从范例一看出，pam 所提供的函数库是很多软件共同使用的，因此不能移除 pam，除非将其他依赖软件也全部移除。当然也可以加--nodeps 参数来强制移除，不过，这样做会使所有用到 pam 函数库的软件都将成为无法运行的程序，主机也就不能用了。至于范例二，由于 pam-devel 是依赖于 pam 的开发工具，所以可以单独安装与单独移除。

由于 RPM 文件常常会被执行“安装/移除/升级”等操作，某些操作可能会导致 RPM 数据库(/var/lib/rpm/)内的文件受损。读者可以使用--rebuilddb 参数来重建数据库。操作过程如下：

```
[root@www ~]#rpm --rebuilddb   //重建数据库
```

2. 使用 yum

yum 是通过分析 RPM 的标题数据后，根据各软件的相关性制作出属性依赖时的解决方案，然后可以自动处理软件的依赖属性问题，以解决软件安装或移除与升级的问题。详细的 yum 服务器与用户端之间的沟通，可以参看相关说明。

由于 distribution 必须先发布软件，然后再将软件放在 yum 服务器上面，供用户端进行安装与升级之用，因此想使用 yum 功能，必须先找到适合的 yum 服务器才行。而每个 yum 服务器可能都会提供许多不同的软件功能，那就是我们之前谈到的“容器”。因此，必须前往 yum 服务器查询到相关的容器网址后，再继续处理后续的配置工作。

事实上 RHEL 发布时，已经制作出多个映射站点(mirror site)供全世界的用户进行软件升级之用。所以，理论上不需要处理任何配置值，只要能够连上 Internet 就可以使用 yum。下面详细介绍。

(1) 制作本地 yum 源

RHEL 6 系统安装的时候已经有了 yum，但如果没有购买软件，就无法注册，红帽官方的 yum 源也将不能应用。可以用如下方法来解决。

第一种方法，把 yum 的更新地址改成开源的。而限定 yum 更新地址的文件在/etc/yum. repos. d/目录里。具体的内容请参考相关资料。

第二种方法，利用已有的 ISO 镜像制作本地的 yum 源。

下面以第二种方法为例介绍。

① 挂载 ISO 安装镜像

```
//挂载光盘到/iso 目录下
[root@RHEL6 ~]#mkdir  /iso
[root@RHEL6 ~]#mount  /dev/cdrom  /iso
```

② 制作用于安装的 yum 源文件

```
[root@RHEL6 ~]#vim  /etc/yum.repos.d/dvd.repo
```

dvd. repo 文件的内容如下：

```
#/etc/yum.repos.d/dvd.repo
#or for ONLY the media repo, do this:
#yum --disablerepo=\* --enablerepo=c6-media [command]
[dvd]
name=dvd
baseurl=file:///iso/Server                    //特别注意本地源文件的表示,有 3 个"/"
gpgcheck=0
enabled=1
```

Vim 命令后可以跟一些选项，各选项的含义如下。

- [base]：代表容器的名字。中括号一定要存在，里面的名称可以随意取。但是不能有两个相同的容器名称，否则 yum 会不知道该到哪里去找容器相关软件的清单文件。
- name：只是说明一下这个容器的意义而已，重要性不高。
- mirrorlist=：列出这个容器可以使用的映射站点。如果不想使用，可以注释掉这一行。
- baseurl=：这是最重要的，因为后面接的就是容器的实际网址。mirrorlist 是由 yum 程序自行去搜寻映射站点，baseurl 则是指定固定的一个容器网址。上例中使用了本地地址。也可以使用如下网址："baseurl = http://mirror. centos. org/centos/ $ releasever/os/ $ basearch/"。
- enable=1：就是让这个容器启动。如果不想启动，可以使 enable=0。
- gpgcheck=1：指定是否需要查阅 RPM 文件内的数字签名。
- gpgkey=：数字签名的公钥文件所在位置，使用默认值即可。

提示：如果没有购买 RHEL 的服务，则一定要配置本地 yum 源。或者配置开源的 yum 源。下面的例子以设置好本地的 yum 源为基础。

(2) 修改容器产生的问题与解决方法

下面查看系统默认的配置文件。

```
[root@localhost yum.repos.d]#vim rhel-debuginfo.repo
[rhel-debuginfo]
name=Red Hat Enterprise Linux $releasever -$basearch -Debug
baseurl= ftp://ftp.redhat.com/pub/redhat/linux/enterprise/$releasever/en/os/
$basearch/Debuginfo/
enabled=0
gpgcheck=1
gpgkey=file:///etc/pki/rpm-gpg/RPM-GPG-KEY-redhat-release
```

如果修改系统默认的配置文件，比如修改了网址却没有修改容器名称（中刮号内的文字），可能会造成本机的清单与 yum 服务器的清单不同步，此时就会出现无法升级的问题。

以上问题可以通过清除掉本机上面的旧数据来解决，并通过 yum 的 clean 选项来处理。命令如下。

```
[root@www ~]#yum clean [packages|headers|all]
```

选项与参数说明如下。

- packages：将已下载的软件文件删除。
- headers：将下载的软件文件头删除。
- all：将所有容器数据都删除。

范例：删除已下载过的所有容器的相关数据（含软件本身与清单）。

```
[root@www ~]#yum clean all
```

注意：yum clean all 是经常使用的一个命令。

(3) 利用 yum 进行查询

格式：

```
yum[list|info|search|provides|whatprovides]参数
```

或者

```
yum[list|info|search|provides|whatprovides]参数
```

① 利用 yum 来查询原版 distribution 所提供的软件，或某已知软件的名称，想知道该软件的功能，可以利用 yum 提供的相关参数：

```
[root@www ~]#yum [option] [查询工作项目] [相关参数]
```

[option]主要的选项，包括以下几种。

- -y：当 yum 要等待使用者输入时，这个选项可以自动提供 yes 的回应。
- --installroot=/some/path：将该软件安装在/some/path 目录下而不使用默认目录。

[查询工作项目][相关参数]方面的参数如下。

- search：搜寻某个软件名称或者是描述(description)的重要关键字。
- list：列出目前 yum 所管理的所有的软件名称与版本，有点类似 rpm -qa 命令。
- info：同上，不过有点类似 rpm -qai 命令的运行结果。
- provides：在文件中搜寻软件。类似 rpm -qf 命令的功能。

范例一：搜寻磁盘阵列(raid)相关的软件。

```
[root@www ~]#yum search raid
...
mdadm.i386 : mdadm controls Linux md devices (software RAID arrays)
lvm2.i386 : Userland logical volume management tools
...
//在冒号(:)左边的是软件名称,右边的则是在 RPM 内的 name 配置 (软件名)
```

范例二：找出 mdadm 软件的功能。

```
[root@www ~]#yum info mdadm
Installed Packages          //说明该软件已经安装
Name: mdadm                 //软件的名称
Arch: i386                  //软件的编译架构
Version: 2.6.4              //此软件的版本
Release: 1.el5              //发布的版本
Size: 1.7MB                 //此软件的文件总容量
Repo: installed             //容器回应为已安装
Summary: mdadm controls Linux md devices (software RAID arrays)
Description:
mdadm is used to create, manage, and monitor Linux MD (software RAID)
devices.As such, it provides similar functionality to the raidtools
package.However, mdadm is a single program, and it can perform
almost all functions without a configuration file, though a configuration
file can be used to help with some common tasks.
```

范例三：列出 yum 服务器上面提供的所有软件的名称。

```
[root@www ~]#yum list
Installed Packages          //已安装软件
Deployment_Guide-en-US.noarch          5.2-9.el5.centos      installed
Deployment_Guide-zh-CN.noarch          5.2-9.el5.centos      installed
Deployment_Guide-zh-TW.noarch          5.2-9.el5.centos      installed
…
Available Packages          //还可以安装的其他软件
Cluster_Administration-as-IN.noarch  5.2-1.el5.centos  base
Cluster_Administration-bn-IN.noarch  5.2-1.el5.centos  base
…
//上面命令的意义为："软件名称、版本在哪个容器内?"
```

范例四：列出目前服务器上可供本机进行升级的软件。

```
[root@www ~]#yum list updates  //一定是 updates
Updated Packages
Deployment_Guide-en-US.noarch  5.2-11.el5.centos  base
Deployment_Guide-zh-CN.noarch  5.2-11.el5.centos  base
Deployment_Guide-zh-TW.noarch  5.2-11.el5.centos  base
…
//上面列出了在哪个容器内可以提供升级的软件与版本
```

范例五：列出提供 passwd 文件的软件。

```
[root@www ~]#yum provides passwd
passwd.i386 : The passwd utility for setting/changing passwords using PAM
passwd.i386 : The passwd utility for setting/changing passwords using PAM
//上面这个软件提供了 passwd 程序
```

② 实际应用

问题：利用 yum 功能，找出以 pam 开头的软件名称有哪些，而其中尚未安装的又有哪些。

解决方案：可以通过如下的方法来查询。

```
[root@www ~]#yum list pam*
Installed Packages
pam.i386                0.99.6.2-3.27.el5      installed
…
pam_smb.i386            1.1.7-7.2.1            installed
Available Packages     //下面是"可升级的"或"未安装的"
pam.i386                0.99.6.2-4.el5          base
pam_krb5.i386           2.2.14-10               base
```

如上所示，可升级者有 pam、pam_krb5 两个软件，完全没有安装的则是 pam-devel 软件。

(4) 利用 yum 进行安装和升级

安装/升级功能格式：

```
yum [install|update] 软件
```

既然可以查询软件，那么利用 install 与 update 参数也可以安装和升级软件。

注意：如果使用光盘中的文件，一定制作好本地 yum 源。

```
[root@www ~]#yum [option] [查询工作项目] [相关参数]
```

选项与参数说明如下。

- install：后面接要安装的软件。
- update：后面接要升级的软件，若要使整个系统都升级，直接执行 update 命令即可。

范例：对前面练习中未安装的 pam-devel 进行安装。

```
[root@www ~]#yum install pam-devel
Setting up Install Process
Parsing package install arguments
Resolving Dependencies        //先检查软件的属性依赖问题

…
Transaction Summary
=============================================================
Install       1 Package(s)     //结果发现要安装此软件需要升级另一个可以依赖的软件
Update        1 Package(s)
Remove        0 Package(s)

Total download size: 1.1MB
Is this OK [Y/N]: Y            //确定要安装
Downloading Packages:          //先下载
(1/2): pam-0.99.6.2-4.el5 100%|=========================| 965 KB    00:05
(2/2): pam-devel-0.99.6.2 100%|=========================| 186 KB    00:01
Running rpm_check_debug
…
```

```
Installed: pam-devel.i386 0:0.99.6.2-4.el5
Updated: pam.i386 0:0.99.6.2-4.el5
Complete!
```

（5）利用 yum 进行移除软件

移除功能格式：

```
yum [remove] 软件
```

将刚安装的软件移除。

```
[root@www ~]#yum remove pam-devel
Setting up Remove Process
Resolving Dependencies          //先解决属性依赖的问题
-->Running transaction check
--->Package pam-devel.i386 0:0.99.6.2-4.el5 set to be erased
-->Finished Dependency Resolution

Dependencies Resolved

...

Transaction Summary
==========================================================
Install        0 Package(s)
Update         0 Package(s)
Remove         1 Package(s)    //并没有属性依赖的问题,单纯移除一个软件

Is this OK [Y/N]: Y
Downloading Packages:
Running rpm_check_debug
Running Transaction Test
Finished Transaction Test
Transaction Test Succeeded
Running Transaction
Erasing: pam-devel                    ##########################[1/1]

Removed: pam-devel.i386 0:0.99.6.2-4.el5
Complete!
```

3.2.5 实训思考题

（1）如果你曾经修改过 yum 配置文件内的容器配置(/etc/yum.repos.d/*.repo)，导致下次使用 yum 进行安装时老是发现错误，该如何解决这个问题？

（2）假设想要安装一个软件，例如 pkgname.i386.rpm，但却总是发生无法安装的问题，请问可以加入哪些参数来强制安装该软件？

（3）承上题，强制安装之后，该软件是否可以正常运行？为什么？

（4）有些人准备把 OpenLinux 3.1 Server 安装在自己的 P-166 MMX 计算机上，却发现

无法安装，在查询了该原版光盘的内容，发现里面的文件名称为***.i686.rpm。请问，无法安装的可能原因是什么？

(5) 使用 rpm-Fvh *.rpm 及 rpm-Uvh *.rpm 来升级软件时，两者有何不同？

(6) 假设有一个厂商推出软件时自行处理了数字签名，你想要安装他们的软件，所以需要使用数字签名，假设数字签名的文件名为 signe，那你该如何安装？

(7) 承上题，假设该软件厂商提供了 yum 的安装网址为：http://their.server.name/path/，那你该如何处理 yum 的配置文件？

3.2.6 实训报告要求

按要求完成实训报告。

3.3 配置与管理文件权限

3.3.1 实训目的

- 了解 Linux 文件系统结构。
- 掌握使用命令实现 Linux 文件权限管理的方法。
- 掌握磁盘和文件系统管理工具的使用方法。

3.3.2 实训内容

练习 Linux 系统下文件权限管理、磁盘和文件系统管理工具的使用。

3.3.3 实训准备

1. 理解文件和文件权限

文件是操作系统用来存储信息的基本结构，是一组信息的集合。文件通过文件名来唯一地标识。Linux 中的文件名称最长可允许 255 个字符，这些字符可用 A～Z、0～9、.、_、-等符号来表示。与其他操作系统相比，Linux 最大的不同点是没有“扩展名”的概念，也就是说文件的名称和该文件的种类并没有直接的关联，例如 sample.txt 可能是一个运行文件，而 sample.exe 也有可能是文本文件，甚至可以不使用扩展名。另一个特性是 Linux 文件名区分大小写。例如 sample.txt、Sample.txt、SAMPLE.txt、samplE.txt 在 Linx 系统中代表不同的文件，但在 DOS 和 Windows 平台却是指同一个文件。在 Linux 系统中，如果文件名以“.”开始，表示该文件为隐藏文件，需要使用“ls-a”命令才能显示。

在 Linux 中的每一个文件或目录都包含了访问权限，这些访问权限决定了谁能访问和如何访问这些文件和目录。

通过设定权限，可以从以下三种访问方式限制访问权限：只允许用户自己访问；允许一个预先指定的用户组中的用户访问；允许系统中的任何用户访问。同时，用户能够控制一个给定的文件或目录的访问程度。一个文件或目录可能有读、写及执行权限。当创建一个文件时，系统会自动地赋予文件所有者读和写的权限，这样可以允许所有者能够显示文件内容和修改文件。文件所有者可以将这些权限改变为任何自己想指定的权限。一个文件也许只有读权限,禁止任何修改。文件也可能只有执行权限,允许它像一个程序一样执行。

三种不同的用户类型能够访问一个目录或者文件：所有者、用户组或其他用户。所有者是创建文件的用户,文件的所有者能够授予所在用户组的其他成员以及系统中除所属组之外的其他用户的文件访问权限。

每一个用户针对系统中的所有文件都有它自身的读、写和执行权限。第一套权限控制访问自己的文件权限,即所有者权限。第二套权限控制用户组访问其中一个用户的文件的权限。第三套权限控制其他所有用户访问一个用户的文件的权限,这三套权限赋予用户不同类型(即所有者、用户组和其他用户)的读、写及执行权限,就构成了一个有 9 种类型权限的权限组。

可以用“ls-l”或者 ll 命令显示文件的详细信息,其中包括权限。命令如下所示：

```
[root@Server ~]#ll
total 84
drwxr-xr-x  2 root root   4096  Aug  9 15:03 Desktop
-rw-r--r--  1 root root   1421  Aug  9 14:15 anaconda-ks.cfg
-rw-r--r--  1 root root    830  Aug  9 14:09 firstboot.1186639760.25
-rw-r--r--  1 root root  45592  Aug  9 14:15 install.log
-rw-r--r--  1 root root   6107  Aug  9 14:15 install.log.syslog
drwxr-xr-x  2 root root   4096  Sep  1 13:54 webmin
```

上面列出了各种文件的详细信息,共分 7 列。所列信息的含义如图 3-7 所示。

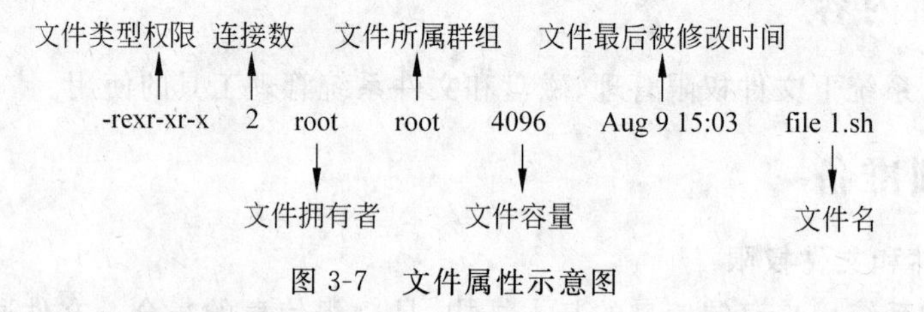

图 3-7　文件属性示意图

2. 详解文件的各种属性信息

(1) 第 1 栏为文件类型权限。

每一行的第一个字符一般用来区分文件的类型,一般取值为 d、-、l、b、c、s、p。具体含义如下。

- d：表示是一个目录,在 ext 文件系统中目录也是一种特殊的文件。
- -：表示该文件是一个普通的文件。
- l：表示该文件是一个符号链接文件,实际上它指向另一个文件。
- b、c：分别表示该文件为区块设备或其他的外围设备,是特殊类型的文件。
- s、p：这些文件关系到系统的数据结构和管道,通常很少见到。

每一行的第 2～10 个字符表示文件的访问权限。这 9 个字符每 3 个为一组,左边三个字符表示所有者权限,中间 3 个字符表示与所有者同一组的用户的权限,右边 3 个字符是其他用户的权限。代表的意义如下。

字符 2、3、4 表示该文件所有者的权限,有时也简称为 u(User)的权限。

字符5、6、7表示该文件所有者所属组的组成员的权限。例如,此文件拥有者属于user组群,该组群中有6个成员,表示这6个成员都有此处指定的权限,简称为g(Group)的权限。

字符8、9、10表示该文件所有者所属组群以外的权限,简称为o(Other)的权限。

后面的这9个字符根据权限种类的不同,也分为以下几种类型。

- r(read,读取):对文件而言,具有读取文件内容的权限;对目录而言,具有浏览目录的权限。
- w(write,写入):对文件而言,具有新增、修改文件内容的权限;对目录而言,具有删除、移动目录内文件的权限。
- x(execute,执行):对文件而言,具有执行文件的权限;对目录而言,该用户具有进入目录的权限。
- -:表示不具有该项权限。

下面举例说明。

- brwxr--r--:该文件是块设备文件,文件所有者具有读、写与执行的权限,其他用户则具有读取的权限。
- -rw-rw-r-x:该文件是普通文件,文件所有者与同组用户对文件具有读写的权限,而其他用户仅具有读取和执行的权限。
- drwx--x--x:该文件是目录文件,目录所有者具有读写与进入目录的权限,其他用户能进入该目录,却无法读取任何数据。
- lrwxrwxrwx:该文件是符号链接文件,文件所有者、同组用户和其他用户对该文件都具有读、写和执行权限。

每个用户都拥有自己的主目录,通常在/home目录下,这些主目录的默认权限为rwx------:执行mkdir命令所创建的目录,其默认权限为rwxr-xr-x,用户可以根据需要修改目录的权限。

此外,默认的权限可用umask命令修改,用法非常简单,只需执行umask 777命令,便代表屏蔽所有的权限,因而之后建立的文件或目录,其权限都变成000,以此类推。通常root账号搭配umask命令的数值为022、027和077,普通用户则是采用002,这样所产生的默认权限依次为755、750、700、775。有关权限的数字表示法,后面将会详细说明。

用户登录系统时,用户环境就会自动执行urmask命令来决定文件、目录的默认权限。

(2) 第2栏表示有多少文件名联结到此节点(i-node)。

每个文件都会将其权限与属性记录到文件系统的i-node中,不过,我们使用的目录树却是使用文件来记录,因此每个文件名就会联结到一个i-node。这个属性记录的就是有多少不同的文件名联结到相同的一个i-node。

(3) 第3栏表示这个文件(或目录)的拥有者账号。

(4) 第4栏表示这个文件的所属群组。

在Linux系统下,账号会附属于一个或多个的群组中。举例来说:classl、class2、class3均属于projecta这个群组,假设某个文件所属的群组为projecta,且该文件的权限为(-rwxrwx---),则classl、class2、class3三人对于该文件都具有可读、可写、可执行的权限(看群组权限)。但如果是不属于projecta的其他账号,对于此文件就不具有任何权限了。

(5) 第5栏为这个文件的容量大小,默认单位为B。

(6) 第 6 栏为这个文件的创建日期或者是最近的修改日期。

这一栏的内容分别为日期(月/日)及时间。如果这个文件被修改的时间距离现在太久了,那么时间部分会仅显示年份而已。如果想要显示完整的时间格式,可以利用 ls 命令的选项,比如 ls -l --full-time 命令就能够显示出完整的时间格式。

(7) 第 7 栏为这个文件的文件名。

比较特殊的是:如果文件名之前多一个“.”,则代表这个文件为隐藏文件。请读者使用 ls 及 ls -a 这两个命令去体验一下什么是隐藏文件。

3. 数字表示法修改权限

在文件建立时系统会自动设置权限,如果这些默认权限无法满足需要,此时可以使用 chmod 命令来修改权限。通常在权限修改时可以用两种方式来表示权限类型:数字表示法和文字表示法。

chmod 命令的格式是:

```
chmod  选项    文件
```

所谓数字表示法是指将读取(r)、写入(w)和执行(x)权限分别以 4、2、1 来表示,没有授予的部分就表示为 0,然后再把所授予的权限相加而成。表 3-7 是几个示范的例子。

表 3-7 以数字表示法修改权限的例子

原始权限	转换为数字	数字表示法
rwxrwxr-x	(421) (421) (401)	775
rwxr-xr-x	(421) (401) (401)	755
rw-rw-r--	(420) (420) (400)	664
rw-r--r--	(420) (400) (400)	644

4. 文字表示法

使用权限的文字表示法时,系统用 4 种字母来表示不同的用户。

- u:user,表示所有者。
- g:group,表示属组。
- o:others,表示其他用户。
- a:all,表示以上三种用户。

操作权限使用下面三种字符的组合表示法。

- r:read,可读。
- w:write,写入。
- x:execute,执行。

操作符号包括以下几种。

- +:添加某种权限。
- -:减去某种权限。
- =:赋予给定权限并取消原来的权限。

例如,要同时将/etc 目录中的所有文件权限设置为所有人都可读取及写入,应该使用下面的命令:

```
[root@Server ~]#chmod a=rw /etc/*
```

或者

```
[root@Server ~]#chmod 666 /etc/*
```

3.3.4 实训步骤

1. 使用数字表示法修改权限

① 为文件/etc/file 设置权限：赋予拥有者和组群成员读取和写入的权限，而其他人只有读取权限，则应该将权限设为“rw-rw-r--”，而该权限的数字表示法为 664，因此可以输入下面的命令来设置权限：

```
[root@Server ~]#chmod 664 /etc/file
[root@Server ~]#ll
total 0
-rw-rw-r--  1 root root 0 Sep  1 16:09 file
```

② 如果要将.bashrc 这个文件所有的权限都设定启用，那么就使用如下命令：

```
[root@www ~]#ls    -al    .bashrc
-rw-r---r---  1 root root 395 Jul 4 11:45.bashrc
[root@www ~]#chmod 777 .bashrc
[root@www ~]#ls    -al    .bashrc
-rwxrwxrwx 1 root root 395 Jul 4 11:45.bashrc
```

③ 如果有些文件不希望被其他人看到，可以将文件的权限设定为-rwxr-----，执行 chmod 740 filename 指令。

2. 利用 chmod 命令修改文件的特殊权限

① 例如要设置/e tc/file 文件的 SUID 权限的方法如下(先了解，后面会详细介绍)：

```
[root@Server ~]#chmod u+s /etc/file
[root@Server ~]#ll
总计 0
-rwSr--r--  1 root root 0 11-27 11:42 file
```

② 特殊权限也可以采用数字表示法。SUID、SGID 和 sticky 的权限分别为 4、2 和 1。使用 chmod 命令设置文件权限时，可以在普通权限的数字前面加上一位数字来表示特殊权限。例如：

```
[root@Server ~]#chmod 6664 /etc/file
[root@Server ~]#ll
总计 22
-rwSrwSr--  1 root root 22 11-27 11:42 file
```

3. 使用文字表示法修改权限

① 假如要设定一个文件的权限为-rwxr-xr-x，所表述的含义如下。

- user (u)：具有可读、可写、可执行的权限。
- group 与 others (g/o)：具有可读与执行的权限。

执行结果如下：

```
[root@www ~]#chmod u=rwx,go=rx  .bashrc
#注意！那个 u=rwx,go=rx 是连在一起的,中间并没有任何空格!
[root@www ~]#ls  -al  .bashrc
-rwxr-xr-x 1 root root 395 Jul 4 11:45.bashrc
```

② 假如是-rwxr-xr--这样的权限又该如何设定？可以使用“chmod u＝rwx,g＝ rx,o＝r filename”来设定。此外,如果不知道属性,而只想增加.bashrc 文件中每个人均有写入的权限,那么就可以使用如下命令：

```
[root@www ~]#ls    -al    .bashrc
-rwxr-xr-x 1 root root 395 Jul 4 11:45.bashrc
[root@www ~]#chmod a+w .bashrc
[root@www ~]#ls    -al    .bashrc
-rwxrwxrwx 1 root root 395 Jul 4 11:45.bashrc
```

③ 如果要去掉全部用户的可执行权限,则可以使用如下命令：

```
[root@www ~]#chmod a-x    .bashrc
[root@www ~]#ls    -al    .bashrc
-rw-rw-rw-1 root root 395 Jul 4 11:45.bashrc
```

特别提示：“＋”与“－”的状态下,只要是没有指定,则对应权限不会变动,例如上面的例子中,仅是去掉了 x 权限,则其他权限保持不变。再比如,如果要让用户拥有执行的权限,但又不知道该文件原来的权限是什么,此时使用 chmod a＋x filename 命令,就可以让该用户拥有执行的权限。

4. 修改文件的所有者与属组

要修改文件的所有者,可以使用 chown 命令。chown 命令格式如下：

```
chown  选项  用户和属组  文件列表
```

用户和属组可以是名称,也可以是 UID 或 GID。多个文件之间用空格分隔。

① 要把/etc/file 文件的所有者修改为 test 用户,命令如下：

```
[root@Server ~]#chown test /etc/file
[root@Server ~]#ll
总计 22
-rw-rwSr--  1 test root 22 11-27 11:42 file
```

② chown 命令可以同时修改文件的所有者和属组,用“：”分隔。例如将/etc/file 文件的所有者和属组都改为 test 的命令如下：

```
[root@Server ~]#chown test:test /etc/file
```

③ 如果只修改文件的属组,可以使用下列命令:

```
[root@Server ~]#chown :test /etc/file
```

④ 修改文件的属组也可以使用 chgrp 命令。命令如下:

```
[root@Server ~]#chgrp test /etc/file
```

5. 利用 umask 修改权限

umask 的设置值指的是默认值中需要减掉的权限。因为 r、w、x 对应值分别是 4、2、1,所以要去掉写入的权限,就输入 2;如果要去掉读的权限,就输入 4;要去掉读与写的权限,就输入 6;而要去掉执行与写入的权限,就输入 3。

思考:输入 5 代表什么?(读与执行的权限)

如果 umask 为 022,表示并没有去掉任何权限,不过 group 与 others 的权限值去掉了 2(也就是 w 权限)。请确认以下命令能否实现对应功能。

- 建立文件:(-rw-rw-rw-) -(-----w--w-)=-rw-r--r--
- 建立目录:(drwxrwxrwx) -(d----w--w-)=drwxr-xr-x

下面测试一下这些设置能否满足要求。

```
[root@www ~]#umask
0022
[rot@www ~]#touch test1
[root@www ~]#mkdir test2
[root@www ~]#ll
-rw-r--r--1 root root      0 Sep 27 00:25 test1
drwxr-xr-x 2 root root 4096 Sep 27 00:25 test2
```

当需要新建文件给同一群组的使用者共同编辑时,umask 的群组就不能去掉 2 这个写(w)的权限。这时 umask 的值应该是 002,新建文件的权限是-rw-rw-r--。那么如何设定 umask 为 002 呢?很简单,直接在 umask 后面输入 002 就可以了。命令如下:

```
[root@www ~]#umask 002
[root@www ~]#touch test3
[root@www ~]#mkdir test4
[root@www ~]#ll
-rw-rw-r--1 root root      0 Sep 27 00:36 test3
drwxrwxr-x 2 root root   4096 Sep 27 00:36 test4
```

6. 设置文件的隐藏属性

(1) chattr

功能说明:该命令可改变文件的属性。

语法:

```
chattr [-RV][-v<版本编号>][+/-/=<属性>][文件或目录...]
```

"属性"中可设如下参数。

a:系统只允许在文件之后追加数据,不允许任何进程覆盖或截断该文件。如果目录具有这个属性，系统将只允许在这个目录下建立和修改文件，而不允许删除任何文件。

i：不得任意改动文件或目录。

范例一：请在/tmp 目录下面建立文件，并加入 i 的参数，并进行删除。

```
[root@www ~]#cd    /tmp
[root@www tmp]#touch attrtest                              //建立一个空文件
[root@www tmp]#chattr  +i attrtest                         //给文件赋予 i 的属性
[root@www tmp]#rm attrtest                                 //尝试删除
rm:remove write-protected regular empty file 'attrtest'? y
rm:cannot remove 'attrtest':Operation not permitted        //操作不被允许
//可见,连 root 用户也没有办法将这个文件删除
```

范例二：将该文件的 i 属性取消。

```
[root@www tmp]#chattr -i attrtest
```

chattr 指令对于系统的数据安全很有帮助。其最重要的属性是＋i 与＋a。这些属性是隐藏的，需要用 lsattr 命令才能看到这些属性。

(2) lsattr(显示文件的隐藏属性)

语法：

```
[root@www~]#lsattr [-a(d/R)]文件或目录
```

选项与参数说明如下。

- -a：将隐藏文件的属性显示出来。
- -d：如果该参数后面是目录，则仅列出目录本身的属性，而非目录内的文件属性。
- -R：连同子目录的数据一并列出来。

例如：

```
[root@www tmp]#chattr  +aij attrtest
[root@www tmp]#lsattr attrtest
----ia---j---  attrtest
```

7. 企业实战与应用

(1) 情境及需求

情境：设系统中有两个账号，分别是 alex 与 arod，这两个用户除了自己的群组之外，还共同支持一个 project 群组。假设这两个用户需要共同拥有/srv/ahome/目录的开发权，且该目录不允许其他人进入并进行查阅，那么该目录的权限应如何设定？请先用传统权限进行说明，再以 SGID 的功能进行解析。

目标：了解为何项目开发时，目录最好需要设定为 SGID 的权限。

前提：多个账号支持同一群组，且共同拥有目录的使用权。

需求：需要使用 root 的身份运行 chmod、chgrp 等命令，帮用户设定好他们的开发环境。这也是管理员的重要任务之一。

(2) 解决方案

① 制作出这两个账号的相关数据，如下所示：

```
[root@www ~]#groupadd project                    //增加新的群组
[root@www ~]#useradd -G project alex             //建立 alex 账号，且支持 project
[root@www ~]#useradd -G project arod             //建立 arod 账号，且支持 project
[root@www ~]#id alex                             //查阅 alex 账号的属性
uid=501(alex)gid=502(alex)groups=502(alex),501(project)   //确定有支持
[root@www ~]#id arod
uid=502(arod)gid=503(arod)groups=503(arod),501(project)
```

② 建立所需要开发的项目目录。

```
[root@www ~]#mkdir     /srv/ahome
[root@www ~]#ll   -d   /srv/ahome
drwxr-xr-x 2 root root 4096 Sep 29 22:36/srv/ahome
```

③ 从上面的输出结果中可发现 alex 与 arod 都不能在该目录内建立文件，因此需要进行权限与属性的修改。由于其他人均不可进入此目录，因此该目录的群组应为 project，权限应为 770 才合理。

```
[root@www ~]#chgrp project   /srv/ahome
[root@www ~]#chmod 770   /srv/ahome
[root@www ~]#ll -d /srv/ahome
drwxrwx---   2 root project 4096 Sep 29 22:36/srv/ahome
//从上面的权限设置结果来看，由于 alex/arod 均支持 project，因此应该没问题了
```

④ 下面分别用两个使用者的账户来测试。先用 alex 账户建立文件，然后用 arod 账户去处理。

```
[root@www ~]#su    -   alex              //先切换成 alex 用户来处理
[alex@www ~]$cd    /srv/ahome            //切换到群组的工作目录
[alex@www ahome]$touch abcd              //建立一个空的文件
[alex@www ahome]$exit                    //离开 alex 用户的身份
[root@www ~]#su    -   arod
[arod@www ~]$cd      /srv/ahome
[arod@www ahome]$ll abcd
-rw-rw-r---   1 alex alex 0 Sep 29 22:46 abcd
//由上面的命令可以看出，由于群组属于 alex 账户，arod 账户并不支持。因此对于 abcd 这个文
  件来说，arod 账户只是其他人，只有读(r)的权限
[arod@www ahome]$exit
```

由上面的结果可以知道，若单纯使用传统的 rwx 属性，则对 alex 账户建立的 abcd 这个文件来说，arod 可以删除它，但是却不能编辑它。若要实现目标，就需要用到特殊权限。

⑤ 加入 SGID 的权限，并进行测试。

```
[root@www ~]#chmod 2770      /srv/ahome
[root@www ~]#ll     -d     /srv/ahome
drwxrws---   2 root project 4096 Sep 29 22:46/srv/ahome
```

⑥ 测试：使用 alex 账户去建立一个文件，并且查阅一下文件权限。

```
[root@www ~]#su  -  alex
[alex@www ~]$cd   /srv/ahome
[alex@www ahome]$touch 1234
[alex@www ahome]$ll 1234
-rw-rw-r--  1 alex project 0 Sep 29 22:53 1234
//现在 alex、arod 账户建立的新文件所属群组都是 project，由于两人均属于此群组，加上
  umask 都是 002，这样两人就可以互相修改对方的文件
```

最终的结果显示，此目录的权限最好是 2770，所属文件拥有者属于 root 账户即可。所属群组必须要为两个账户共同支持的 project 群组才可以。

3.3.5 实训思考题

(1) umask 命令的作用是什么？

(2) 有的书籍或者是 BBS 上面，喜欢使用文件默认属性 666 与目录默认属性 777 与 umask 命令进行相减来计算文件属性，这样对吗？

3.3.6 实训报告要求

按要求完成实训报告。

3.4 使用 ACL 规划详细权限

3.4.1 实训目的

- 了解 ACL 的概念。
- 掌握使用 ACL 的方法。
- 掌握 ACL 的配置技巧：getfacl、setfacl。

3.4.2 实训内容

练习在 Linux 系统下进行文件权限的管理，掌握磁盘和文件系统管理工具的使用方法。

3.4.3 实训准备

Linux 的权限概念是非常重要的。但是传统的权限仅有三种身份（owner、group、others），还有三种权限（r、w、x），但是并没有办法单纯地针对某一个使用者或某一个群组来配置特定的权限需求。此时就要用 ACL。

ACL 是 Access Control List 的缩写，主要的目的是提供 owner、group、others 的 read、write、execute 权限之外的特殊权限配置。ACL 可以针对单一使用者、单一文件或目录来进行 r、w、x 的权限规范，对于需要使用特殊权限的情况非常有帮助。

ACL 可以针对几个项目来控制权限：

- 使用者（user）：可以针对使用者来配置权限。

- 群组(group)：以群组为对象来配置其权限。
- 默认属性(mask)：可以针对在该目录下创建的新文件/目录来规范新数据的默认权限。

3.4.4 实训步骤

1. 启动 ACL

由于 ACL 是传统的类 UNIX 操作系统权限以外的支持项目，因此要使用 ACL，必须要有文件系统的支持才行。目前绝大部分的文件系统都支持 ACL 的功能，包括 ReiserFS、EXT2/EXT3、JFS、XFS 等。在 RHEL 6.x 中使用 Ext3 文件系统，默认情况下会启动对 ACL 的支持。

下面是查看文件系统是否支持 ACL 的命令：

```
[root@www ~]#mount                    //直接查阅挂载参数的功能
/dev/sda2 on / type ext3 (rw)  //注意，根分区"/"是独立分区，比如，/dev/sda2
proc on /proc type proc (rw)
sysfs on /sys type sysfs (rw)  //其他项目已经省略。在这里没看到 ACL
```

如果系统默认没启动对 ACL 的支持，可以这样如下命令(对根分区“/”加上 ACL 支持)：

```
[root@www ~]#mount -o remount,acl /
[root@www ~]#mount
/dev/sda2 on / type ext3 (rw,acl)
```

2. ACL 的配置技巧

文件系统启动 ACL 支持后，接下来该如何配置与查看 ACL 呢？很简单，利用以下两个命令就可以了。

getfacl：取得某个文件/目录的 ACL 配置项目。

setfacl：配置某个目录/文件的 ACL 规范。

① setfacl 命令的语法如下。

```
[root@www ~]#setfacl [-bkRd] [{-m|-x} acl 参数] 目标文件名
```

选项与参数说明如下。

- -m：配置后续的 acl 参数给文件使用，不可与-x 合用。
- -x：删除后续的 acl 参数，不可与-m 合用。
- -b：移除所有的 ACL 配置参数。
- -k：移除默认的 ACL 参数。
- -R：递归配置 ACL，包括次目录都会被配置。
- -d：配置默认 ACL 参数。只对目录有效，在该目录中新建的数据会引用此默认值。

② 上面谈到的是 ACL 选项的功能，那么如何配置 ACL 的特殊权限呢？特殊权限的配置方法很多，先介绍一下最常见的，就是针对单一使用者的配置方式。

```
//针对特定用户的配置格式为："u:[使用者账号列表]:[rwx]"。例如，针对 bobby 用户的权限
  规范 rx，可以使用如下命令（用户 bobby 应提前建立）
[root@www ~]#touch acl_test1
[root@www ~]#ll acl_test1
-rw-r--r--1 root root 0 Feb 27 13:28 acl_test1
[root@www ~]#setfacl -m u:bobby:rx acl_test1
[root@www ~]#ll acl_test1
-rw-r-xr--+1 root root 0 Feb 27 13:28 acl_test1
//权限部分多了一个"+"，且与原来的权限(644)看起来差异很大。但是如何查阅呢

[root@www ~]#setfacl -m u::rwx acl_test1
[root@www ~]#ll acl_test1
-rwxr-xr--+1 root root 0 Feb 27 13:28 acl_test1
//无使用者列表，代表配置该文件的拥有者，所以上面显示 root 的权限为 rwx
```

上述命令是最简单的 ACL 配置，利用“u:使用者:权限”的方式来配置。配置前应加上 -m 选项。如果一个文件配置了 ACL 参数，其权限部分就会多出一个“+”号。但是此时看到的权限与实际权限可能就会有误差。那么如何查看呢？需要用到 getfacl 命令。

3. ACL 的配置技巧

① getfacl 命令的用法。

```
[root@www ~]#getfacl filename
```

选项与参数说明如下。

getfacl 命令的选项几乎与 setfacl 命令的选项相同。

下面列出刚配置的 acl_test1 文件的权限内容：

```
[root@www ~]#getfacl acl_test1
#file: acl_test1          //文件名
#owner: root              //此文件的拥有者，即使用 ll 命令看到的第三个使用者字段
#group: root              //此文件的所属群组，即使用 ll 命令看到的第四个群组字段
user::rwx                 //使用者列表栏是空的，代表文件拥有者的权限
user:bobby:r-x            //针对 bobby 账户的权限配置为 rx，与拥有者并不同
group::r--                //针对文件群组的权限配置，仅有 r
mask::r-x                 //此文件默认的有效权限(mask)
other::r--                //其他人拥有的权限
```

上面的数据非常容易查阅。显示的数据前面加上＃的，代表的是这个文件的默认属性，包括文件名、文件拥有者与文件所属群组。下面出现的 user、group、mask、other 则是属于不同使用者、群组与有效权限(mask)的配置值。从上面的结果来看，刚配置的 bobby 账户对于这个文件具有 r 与 x 的权限。

② 测试其他类型的 setfacl 配置。

针对特定群组的配置规范如下：“g:[群组列表]:[rwx]”。例如针对组 mygroup1 的权限规范为 rx(需提前建好 mygroup1 群组)，可以使用如下命令：

```
[root@www ~]#setfacl -m g:mygroup1:rx acl_test1
[root@www ~]#getfacl acl_test1
#file: acl_test1
#owner: root
#group: root
user::rwx
user:bobby:r-x
group::r--
group:mygroup1:r-x     //这里是新增的部分,多了对群组的权限配置
mask::r-x
other::r--
```

由此可见,群组与一般用户的配置并没有什么太大的差异。

③ 应用 mask。mask 表示“有效权限”的意思。其含义是:使用者或群组所配置的权限必须要存在于 mask 的权限配置范围内才会生效,此即“有效权限”(effective permission)。请完成下面的例子。

针对有效权限 mask 的配置方式,配置规范为“m:[rwx]”。例如针对刚才的文件,规范为仅有 r 权限:

```
[root@www ~]#setfacl -m m:r acl_test1
[root@www ~]#getfacl acl_test1
#file: acl_test1
#owner: root
#group: root
user::rwx
user:bobby:r-x
group::r--
group:mygroup1:r-x
mask::r--
other::r--
```

bobby 与 mask 的集合发现仅有 r 存在,因此 bobby 仅具有 r 的权限,并不存在 x 权限。这就是 mask 的功能。使用 mask 可以规范最大允许的权限,从而避免了因不小心而开放某些权限给其他使用者或群组。

4. 企业实战与应用——账号权限实例

(1) 情境

需要的账号数据如表 3-2 所示。

使用者 pro1、pro2、pro3 是同一个项目的开发人员,这三个用户拥有自己的主目录与基本的私有群组。现在如果想让这三个用户在同一个目录/srv/projecta 下面进行开发工作,该如何办呢?

(2) 解决方案

① 创建群组、开发目录等。

假设这三个账号都尚未创建,可先创建一个名为 projecta 的群组,再让这三个用户加入其次要群组的支持即可。

```
[root@www ~]#groupadd projecta
[root@www ~]#useradd -G projecta -c "projecta user" pro1
[root@www ~]#useradd -G projecta -c "projecta user" pro2
[root@www ~]#useradd -G projecta -c "projecta user" pro3
[root@www ~]#echo "password" | passwd --stdin pro1
[root@www ~]#echo "password" | passwd --stdin pro2
[root@www ~]#echo "password" | passwd --stdin pro3
```

接着开始创建此项目的开发目录：

```
[root@www ~]#mkdir /srv/projecta
[root@www ~]#chgrp projecta /srv/projecta
[root@www ~]#chmod 2770 /srv/projecta
[root@www ~]#ll -d /srv/projecta
drwxrws---2 root projecta 4096 Feb 27 11:29 /srv/projecta
```

由于此项目计划只能够给 pro1、pro2、pro3 三个人使用，所以/srv/projecta 的权限配置一定要正确。该目录群组一定是 projecta，但是权限怎么会是 2770 呢？请查找作者的其他教材上有关 SGID 的内容。为了让三个使用者能够互相修改对方的文件，SGID 必须存在。

② 接下来有个问题。假如前面建好的 myuser1 用户是 projecta 这个项目的助理，他需要查看这个项目的内容，但是“不可以修改”项目目录内的任何数据！那该怎么办？下面的做法对吗？请分析一下。

- 将 myuser1 用户加入对 projecta 群组的支持，但是这样会让 myuser1 用户具有完整的/srv/projecta 的权限，myuser1 用户可以删除该目录下的任何数据，这样是有问题的。
- 将/srv/projecta 的权限改为 2775，让 myuser1 用户可以进入 projecta 群组查阅数据。但此时会发生所有其他人均可进入该目录查阅的困扰！这不是我们要的环境。

如果再增加一个功能：myuser1 用户可以进入/srv/projecta 目录，可以查阅其内容，但 myuser1 用户不具有修改的权力。又该如何做呢？

③ 由于 myuser1 用户是独立的使用者与群组，而/srv 是附属于“/”之下的，因此/srv 已经具有 ACL 的功能。通过如下的配置可达到目的。

步骤 1：先测试，看使用 myuser1 用户能否进入该目录。

```
[myuser1@www ~]$cd /srv/projecta
-bash: cd: /srv/projecta: Permission denied            //确实不能进入
```

步骤 2：开始用 root 用户的身份来配置一下该目录的权限。

```
[root@www ~]#setfacl -m u:myuser1:rx /srv/projecta
[root@www ~]#getfacl /srv/projecta
#file: srv/projecta
#owner: root
#group: projecta
user::rwx
user:myuser1:r-x                                        //要查看有没有配置成功
```

```
group::rwx
mask::rwx
other::---
```

步骤 3：再使用 myuser1 用户去测试结果。

```
[myuser1@www ~]$cd /srv/projecta
[myuser1@www projecta]$ll -a
drwxrws---+2 root projecta 4096 Feb 27 11:29 .        //可以查询文件名
drwxr-xr-x  4 root root     4096 Feb 27 11:29 ..

[myuser1@www projecta]$touch testing
touch: cannot touch 'testing': Permission denied    //不能写入
```

注意：上述的步骤 1、步骤 3 使用 myuser1 用户的身份，步骤 2 使用 root 用户身份去配置。

④ 测试。

上面的配置我们完成了之前任务的后续需求。下面测试一下。如果用 root 用户或者是 pro1 用户的身份去/srv/projecta 目录中添加文件或目录时，该文件或目录是否具有 ACL 的配置权限呢？换句话说，ACL 的权限配置是否能够被次目录所"继承"呢？不妨做一做。

```
[root@www ~]#cd /srv/projecta
[root@www ~]#touch abc1
[root@www ~]#mkdir abc2
[root@www ~]#ll -d abc*
-rw-r--r--1 root projecta      0 Feb 27 14:37 abc1
drwxr-sr-x 2 root projecta 4096 Feb 27 14:37 abc2
```

可以明显地发现，权限后面都没有+，代表这个 ACL 属性并没有继承。如果想要让 ACL 在目录下面的数据都有继承的功能，可以使用如下命令。

```
//针对默认权限的配置
//配置规范为"d:[ug]:使用者列表:[rwx]"
//让 myuser1 用户在/srv/projecta 目录下面一直具有 rx 的默认权限
[root@www ~]#setfacl -m d:u:myuser1:rx /srv/projecta
[root@www ~]#getfacl /srv/projecta
#file: srv/projecta
#owner: root
#group: projecta
user::rwx
user:myuser1:r-x
group::rwx
mask::rwx
other::---
default:user::rwx
default:user:myuser1:r-x
default:group::rwx
```

```
default:mask::rwx
default:other::---

[root@www ~]#cd /srv/projecta
[root@www projecta]#touch zzz1
[root@www projecta]#mkdir zzz2
[root@www projecta]#ll -d zzz*
-rw-rw----+1 root projecta     0 Feb 27 14:57 zzz1
drwxrws---+2 root projecta  4096 Feb 27 14:57 zzz2
//现在确实有继承。然后使用 getfacl 命令再次确认

[root@www projecta]#getfacl zzz2
#file: zzz2
#owner: root
#group: projecta
user::rwx
user:myuser1:r-x
group::rwx
mask::rwx
other::---
default:user::rwx
default:user:myuser1:r-x
default:group::rwx
default:mask::rwx
default:other::---
```

通过"针对目录来配置的默认 ACL 权限配置值"的项目，可以让这些属性继承到次目录下面。如果想要让 ACL 的属性全部消失该如何处理呢？通过"setfacl -b 文件名"命令即可，请读者自行测试。

3.4.5 实训思题考

(1) root 用户的 UID 与 GID 是多少？而基于这个理由，要让 test 账号具有 root 用户的权限，应该怎么做？

(2) 假设你是一个系统管理员，想暂时停掉某个用户，让他近期无法进行任何操作，等到合适时间再将他的账号激活，请问怎么做比较好？

(3) 使用 useradd 命令新增账号的 UID、GID 及其他相关口令的控制，在哪几个文件里面配置？

(4) 如果想让 dmtsai 用户加入 group1、group2、group3 这三个群组，且不影响 dmtsai 原来已经支持的次要群组时，该如何操作？

3.4.6 实训报告要求

按要求完成实训报告。

3.5　管理磁盘分区、挂载与卸载

3.5.1　实训目的

- 掌握 Linux 下使用磁盘管理工具管理磁盘的方法。
- 掌握文件系统、磁盘、U 盘的挂载与卸载方法。

3.5.2　实训内容

练习 Linux 系统下磁盘管理工具的使用，练习文件系统、磁盘、U 盘的挂载与卸载。

3.5.3　实训准备

1. fdisk 命令的用法

```
[root@www ~]#fdisk [-l] 设备名称
```

选项与参数说明如下。

-l：输出后面接的设备所有的分区（partition）内容。若仅有 fdisk -l 时，则系统将会把整个系统内能够搜寻到的设备的分区均列出来。

范例：找出系统中的根目录所在磁盘，并查阅该硬盘内的相关信息，重点在于找出磁盘文件名。

```
[root@www ~]#df /
文件系统    KB-块     已用     可用      已用%  挂载点
/dev/sda2  2030768  476656  1449288  25%    /

[root@www ~]#fdisk /dev/sda             //不要加上数字，fdisk 后面跟磁盘
The number of cylinders for this disk is set to 5005.
There is nothing wrong with that, but this is larger than 1024,
and could in certain setups cause problems with:
1) software that runs at boot time (e.g., old versions of LILO)
2) booting and partitioning software from other OSs
   (e.g., DOS FDISK, OS/2 FDISK)

Command (m for help): m                 //输入 m 后，就会看到下面这些命令的介绍
Command action
   a   toggle a bootable flag
   b   edit bsd disklabel
   c   toggle the dos compatibility flag
   d   delete a partition               //删除一个分区
   l   list known partition types
   m   print this menu
   n   add a new partition              //新增一个分区
   o   create a new empty DOS partition table
   p   print the partition table        //在屏幕上显示分区表
```

```
  q   quit without saving changes       //不储存并离开 fdisk 程序
  s   create a new empty Sun disklabel
  t   change a partition's system id
  u   change display/entry units
  v   verify the partition table
  w   write table to disk and exit      //将刚才的命令写入分区表
  x   extra functionality (experts only)
```

注意：可以使用 fdisk 在硬盘上进行任意的实际操作，但是一定要记住，不要按下 w 键。当退出的时候一定按下 q 键。这时操作将会无效。

```
Command (m for help): p                                    //这里可以输出目前磁盘的状态

Disk /dev/sda: 41.1 GB, 41174138880 bytes                  //磁盘的文件名与容量
255 heads, 63 sectors/track, 5005 cylinders                //磁头、扇区与磁柱的大小
Units =cylinders of 16065 * 512 =8225280 bytes             //每个磁柱的大小

    Device Boot      Start       End       Blocks   Id  System
  /dev/sda1   *          1        13       104391   83  Linux
  /dev/sda2             14      1288     10241437+  83  Linux
  /dev/sda3           1289      1925      5116702+  83  Linux
  /dev/sda4           1926      5005     24740100    5  Extended
  /dev/sda5           1926      2052      1020096   82  Linux swap / Solaris
#设备文件名  启动区  开始磁柱  结束磁柱  1KB 大小容量      磁盘分区槽内的系统

Command (m for help): q
```

使用 p 参数可以列出目前磁盘的分区表信息，这个信息的上半部显示了整个磁盘的状态。以上面磁盘为例，这个磁盘共有 41.1GB 左右的容量，共有 5005 个磁柱，每个磁柱通过 255 个磁头管理读写操作，每个磁头管理 63 个扇区，而每个扇区的大小均为 512B，因此每个磁柱为“255×63×512＝16 065×512＝8 225 280B”。

下半部的分区表信息主要列出了每个分区的个别信息项目。每个项目的意义如下。

- Device：设备文件名，依据不同的磁盘接口/分区位置而变。
- Boot：是否为启动引导块？通常 Windows 系统的 C 语言需要该引导块。
- Start、End：确定分区在哪个磁柱号码之间，可以决定此分区的大小。
- Blocks：是以 KB 为单位的容量。如上所示，/dev/sda1 大小为 104 391KB＝102MB。
- ID、System：代表这个分区内的文件系统类型及分区类型。

2. 磁盘的挂载与卸载

要进行挂载前，先确定以下方面：

(1) 单一文件系统不应该被重复挂载在不同的挂载点(目录)中。

(2) 单一目录不应该重复挂载多个文件系统。

(3) 作为挂载点的目录，理论上应该都是空目录。

举个例子来说，假设/home 目录原来与根目录(/)在同一个文件系统中，存在/home/test 与/home/bobby 两个目录。现在想要加入新的硬盘，并且直接挂载到/home 下面，那么当挂载上新的分区时，则/home 目录显示的是新分区内的数据，以前的 test 与 bobby 这

两个目录会被暂时隐藏。注意：并不是被覆盖掉，而是暂时地隐藏起来，等到新分区被卸载之后，则/home 目录中原来的内容就会显示出来。

使用 mount 命令挂载。

```
[root@www ~]#mount -a
[root@www ~]#mount [-l]
[root@www ~]#mount [-t 文件系统][-L Label 名] [-o 额外选项]  [-n]  设备文件名  挂载点
```

选项与参数说明如下。

- -a：依照配置文件/etc/fstab 的数据将所有未挂载的磁盘都挂载上来。
- -l：单纯地输入 mount 命令会显示目前挂载的信息。加上-l 参数可增列 Label 名称。
- -t：与 mkfs 的选项非常类似，可以加上文件系统种类来指定欲挂载的类型。常见的 Linux 支持的类型有：ext2、ext3、vfat、reiserfs、iso9660（光盘格式）、Nfs、cifs、smbfs（后面的三种为网络文件系统类型）。
- -n：在默认情况下，系统会将实际挂载的情况实时写入/etc/mtab 中，以方便其他程序的运行。但在某些情况下（例如单人维护模式），为了避免问题，会刻意不写入。此时就要使用-n 选项。
- -L：系统除了利用设备文件名（例如/dev/hdc6）之外，还可利用文件系统的表头名称（Label）来进行挂载。最好为文件系统取一个独一无二的名称。
- -o：后面可以跟一些挂载时额外加上的参数，比如账号、密码、读写权限等。
- ro，rw：挂载文件系统成为只读（ro）或可读写（rw）。
- async，sync：确定文件系统是否使用同步写入（sync）或异步（async）的内存机制。默认为 async。
- auto，noauto：允许此分区被 mount -a 自动挂载（auto）。
- dev，nodev：是否允许此分区上创建设备文件。dev 为允许。
- suid，nosuid：是否允许此分区含有 suid/sgid 的文件格式。
- exec，noexec：是否允许此分区上拥有可运行 binary 文件的权限。
- user，nouser：是否允许此分区让任何使用者运行 mount。一般来说，mount 仅 root 用户可以运行，但执行 user 参数，则可让一般用户也能够在此分区上运行 mount 命令。
- defaults：默认值为 rw、suid、dev、exec、auto、nouser、async。
- remount：重新挂载，这在系统出错或重新升级参数时很有用。

3.5.4　实训步骤

1. 磁盘分区工具 fdisk

在安装 Linux 系统时，其中有一个步骤是进行磁盘分区。在分区时可以采用 Disk Druid、RAID 和 LVM 等方式进行分区。除此之外，在 Linux 系统中还有 fdisk、cfdisk、parted 等分区工具。

在前面安装 Linux 的实训中，我们对硬盘分区时预留了部分未分区空间。下面将会用到。

提示：由于读者的计算机的分区状况各不相同，显示的信息也不尽相同，后面的图形显示只作参考。读者应根据自己计算机的磁盘情况进行练习。

(1) 查阅磁盘分区

```
[root@www ~]#fdisk -l
```

(2) 删除磁盘分区

```
//练习一：先运行 fdisk
[root@www ~]#fdisk  /dev/sda
//练习二：查看整个分区表的情况
Command (m for help): p

Disk /dev/sda: 41.1 GB, 41174138880 bytes
255 heads, 63 sectors/track, 5005 cylinders
Units =cylinders of 16065 * 512 =8225280 bytes

   Device  Boot   Start   End      Blocks  Id  System
/dev/sda1   *         1    13      104391  83  Linux
/dev/sda2            14  1288   10241437+  83  Linux
/dev/sda3          1289  1925    5116702+  83  Linux
/dev/sda4          1926  5005    24740100   5  Extended
/dev/sda5          1926  2052     1020096  82  Linux swap/Solaris
//练习三：使用 d 命令删除分区
Command (m for help): d
Partition number (1-5): 4

Command (m for help): d
Partition number (1-4): 3

Command (m for help): p

Disk /dev/sda: 41.1 GB, 41174138880 bytes
255 heads, 63 sectors/track, 5005 cylinders
Units =cylinders of 16065 * 512 =8225280 bytes

Device      Boot  Start  End   Blocks      Id  System
/dev/sda1   *     1      13    104391      83  Linux
/dev/sda2         14     1288  10241437+   83  Linux
//因为 /dev/sda5 是由 /dev/sda4 所衍生出来的逻辑分区，因此 /dev/sda4 被删除后，/dev/
  sda5 就自动不见了，最终就会剩下两个分区
Command (m for help): q
//这里仅是做一个练习，所以，按下 q 键
```

(3) 练习新增磁盘分区

新增磁盘分区有多种情况，因为新增 Primary/Extended/Logical 分区的显示结果都不太相同。下面先将/dev/sda 全部删除成为未分区的干净磁盘，然后依次新增分区。

```
//练习一：运行 fdisk 命令删除所有分区
[root@www ~]#fdisk /dev/sda
```

```
Command (m for help): d
Partition number (1-5): 4

Command (m for help): d
Partition number (1-4): 3

Command (m for help): d
Partition number (1-4): 2

Command (m for help): d
Selected partition 1
//由于最后仅剩下一个分区,因此系统主动选取这个分区进行删除

//练习二:开始新增,先新增一个 Primary(主)分区,且指定为 4 号分区
Command (m for help): n
Command action                        //因为是全新磁盘,因此只会显示 extended/primary
   e   extended
   p   primary partition (1-4)
p                                         //选择 Primary 分区
Partition number (1-4): 4                 //配置为 4 号
First cylinder (1-5005, default 1):       //直接按下 Enter 按键
Using default value 1                     //起始磁柱选用默认值
Last cylinder or +size or +sizeM or +sizeK (1-5005, default 5005): +512M
//这里需要注意。Partition 包含了由 n1 到 n2 的磁柱号码(cylinder),但不同磁盘的磁柱的
  大小各不相同,可以填入+512M 让系统自动计算并找出
//"最接近 512M 的那个磁柱号"。因为不可能正好等于 512M
//如上所示:这个地方输入的方式有两种:
//1)直接输入磁柱号,需要读者自己计算磁柱/分区的大小。
//2)用 +XXM 来输入分区的大小,让系统自己寻找磁柱号。+与 M 是必须要有的,XX 为数字。

Command (m for help): p

Disk /dev/sda: 41.1 GB, 41174138880 bytes
255 heads, 63 sectors/track, 5005 cylinders
Units =cylinders of 16065 * 512 =8225280 bytes

Device Boot  Start  End  Blocks  Id  System
/dev/sda4     1      63   506016  83  Linux
//注意,只有 4 号,1 ~3 保留未用

//练习三:继续新增一个分区,这次新增 Extended 分区
Command (m for help): n
Command action
   e   extended
   p   primary partition (1-4)
e                                         //选择的分区是 Extended
Partition number (1-4): 1
First cylinder (64-5005, default 64):     //直接按下 Eenter 键
Using default value 64
```

```
Last cylinder or +size or +sizeM or +sizeK (64-5005, default 5005):
                                                    //直接按下 Enter 键
Using default value 5005
//扩展分区最好能够包含所有未分区空间,所以将所有未分配的磁柱都分配给这个分区。在开
  始/结束磁柱的位置上,按下两次 Enter 键,使用默认值

Command (m for help): p

Disk /dev/sda: 41.1 GB, 41174138880 bytes
255 heads, 63 sectors/track, 5005 cylinders
Units =cylinders of 16065 * 512 =8225280 bytes

Device Boot  Start  End   Blocks    Id  System
/dev/sda1    64     5005  39696615  5   Extended
/dev/sda4    1      63    506016    83  Linux
//如上所示,所有的磁柱都在/dev/sda1 里面

//练习四:随便新增一个 2GB 的分区
Command (m for help): n
Command action
   l   logical (5 or over)               //因为已有 extended,所以出现的是 logical 分区
   p   primary partition (1-4)
p                                                   //能否新增主要分区? 下面试一试
Partition number (1-4): 2
No free sectors available                           //肯定不行,因为没有多余的磁柱可供分配

Command (m for help): n
Command action
   l   logical (5 or over)
   p   primary partition (1-4)
l                                                   //必须使用逻辑分区
First cylinder (64-5005, default 64):               //直接按下 Enter 键
Using default value 64
Last cylinder or +size or +sizeM or +sizeK (64-5005, default 5005): +2048M

Command (m for help): p

Disk /dev/sda: 41.1 GB, 41174138880 bytes
255 heads, 63 sectors/track, 5005 cylinders
Units =cylinders of 16065 * 512 =8225280 bytes

Device Boot  Start  End   Blocks    Id  System
/dev/sda1    64     5005  39696615  5   Extended
/dev/sda4    1      63    506016    83  Linux
/dev/sda5    64     313   2008093+  83  Linux
```

```
//这样就新增了 2GB 的分区，且由于是逻辑分区，所以分区号从 5 号开始
Command (m for help): q
//这里仅做一个练习，所以，按下 q 键离开
```

(4) 分区实际训练

请依照使用系统的情况，创建一个大约 1GB 的分区，并显示该分区的相关信息。前面讲过，/dev/sda 还有剩余磁柱号码，因此可以这样操作：

```
[root@www ~]#fdisk /dev/sda
Command (m for help): n
First cylinder (2495-2610, default 2495):                       //直接按下 Eenter 键
Using default value 2495
Last cylinder or +size or +sizeM or +sizeK (2495-2610, default 2610):
                                                                 //直接按下 Enter 键
Using default value 2610

Command (m for help): p
Disk /dev/sda: 21.4 GB, 21474836480 bytes
255 heads, 63 sectors/track, 2610 cylinders
Units =cylinders of 16065 * 512 =8225280 bytes
Device     Boot   Start   End    Blocks     Id   System
/dev/sda1   *     1       13     104391     83   Linux
/dev/sda2         14      274    2096482+   83   Linux
/dev/sda3         275     535    2096482+   82   Linux swap / Solaris
/dev/sda4         536     2610   16667437+  5    Extended
/dev/sda5         536     1579   8385898+   83   Linux
/dev/sda6         1580    2232   5245191    83   Linux
/dev/sda7         2233    2363   1052226    83   Linux
/dev/sda8         2364    2494   1052226    83   Linux
/dev/sda9         2495    2610   931738+    83   Linux

Command (m for help): w
[root@www ~]#partprobe                                           //强制重写分区表
```

注意：如上的练习在重启系统后才能使命令生效。如果不想重启就生效，只需要执行 partprobe 命令。

2. 磁盘格式化工具 mkfs

```
[root@www ~]#mkfs  [-t 文件系统格式]  设备文件名
```

选项与参数说明如下。

-t：后面可以跟文件系统的格式，如 ext3、ext2、vfat 等(系统有支持才会生效)。

范例：请将前面所制作出来的 /dev/sda9 格式化为 ext3 文件系统。

```
[root@www ~]#mkfs -t ext3 /dev/sda9
mke2fs 1.39 (29-May-2006)
```

```
Filesystem label=                          //这里指的是分区的名称(label)
OS type: Linux
Block size=4096 (log=2)                    //block 的大小配置为 4KB
Fragment size=4096 (log=2)
116480 inodes, 232934 blocks               //此配置决定了 inode/block 的数量
11646 blocks (5.00%) reserved for the super user
First data block=0
Maximum filesystem blocks=239075328
8 block groups
32768 blocks per group, 32768 fragments per group
14560 inodes per group
Superblock backups stored on blocks:
        32768, 98304, 163840, 229376

Writing inode tables: done
Creating journal (4096 blocks): done //有日志记录
Writing superblocks and filesystem accounting information: done

This filesystem will be automatically checked every 25 mounts or
180 days, whichever comes first.  Use tune2fs -c or -i to override.
//这样就创建起来需要的 Ext3 文件系统了

[root@www ~]#mkfs[tab][tab]
mkfs          mkfs.cramfs  mkfs.ext2    mkfs.ext3    mkfs.msdos   mkfs.vfat
//按下两次 Tab 键,会发现 mkfs 支持的文件格式如上所示,可以格式化成 vfat 格式
```

3. 磁盘检验：fsck、badblocks

由于系统在运行时说不准硬件或者电源何时会有问题,所以“死机”是难免的(不管是硬件还是软件)。文件系统运行时会有硬盘与内存数据异步的状况发生,因此莫名其妙地死机极有可能导致文件系统的错乱。如果文件系统发生错乱,该怎么办呢？那就需要进行磁盘检验。

(1) fsck

```
[root@www ~]#fsck  [-t 文件系统] [-A(a/y/C)] 设备名称
```

选项与参数说明如下。

- -t：如同 mkfs 一样,fsck 也是综合软件。因此同样需要指定文件系统。若不指定,Linux 会自动判断。
- -A：依据/etc/fstab 的内容,将需要的设备扫描一次。通常在启动过程中就会运行此命令。
- -a：自动修复检查到的有问题的扇区。
- -y：与 -a 类似,但是某些 filesystem 仅支持 -y 这个参数。
- -C：可以在检验的过程当中使用一个直方图来显示目前的进度。

范例一：强制将前面创建的 /dev/sda9 设备检验一下。

```
[root@www ~]#fsck -C -f -t ext3 /dev/sda9
fsck 1.39 (29-May-2006)
e2fsck 1.39 (29-May-2006)
Pass 1: Checking inodes, blocks, and sizes
Pass 2: Checking directory structure
Pass 3: Checking directory connectivity
Pass 4: Checking reference counts
Pass 5: Checking group summary information
vbird_logical: 11/251968 files (9.1%non-contiguous), 36926/1004046 blocks
//如果没有加上-f 选项,则由于这个文件系统不曾出现问题, 检查的经过非常快速。若加上-f
  强制检查,则会一项一项地显示完整过程
```

范例二：系统有多少文件系统支持的 fsck 软件？

```
[root@www ~]#fsck [Tab] [Tab]
fsck         fsck.cramfs  fsck.ext2    fsck.ext3    fsck.msdos   fsck.vfat
```

(2) badblocks

```
[root@www ~]#badblocks  -[svw]  设备名称
```

选项与参数说明如下。

- -s：在屏幕上列出进度。
- -v：可以在屏幕上看到进度。
- -w：使用写入的方式来测试，建议不要使用此参数，尤其是待检查的设备已有文件时。

```
[root@www ~]#badblocks -sv /dev/sda9
Checking blocks 0 to 2008093
Checking for bad blocks (read-only test): done
Pass completed, 0 bad blocks found.
```

4. 挂载 Ext2/Ext3 文件系统

范例一：用默认的方式，将刚刚创建的/dev/sda9 挂载到/mnt/sda9 上面。

```
[root@www ~]#mkdir /mnt/sda9
[root@www ~]#mount /dev/sda9 /mnt/sda9
[root@www ~]#df
文件系统      1KB 块     已用      可用      已用%      挂载点
...

/dev/sda9     917072     17552     852936    3%         /mnt/sda9
```

范例二：查看目前“已挂载”的文件系统，包含各文件系统的 Label 名称。

```
[root@www ~]#mount  -l
/dev/sda2 on / type ext3 (rw,acl) [/]
```

```
proc on /proc type proc (rw)
sysfs on /sys type sysfs (rw)
devpts on /dev/pts type devpts (rw,gid=5,mode=620)
/dev/sda8 on /var type ext3 (rw) [/var]
/dev/sda7 on /tmp type ext3 (rw) [/tmp]
/dev/sda6 on /usr type ext3 (rw) [/usr]
/dev/sda5 on /home type ext3 (rw) [/home]
/dev/sda1 on /boot type ext3 (rw) [/boot]
tmpfs on /dev/shm type tmpfs (rw)
none on /proc/sys/fs/binfmt_misc type binfmt_misc (rw)
none on /proc/fs/vmblock/mountPoint type vmblock (rw)
sunrpc on /var/lib/nfs/rpc_pipefs type rpc_pipefs (rw)
/dev/sda9 on /mnt/sda9 type ext3 (rw)
//除了实际的文件系统外,很多特殊的文件系统(proc/sysfs...)也会被显示出来。值得注意的
  是,加上 -l 选项可以列出如上特殊字体的标头(label)
```

5. 挂载 CD 或 DVD 光盘

范例：将用来安装 Linux 的原版光盘挂载。

```
[root@www ~]#mkdir /media/cdrom
[root@www ~]#mount -t iso9660 /dev/cdrom /media/cdrom
[root@www ~]#mount /dev/cdrom /media/cdrom
//可以指定 -t iso9660 光盘的格式来挂载,也可以让系统自己去测试挂载。所以上述的第二、第
  三条命令只要用一条就可以。但是初次挂载时,一定要提前创建目录
[root@www ~]#df
...
/dev/scd0     2948686  2948686  0 100%/media/RHEL_5.4 i386 DVD
/dev/scd0     2948686  2948686  0 100%/media/cdrom
```

6. 挂载 U 盘

将 U 盘插入 Linux 主机。注意，U 盘不能是 NTFS 文件系统。

提示：在第一篇里，专门有“在虚拟机中使用移动设备”的内容，请一定认真查看。

范例：找出 U 盘设备文件名，并挂载到 /mnt/flash 目录中。

```
[root@www ~]#fdisk -l
...
Disk /dev/sdb: 8004 MB, 8004304896 bytes
35 heads, 21 sectors/track, 21269 cylinders
Units =cylinders of 735 * 512 =376320 bytes

Device Boot  Start  End    Blocks   Id  System
/dev/sdb1    1      21270  7816688  b   W95 FAT32

//根据上面的特殊字体,可得知磁盘的大小以及设备文件名: U 盘是/dev/sdb1

[root@www ~]#mkdir /mnt/flash
```

```
[root@www ~]#mount -t vfat -o iocharset=cp950 /dev/sdb1 /mnt/flash
[root@www ~]#df
文件系统          1KB块        已用     可用        已用%     挂载点
...
/dev/sdb1         7812864      9616     7803248     1%        /media/disk
/dev/sdb1         7812864      9616     7803248     1%        /mnt/flash
```

7. 重新挂载根目录与挂载不特定目录

范例一：将/根目录重新挂载，并加入 rw 与 auto 参数。

```
[root@www ~]#mount -o remount,rw,auto /
```

范例二：将/home 目录暂时挂载到/mnt/home 目录下面。

```
[root@www ~]#mkdir /mnt/home
[root@www ~]#mount --bind /home /mnt/home
[root@www ~]#ls -lid /home/ /mnt/home
2 drwxr-xr-x 3 root root 4096 02-24 01:08 /home/
2 drwxr-xr-x 3 root root 4096 02-24 01:08 /mnt/home
[root@www ~]#mount -l
/home on /mnt/home type none (rw,bind)
```

8. umount（将设备文件卸载）

```
[root@www ~]#umount  [-fn]  设备文件名或挂载点
```

选项与参数说明如下。

- -f：强制卸载。可用在类似网络文件系统(NFS)无法读取的情况。
- -n：不升级/etc/mtab 的情况下卸载。

卸载之后，可以使用 df 或 mount -l 查看是否还在目录树中。下达卸载命令时，设备文件名或挂载点均可接受。

范例：将本章之前自行挂载的文件系统全部卸载。

```
[root@www ~]#mount
[root@www ~]#umount /dev/sda9         //用设备文件名卸载
[root@www ~]#umount /media/cdrom      //用挂载点卸载
[root@www ~]#umount /mnt/flash        //挂载点比较好记
[root@www ~]#umount /mnt/home         //一定要用挂载点,因为挂载的是目录
```

实际工作中可能会遇到以下情况：

```
[root@www ~]#mount  /dev/cdrom  /media/cdrom
[root@www ~]#cd  /media/cdrom
[root@www cdrom]#umount  /media/cdrom
umount: /media/cdrom: device is busy
umount: /media/cdrom: device is busy
```

提示：由于目前在/media/cdrom/目录，即正在使用该文件系统，所以无法卸载这个设备。可以使用"cd /"命令回到根目录，就能够卸载/media/cdrom 了。

9. 启动挂载/etc/fstab 及/etc/mtab

假设将/dev/sda9 每次启动都自动挂载到/mnt/sda9，该如何操作呢？

① 首先，用 vim 将下面这一行代码写入/etc/fstab 文件当中。

```
[root@www ~]#mkdir  /mnt/sda9
[root@www ~]#vim  /etc/fstab
/dev/sda9  /mnt/sda9    ext3    defaults   1 2
```

② 测试一下刚才写入/etc/fstab 文件的语法有没有错误。这点很重要，因为这个文件如果写错了，则 Linux 很可能将无法顺利启动，所以务必要测试。

```
[root@www ~]#mount  -a
[root@www ~]#df
```

③ 由于这个范例是测试范例，务必要回到/etc/fstab 文件中，将上面的一行注释掉或者删除。

```
[root@www ~]#nano  /etc/fstab
#/dev/hdc6  /mnt/hdc6    ext3    defaults   1 2
```

提示：/etc/fstab 是启动时的配置文件，不过，filesystem 的挂载是记录到/etc/mtab 与/proc/mounts 这两个文件中的。每次在改变 filesystem 的挂载时，也会同时改变这两个文件。但是万一在/etc/fstab 文件中输入的数据错误，则会导致无法顺利启动。而进入单人维护模式时，根目录"/"是 read only(只读)状态，因此无法修改/etc/fstab 文件，也无法升级/etc/mtab 文件。可以利用下面的方法更改根目录"/"的读写状态。

```
[root@www ~]#mount  -n  -o  remount,rw  /
```

3.5.5 实训思考题

(1) 如果主机磁盘容量不够大，想要添加一块新磁盘，并将该磁盘划分为单一分区，且将该分区挂载到 /home 目录，该如何处理？

(2) 如果一个挂载的扇区/dev/hda3 有问题，该如何修复这个扇区？

3.5.6 实训报告要求

按要求完成实训报告。

3.6 配置与管理磁盘配额

3.6.1 实训目的

掌握 Linux 下磁盘配额的配置方法。

3.6.2　实训内容

练习在 Linux 系统下进行磁盘配额的配置与管理。

3.6.3　实训准备

本次实训的环境要求如下。

- 目的账号：5 个员工的账号分别是 myquota1、myquota2、myquota3、myquota4 和 myquota5，5 个用户的密码都是 password，且这 5 个用户所属的初始群组都是 myquotagrp。其他的账号属性则使用默认值。
- 账号的磁盘容量限制值：5 个用户都能够取得 300MB 的磁盘使用量(hard)，文件数量则不予以限制。此外，只要使用的磁盘容量超过 250MB，就予以警告(soft)。
- 群组的限额：由于系统里面还有其他用户存在，因此限制 myquotagrp 这个群组最多仅能使用 1GB 的容量。也就是说，如果 myquota1、myquota2 和 myquota3 都用了 280MB 的容量，那么其他两人最多只能使用(1000MB－280MB×3＝160MB)的磁盘容量。这就是使用者与群组同时设定时会产生的效果。
- 宽限时间的限制：最后，希望每个使用者在超过 soft 限制值之后，都能够有 14 天的宽限时间。

注意：本例中的/home 是独立分区，请读者复习 2.1.4 中“为硬盘分区”部分的内容。

3.6.4　实训步骤

1. 使用 script 建立 quota 实训所需的环境

制作账号环境时，由于有 5 个账号，因此使用 script 创建环境(详细内容查看后面编程的内容)。

```
[root@www ~]#vim addaccount.sh
//!/bin/bash
//使用 script 来建立 quota 实验所需的环境
groupadd myquotagrp
for username in myquota1 myquota2 myquota3 myquota4 myquota5
do
    useradd  -g  myquotagrp $username
    echo  "password"|passwd  --stdin $username
done

[root@www ~]#sh addaccount.sh
```

2. 启动系统的磁盘配额

(1) 文件系统支持。

要使用 Quota，必须要有文件系统的支持。假设已经使用了预设支持 Quota 的核心，那么接下来要启动文件系统的支持。不过，由于 Quota 仅针对整个文件系统来进行规划，所以应先检查一下/home 目录是否是独立的文件系统，这需要使用 df 命令。

```
[root@www ~]#df    -h   /home
Filesystem Size Used Avail Use%Mounted on
/dev/sda5  7.8G  147M  7.3G   2%/home   //主机的/home 目录是独立的
[root@www ~]#mount|grep home
/dev/sda5 on /home type ext3 (rw)
```

从上面的数据来看，这台主机的/home 目录确实是独立的文件系统，因此可以直接限制/dev/hda5。如果系统的/home 不是独立的文件系统，那么可能就要针对根目录(/)来规范。不过，不建议在根目录中设定 Quota。此外，由于 VFAT 文件系统并不支持 Linux Quota 功能，所以要使用 mount 查询一下/home 的文件系统是什么。如果是 ext2/ext3，则支持 Quota。

(2) 如果只想在本次开机中实验 Quota，那么可以使用如下的方式来手动加入 quota 的支持。

```
[root@www ~]#mount    -o   remount,usrquota,grpquota    /home
[root@www ~]#mount|grep home
/dev/sda5 on /home type ext3 (rw,usrquota,grpquota)
//重点就在于 usrquota,grpquota,请注意写法
```

(3) 自动挂载。

手动挂载的数据在下次重新挂载时会消失，因此最好写入配置文件中。

```
[root@www ~]#vim    /etc/fstab
LABEL=/home  /home  ext3  defaults,usrquota,grpquota    1 2
//其他项目并没有列出来,重点在于第四字段,可以在 default 后面加上两个参数
[root@www ~]#umount    /home
[root@www ~]#mount    -a
[root@www ~]#mount|grep home
/dev/sda5 on /home type ext3 (rw,usrquota,grpquota)
```

再次强调一下，修改完/etc/fstab 文件后，务必要测试一下。若有错误发生，务必赶紧处理。因为这个文件如果有错误，会造成无法完全开机的情况。一定要牢记！最好使用 vim 命令来修改文件。因为 vim 会对语法进行检验，包括错别字。接下来建立 Quota 的记录文件。

3. 建立 Quota 记录文件

Quota 通过分析整个文件系统中每个使用者(群组)拥有的文件总数与总容量，将这些数据记录在该文件系统的最顶层目录中，然后在该记录文件中再使用每个账号(或群组)的限制值去规范磁盘的使用量。所以，创建 Quota 记录文件非常重要。使用 quotacheck 命令可以扫描文件系统并建立 Quota 的记录文件。

当运行 quotacheck 时，系统会担心破坏原有的记录文件，所以会产生一些错误信息警告。如果确定没有任何人在使用 Quota 时，可以强制重新执行 quotacheck 的动作(-mf)。强制执行的情况可以使用如下的选项功能。

```
//如果因为特殊需求,需要强制扫描已挂载的文件系统时,可以使用如下命令
[root@www ~]#quotacheck    -avug    -mf
quotacheck: Scanning /dev/sda5 [/home ] quotacheck: Cannot stat old user
quota file
quotacheck: Cannot stat old group quota file
quotacheck: Cannot stat old user quota file
quotacheck: Cannot stat old group quota file
#没有找到文件系统,是因为还没有制作记录文件。
[root@www ~]#ll -d /home/a*
-rw-------1 root root 7168 02-25 20:26 /home/aquota.group
-rw-------1 root root 7168 02-25 20:26 /home/aquota.user  #记录文件已经建立
```

这样记录文件就建立起来了。不要手动去编辑这两个文件。因为两个文件是 Quota 自己的数据文件,并不是纯文本文件,并且该文件会一直变动,这是因为当对/home 这个文件系统进行操作时,操作的结果会影响磁盘,所以会同步记载到那两个文件中。要建立 aquota. user、aquota. group,记得使用 quotacheck 指令,不要手动编辑。

4. Quota 启动、关闭与限制值的设定

制作好 Quota 配置文件之后,接下来就要启动 Quota。启动的方式很简单,使用 quotaon,关闭时用 quotaoff 即可。

(1) quotaon:启动 Quota 的服务。

```
[root@www ~]#quotaon  [-avug]
[root@www ~]#quotaon  [-vug]  [/mount_point]
```

选项与参数说明如下。

- -a:根据/etc/mtab 内的文件系统设定来启动有关的 Quota,若不加-a,则后面就需要加上特定的文件系统。
- -v:显示启动过程的相关信息。
- -u:针对使用者启动 quota(aquota. usaer)。
- -g:针对群组启动 quota(aquota. group)。

```
//由于要启动 user/group 的 quota,所以使用下面的语法即可
[root@www ~]#quotaon    -auvg
/dev/sda5 [/home]: group quotas turned on
/dev/sda5 [/home]: user quotas turned on
```

quotaon -auvg 指令几乎只在第一次启动 Quota 时才需要。因为下次重新启动系统时,系统的/etc/rc. d/rc. sysinit 初始化脚本会自动下达这个指令。因此只要在这个实例中进行一次启动即可,将来不需要再启动 Quota。

(2) quotaoff:关闭 Quota 的服务。

在进行完本次实训前不要关闭该服务。

(3) edquota:编辑账号/群组的限值与宽限时间。

① 下面来看看当进入 myquotal 的限额设定时会出现什么画面。

```
[root@www ~]#edquota    -u    myquotal
Disk quotas for user myquotal (uid 500):
Filesystem    blocks      soft       hard     inodes     soft      hard
/dev/sda5      64          0          0         8          0         0
```

② 当 soft/hard 为 0 时，表示没有限制的意思。依据我们的需求，需要设定的是 blocks 的 soft/hard，至于 inode 则不要去更改。

```
Disk quotas for user myquotal (uid 500):
Filesystem    blocks      soft       hard     inodes     soft      hard
/dev/sda5      64         250000     300000     8          0         0
```

提示：在 edquota 的画面中，每一行只要保持 7 个字段就可以了，并不需要排列整齐。

③ 其他 5 个用户的设定可以使用 Quota 进行复制。

```
//将 myquotal 的限制值复制给其他四个账号
[root@www ~]#edquota -p myquotal -u myquota2
[root@www ~]#edquota -p myquotal -u myquota3
[root@www ~]#edquota -p myquotal -u myquota4
[root@www ~]#edquota -p myquotal -u myquota5
```

④ 更改群组的 Quota 限额。

```
[root @www ~]#edquota -g myquotagrp
Disk quotas for group myquotagrp (gid 500):
Filesystem    blocks      soft       hard      inodes     soft      hard
/dev/sda5     320         900000     1000000     40         0         0
```

⑤ 最后，将宽限时间改成 14 天。

```
//宽限时间原来为 7 天,此处改成 14 天
[root@www ~]#edquota -t
Grace period before enforcing soft limits for users:
Time units may be: days, hours, minutes, or seconds
Filesystem              Block grace period      Inode grace period
/dev/sda5                     14days                   7days
```

5. repquota：针对文件系统的限额做报表

```
//查询本案例中所有使用者的配额的限制情况
[root@www ~]#repquota -auvs
***Report for user quotas on device /dev/sda5          //针对/dev/hda5
Block grace time: 14days; Inode grace time: 7days     //block 宽限时间为 14 天
                      Block limits                    File limits
User            used    soft    hard   grace     used  soft  hard  grace
------------------------------------------------------------
root      --    147MB      0       0                4     0     0
myquotal  --       64   245MB   293MB               8     0     0
myquota2  --       64   245MB   293MB               8     0     0
```

```
myquota3  --      64    245MB    293MB            8     0     0
myquota4  --      64    245MB    293MB            8     0     0
myquota5  --      64    245MB    293MB            8     0     0

Statistics:                 //这是系统相关信息,用 -v 才会显示
Total blocks: 7
Data blocks: 1
Entries: 6
Used average: 6.000000
```

6. 测试与管理

测试一：利用 myquota1 的身份创建一个 270MB 的大文件,并观察配额的结果。

注意：myquota1 对自己的 home 目录有写入权限,所以应转到 home 目录,否则写入时会出现权限问题。

```
[root@www ~]#su  myquota1
[myquota1@www ~]$cd /home/myquota1
[myquota1@www ~]$dd if=/dev/zero of=bigfile bs=1M count=270
270+0 records in
270+0 records out
283115520 bytes (283 MB) copied, 12.696 seconds, 22.3 MB/s
//注意,此处是使用 myquota1 账号来运行 dd 命令的,接下来看看报表

[myquota1@www ~]$su root
[root@www ~]#repquota -auv
* * * Report for user quotas on device /dev/sda5
Block grace time: 14days; Inode grace time: 7days
                    Block limits                File limits
User     used  soft   hard grace  used  soft  hard  grace
-----------------------------------------------------------------
myquota1   +-   276824   250000   300000 13days         9     0     0
//这个命令则是利用 root 去查阅
//可以发现 myquota1 用户的 grace 出现了,并且开始倒数
```

测试二：再创建另外一个大文件,让总容量超过 300MB。

```
[root@www ~]#su  myquota1
[myquota1@www ~]$cd /home/myquota1
[myquota1@www ~]$dd if=/dev/zero of=bigfile2 bs=1M count=300
hda3: write failed, user block limit reached.
dd: writing 'bigfile2': Disk quota exceeded      //可以看到错误信息不一样
23+0 records in      //没办法写入了,所以只记录了 23 笔
22+0 records out
23683072 bytes (24 MB) copied, 0.260081 seconds, 91.1 MB/s
[myquota1@www ~]$du -sk
300000   .           //果然是极限
```

此时 myquota1 可以开始处理他的文件系统了。如果不处理,最后宽限时间会归零,然后出现如下的画面：

```
[root@www ~]#repquota -au
* * * Report for user quotas on device /dev/hda5
Block grace time: 00:01; Inode grace time: 7days
                    Block limits                    File limits
User        used    soft    hard    grace     used  soft   hard   grace
---------------------------------------------------------------
myquota1    +-      300000  250000  300000    none  11     0      0
//倒数归零,所以 grace 的部分就会变成 none 啦! 不继续倒数
```

3.6.5 实训报告要求

按要求完成实训报告。

3.7 在 Linux 中配置软 RAID

3.7.1 实训目的

掌握 Linux 下软 RAID 的配置方法。

3.7.2 实训内容

练习在 Linux 系统下对软 RAID 进行配置与管理。

3.7.3 实训准备

通过 VMware 虚拟机的"设置"→"添加"→"硬盘"→"SCSI 硬盘"命令添加一块 SCSI 硬盘。假设计算机中已经有了一块硬盘/dev/sda,所以新加的硬盘是/dev/sdb。创建该磁盘的扩展分区,同时将该扩展分区划分成 4 个逻辑分区。具体环境及要求如下。

- 每个逻辑分区大小为 1024MB,分区类型 id 为 fd(Linux raid autodetect)。
- 利用 4 个分区组成 RAID 5。
- 1 个分区设定为 spare disk(空磁盘),这个 spare disk 的大小与其他 RAID 所需分区一样大。
- 将此 RAID 5 装置挂载到/mnt/raid 目录下。

3.7.4 实训步骤

1. 创建四个磁盘分区

使用 fdisk 命令创建 4 个磁盘分区/dev/sdb5、/dev/sdb6、/dev/sdb7、/dev/sdb8,并设置分区类型 id 为 fd。分区过程及结果如下所示。

```
[root@localhost ~]#fdisk /dev/sdb
The number of cylinders for this disk is set to 2610.
There is nothing wrong with that, but this is larger than 1024,
and could in certain setups cause problems with:
1) software that runs at boot time (e.g., old versions of LILO)
```

```
2) booting and partitioning software from other OSs
   (e.g., DOS FDISK, OS/2 FDISK)

Command (m for help): n              //创建磁盘分区
Command action
   e   extended
   p   primary partition (1-4)
e                                    //创建磁盘分区的类型为 e(extended),即扩展分区
Partition number (1-4): 1            //扩展分区的分区号为 1,即扩展分区为/dev/sdb1
First cylinder (1-2610, default 1):  //起始磁柱为 1,直接按 Enter 键则用默认值
Using default value 1
Last cylinder or +size or +sizeM or +sizeK (1-2610, default 2610): +10240M
                                                              //容量为 10GB

Command (m for help): n     //开始创建 1GB 逻辑磁盘分区,由于是逻辑分区,所以分区起始号
                              是 5
Command action
   l   logical (5 or over)
   p   primary partition (1-4)
l                           //这是字母 l 键,表示开始创建扩展分区的逻辑分区
First cylinder (1-1246, default 1):     //起始磁柱为 1,直接按 Enter 键则用默认值
Using default value 1
Last cylinder or +size or +sizeM or +sizeK (1-1246, default 1246): +1024M
                            //第一个逻辑分区是/dev/sdb5,容量为 1024MB.
Command (m for help): n     //开始创建 1GB 的第二个逻辑磁盘分区,即/dev/sdb6
Command action
   l   logical (5 or over)
   p   primary partition (1-4)
l                           //这是字母 l 键,表示开始创建扩展分区的第二个逻辑分区
First cylinder (126-1246, default 126): #起始磁柱为 126,按 Enter 键取默认值
Using default value 126
Last cylinder or +size or +sizeM or +sizeK (126-1246, default 1246): +1024M
//后面依次创建第 3、4、5 逻辑磁盘分区/dev/sdb7、/dev/sdb8、/dev/sdb9,不再显示创建过程

Command (m for help): t              //更改逻辑磁盘分区的分区类型 id
Partition number (1-9): 5            //更改 dev/sdb5 的分区类型 id
Hex code (type L to list codes): fd  //更改分区类型 id 为 fd
Changed system type of partition 5 to fd (Linux raid autodetect)

//后面依次更改第 3、4、5 逻辑磁盘分区/dev/sdb6-9 的分区类型 id 为 fd。过程省略

Command (m for help): p              //划分成功后的磁盘分区

Disk /dev/sdb: 21.4 GB, 21474836480 bytes
255 heads, 63 sectors/track, 2610 cylinders
Units =cylinders of 16065 * 512 =8225280 bytes

   Device Boot      Start       End      Blocks   Id  System
/dev/sdb1               1      1246    10008463+   5  Extended
```

```
/dev/sdb5              1         125      1003999+  fd  Linux raid autodetect
/dev/sdb6            126         250      1004031   fd  Linux raid autodetect
/dev/sdb7            251         375      1004031   fd  Linux raid autodetect
/dev/sdb8            376         500      1004031   fd  Linux raid autodetect
/dev/sdb9            501         625      1004031   fd  Linux raid autodetect

Command (m for help): w                    //存盘退出
The partition table has been altered!

Calling ioctl() to re-read partition table.

WARNING: Re-reading the partition table failed with error 16: //设备或资源忙
The kernel still uses the old table.
The new table will be used at the next reboot.
Syncing disks.
[root@localhost ~]#partprobe            //不重启系统,强制更新分区的划分
```

2. 使用 mdadm 创建 RAID

```
[root@www ~]#mdadm --create --auto=yes    /dev/md0 --level=5    //转义换行符
>--raid-devices=4 --spare-devices=1    /dev/sdb{5,6,7,8,9}
```

上述命令中指定 RAID 设备名为/dev/md0,级别为 5,使用 4 个设备建立 RAID,空余一个留做备用。上面的语法中,最后面是装置文件名,这些装置文件名可以是整个磁盘,例如/dev/sdb,也可以是磁盘上的分区,例如/dev/sdbl 之类。不过,这些装置文件名的总数必须要等于--raid-devices 与--spare-devices 的个数总和。此例中,/dev/ sdb{5,6,7,8,9}是一种简写,其中/dev/sdb9 为备用。

3. 查看建立的 RAID 5 的具体情况

```
[root@localhost ~]#mdadm  --detail    /dev/md0
/dev/md0:
        Version : 0.90
  Creation Time : Thu Feb 27 22:07:32 2014
     Raid Level : raid5
     Array Size : 3011712 (2.87 GiB 3.08 GB)
  Used Dev Size : 1003904 (980.54 MiB 1028.00 MB)
   Raid Devices : 4
  Total Devices : 5
Preferred Minor : 0
    Persistence : Superblock is persistent

    Update Time : Thu Feb 27 22:44:57 2014
          State : clean
Active Devices : 4
```

```
Working Devices : 5
Failed Devices : 0
  Spare Devices : 1

        Layout : left-symmetric
     Chunk Size : 64K

          UUID : 8ba5b38c:fc703d50:ae82d524:33ea7819
        Events : 0.2

    Number   Major   Minor   RaidDevice State
       0       8       21        0      active sync   /dev/sdb5
       1       8       22        1      active sync   /dev/sdb6
       2       8       23        2      active sync   /dev/sdb7
       3       8       24        3      active sync   /dev/sdb8

       4       8       25        -      spare   /dev/sdb9
```

4. 格式化与挂载使用 RAID

```
[root@localhost ~]#mkfs  -t  ext3   /dev/md0
// "/dev/md0"作为装置被格式化

[root@localhost ~]#mkdir   /mnt/raid
[root@localhost ~]#mount   /dev/md0    /mnt/raid
[root@localhost ~]#df
文件系统    1KB 块    已用     可用     已用%   挂载点
/dev/sda2  2030768  477232   1448712  25%    /
/dev/sda8  1019208  92772    873828   10%    /var
/dev/sda7  1019208  34724    931876   4%     /tmp
/dev/sda6  5080796  2563724  2254816  54%    /usr
/dev/sda5  8123168  449792   7254084  6%     /home
/dev/sda1  101086   11424    84443    12%    /boot
tmpfs      517572   0        517572   0%     /dev/shm
/dev/scd0  2948686  2948686  0        100%   /media/RHEL_5.4 i386 DVD
/dev/md0   2964376  70024    2743768  3%     /mnt/raid
```

3.7.5 实训思考题

如果需要创建 5 个磁盘的软 RAID,该如何操作?

3.7.6 实训报告要求

按要求完成实训报告。

3.8 管理 LVM 逻辑卷

3.8.1 实训目的

- 掌握创建 LVM 分区类型的方法。
- 掌握 LVM 逻辑卷管理的基本方法。

3.8.2 实训内容

物理卷、卷组、逻辑卷的创建，卷组、逻辑卷的管理。

3.8.3 实训准备

有一个硬盘为/dev/hda，划分了 3 个主分区：/dev/hda1、/dev/hda2、/dev/hda3，对应的挂载点分别是/boot、/和/home，除此之外还有一部分磁盘空间没有划分。伴随着系统用户的增多，如果/home 分区空间不够了，怎么办？传统的方法是在未划分的空间中分割一个分区，挂载到/home 下，并且把 hda3 的内容复制到这个新分区上。或者把这个新分区挂载到另外的挂载点上，然后在/home 下创建链接，链接到这个新挂载点。这两种方法都不太好，第一种方法浪费了/dev/hda3，并且如果后面的分区容量小于 hda3 就很麻烦。第二种方法需要每次都额外创建链接，也比较麻烦。那么，利用 LVM 可以很好地解决这个问题，LVM 的好处在于，可以动态调整逻辑卷（相当于一个逻辑分区）容量的大小。也就是说/dev/hda3 如果是一个 LVM 逻辑分区，比如/dev/rootvg/lv3，那么 lv3 可以动态放大，这样就解决了动态容量调整的问题。当然，前提是系统已设定好 LVM 支持，并且需要动态缩放的挂载点对应的设备是逻辑卷。

- PV（Physical Volume，物理卷）：物理卷处于 LVM 的最底层，可以是整个物理磁盘，也可以是硬盘中的分区。
- VG（Volume Group，卷组）：可以看成单独的逻辑磁盘，建立在 PV 之上，是 PV 的组合。一个卷组中至少要包括一个 PV，在卷组建立之后可以动态地添加 PV 到卷组中。
- LV（Logical Volume，逻辑卷）：相当于物理分区的/dev/hdaX。逻辑卷建立在卷组之上，卷组中的未分配空间可以用于建立新的逻辑卷，逻辑卷建立后可以动态地扩展或缩小空间。系统中的多个逻辑卷可以属于同一个卷组，也可以属于不同的多个卷组。
- PE（Physical Extent，物理区域）：物理区域是物理卷中可用于分配的最小存储单元，物理区域的大小可根据实际情况在建立物理卷时指定。物理区域大小一旦确定将不能更改，同一卷组中的所有物理卷的物理区域大小需要一致。当多个 PV 组成一个 VG 时，LVM 会在所有 PV 上做类似格式化的动作，将每个 PV 切成一块块的空间，这一块块的空间就称为 PE，通常是 4MB。
- LE（Logical Extent，逻辑区域）：逻辑区域是逻辑卷中可用于分配的最小存储单元，逻辑区域的大小取决于逻辑卷所在卷组中的物理区域大小。LE的大小为PE的倍数(通常为1∶1)。

- VGDA(Volume Group Descriptor Area,卷组描述区域):存在于每个物理卷中,用于描述该物理卷本身、物理卷所属卷组、卷组中的逻辑卷以及逻辑卷中物理区域的分配等所有的信息,卷组描述区域是在使用pvcreate命令建立物理卷时建立的。

LVM进行逻辑卷的管理时,创建顺序是pv→vg→lv。也就是说,首先创建一个物理卷(对应一个物理硬盘分区或者一个物理硬盘),然后把这些分区或者硬盘加入到一个卷组中(相当于一个逻辑上的大硬盘),再在这个大硬盘上划分分区lv(逻辑上的分区,就是逻辑卷),最后,把lv逻辑卷格式化以后,就可以像使用一个传统分区那样,把它挂载到一个挂载点上,需要的时候,这个逻辑卷可以被动态缩放。例如可以用一个长方形的蛋糕来说明这种对应关系。物理硬盘相当于一个长方形蛋糕,把它切割成许多块,每个小块相当于一个pv,然后把其中的某些pv重新放在一起,抹上奶油,那么这些pv的组合就是一个新的蛋糕,也就是vg。最后,可以切割这个新蛋糕vg,切出来的小蛋糕就叫作lv。

注意:/boot启动分区不可以是LVM。因为GRUB和LILO引导程序并不能识别LVM。

3.8.4 实训步骤

1. 建立物理卷、卷组和逻辑卷

假设系统中新增加了一块硬盘/dev/sdb。我们以在/dev/sdb上创建相关卷为例介绍物理卷、卷组和逻辑卷的建立方法。

物理卷可以建立在整个物理硬盘上,也可以建立在硬盘分区中,如在整个硬盘上建立物理卷,则不要在该硬盘上建立任何分区。如使用硬盘分区建立物理卷,则需事先对硬盘进行分区并设置该分区为LVM类型,其类型ID为0x8e。

(1) 建立LVM类型的分区

利用fdisk命令在/dev/sdb上建立LVM类型的分区,代码如下。

```
[root@Server ~]#fdisk /dev/sdb
//使用n子命令创建分区
Command (m for help): n
Command action
   e   extended
   p   primary partition (1-4)
p      //创建主分区
Partition number (1-4): 1
First cylinder (1-130, default 1):
Using default value 1
Last cylinder or +size or +sizeM or +sizeK (1-30, default 30): +100M
//查看当前分区设置
Command (m for help): p
Disk /dev/sdb: 1073 MB, 1073741824 bytes
255 heads, 63 sectors/track, 130 cylinders
Units =cylinders of 16065 * 512 =8225280 bytes
```

```
Device Boot        Start       End      Blocks     Id     System
/dev/sdb1             1         13      104391     83      Linux
/dev/sdb2            31         60      240975     83      Linux
//使用 t 命令修改分区类型
Command (m for help): t
Partition number (1-4): 1
Hex code (type L to list codes): 8e      //设置分区类型为 LVM 类型
Changed system type of partition 1 to 8e (Linux LVM)
//使用 w 命令保存对分区的修改,并退出 fdisk 命令
Command (m for help): w
```

利用同样的方法创建 LVM 类型的分区/dev/sdb3 和/dev/sdb4。

(2) 建立物理卷

利用 pvcreate 命令可以在已经创建好的分区上建立物理卷。物理卷直接建立在物理硬盘或者硬盘分区上,所以物理卷的设备文件使用系统中现有的磁盘分区设备文件的名称。

```
//使用 pvcreate 命令创建物理卷
[root@Server ~]#pvcreate /dev/sdb1
Physical volume "/dev/sdb1" successfully created
//使用 pvdisplay 命令显示指定物理卷的属性
[root@Server ~]#pvdisplay /dev/sdb1
```

使用同样的方法建立/dev/sdb3 和/dev/sdb4。

(3) 建立卷组

在创建好物理卷后,使用 vgcreate 命令建立卷组。卷组设备文件使用/dev 目录下与卷组同名的目录表示,该卷组中的所有逻辑设备文件都将建立在该目录下,卷组目录是在使用 vgcreate 命令建立卷组时创建的。卷组中可以包含多个物理卷,也可以只有一个物理卷。

```
//使用 vgcreate 命令创建卷组 vg0
[root@Server ~]#vgcreate  vg0  /dev/sdb1
  Volume group "vg0" successfully created
//使用 vgdisplay 命令查看 vg0 信息
[root@Server ~]#vgdisplay vg0
```

其中 vg0 为要建立的卷组名称。这里的 PE 值使用默认的 4MB,如果需要增大可以使用-L 选项,但是一旦设定以后不可更改 PE 的值。使用同样的方法创建 vg1 和 vg2。

(4) 建立逻辑卷

建立好卷组后,可以使用 lvcreate 命令在已有卷组上建立逻辑卷。逻辑卷设备文件位于其所在的卷组的卷组目录中,该文件是在使用 lvcreate 命令建立逻辑卷时创建的。

```
//使用 lvcreate 命令创建卷组
[root@Server ~]#lvcreate -L 20M -n lv0 vg0
Logical volume "lv0" created

//使用 lvdisplay 命令显示创建的 lv0 的信息
[root@Server ~]#lvdisplay /dev/vg0/lv0
```

其中,-L选项用于设置逻辑卷大小,-n选项用于指定逻辑卷的名称和卷组的名称。

2. 增加新的物理卷到卷组

当卷组中没有足够的空间分配给逻辑卷时,可以用给卷组增加物理卷的方法来增加卷组的空间。需要注意的是,下面的 /dev/sdb2 必须为 LVM 类型,而且必须为 PV。

```
[root@Server ~]#vgextend vg0 /dev/sdb2
Volume group "vg0" successfully extended
```

3. 逻辑卷容量的动态调整

当逻辑卷的空间不能满足要求时,可以利用 lvextend 命令把卷组中的空闲空间分配到该逻辑卷以扩展逻辑卷的容量。当逻辑卷的空闲空间太大时,可以使用 lvreduce 命令减少逻辑卷的容量。

```
//使用 lvextend 命令增加逻辑卷容量
[root@Server ~]#lvextend -L +10M /dev/vg0/lv0
Rounding up size to full physical extent 12.00 MB
Extending logical volume lv0 to 32.00 MB
Logical volume lv0 successfully resized

//使用 lvreduce 命令减少逻辑卷容量
[root@Server ~]#lvreduce -L -10M /dev/vg0/lv0
  Rounding up size to full physical extent 8.00 MB
  WARNING: Reducing active logical volume to 24.00 MB
  THIS MAY DESTROY YOUR DATA (filesystem etc.)
Do you really want to reduce lv0? [y/n]: y
  Reducing logical volume lv0 to 24.00 MB
Logical volume lv0 successfully resized
```

4. 删除逻辑卷—卷组—物理卷(必须按照先后顺序来执行删除)

```
//使用 lvremove 命令删除逻辑卷
[root@Server ~]#lvremove /dev/vg0/lv0
Do you really want to remove active logical volume "lv0"? [y/n]: y
  Logical volume "lv0" successfully removed

//使用 vgremove 命令删除卷组
[root@Server ~]#vgremove vg0
Volume group "vg0" successfully removed

//使用 pvremove 命令删除物理卷
[root@Server ~]#pvremove /dev/sdb1
Labels on physical volume "/dev/sdb1" successfully wiped
```

5. 物理卷、卷组和逻辑卷的检查

(1) 物理卷的检查

```
[root@Server ~]#pvscan
  PV /dev/sdb4    VG vg2    lvm2 [624.00 MB / 624.00 MB free]
  PV /dev/sdb3    VG vg1    lvm2 [100.00 MB / 88.00 MB free]
```

```
  PV /dev/sdb1    VG vg0    lvm2 [232.00 MB / 232.00 MB free]
  PV /dev/sdb2    VG vg0    lvm2 [184.00 MB / 184.00 MB free]
Total: 4 [1.11 GB] / in use: 4 [1.11 GB] / in no VG: 0 [0   ]
```

（2）卷组的检查

```
[root@Server ~]#vgscan
  Reading all physical volumes.  This may take a while...
  Found volume group "vg2" using metadata type lvm2
  Found volume group "vg1" using metadata type lvm2
  Found volume group "vg0" using metadata type lvm2
```

（3）逻辑卷的检查

```
[root@Server ~]#lvscan
  ACTIVE            '/dev/vg1/lv3' [12.00 MB] inherit
  ACTIVE            '/dev/vg0/lv0' [24.00 MB] inherit
…
```

3.8.5 实训报告要求

按要求完成实训报告。

第4章　Vim与编程调试

系统管理员的一项重要工作就是要修改与设定某些重要软件的配置文件,因此至少要学会一种以上的文字接口的文本编辑器。所有的Linux发行版本都内置了vi文本编辑器,很多软件也默认使用vi作为编辑的接口,因此读者一定要学会使用vi文本编辑器。vim是进阶版的vi,vim不但可以用不同颜色显示文本内容,还能够进行诸如Shell Script、C语言等程序的编辑,因此,可以将vim视为一种程序编辑器。

在Linux世界中,绝大部分的配置文件都是以ASCII纯文本的形态存在,因此利用简单的文字编辑软件就能够修改设定。与微软的Windows系统不同的是,如果你用惯了Microsoft Word或Corel Wordperfect,那么除了X Window里面的图形接口编辑程序(如xemacs)用起来尚可应付外,在Linux的文本模式下,会觉得文书编辑程序没有窗口接口那么直观与方便。但如果习惯了,则会感觉vim是编写文本程序的最佳文本编辑器。

4.1　熟练使用vi编辑器与Shell命令

4.1.1　实训目的

- 掌握vi编辑器启动与退出的方法。
- 掌握vi编辑器的三种模式及使用方法。
- 掌握常用的Shell命令。

4.1.2　实训内容

练习使用vi编辑器和Shell命令。

4.1.3　实训准备

vi是visual interface的简称,它可以执行输出、删除、查找、替换、块操作等众多文本操作,而且用户可以根据自己的需要对其进行定制,这是其他编辑程序所没有的。vi不是一个排版程序,它不像Word或WPS那样可以对字体、格式、段落等其他属性进行编排,它只是一个文本编辑程序。vi是全屏幕文本编辑器,它没有菜单,只有命令。vim是进阶版的vi,vim不但可以用不同颜色显示文本内容,vim可视为一种程序编辑器。

1. 启动vi

在系统提示符后输入vi和想要编辑(或建立)的文件名,便可进入vi,如:

```
$vi myfile
```

如果只输入 vi，而不带文件名，也可以进入 vi，如图 4-1 所示。

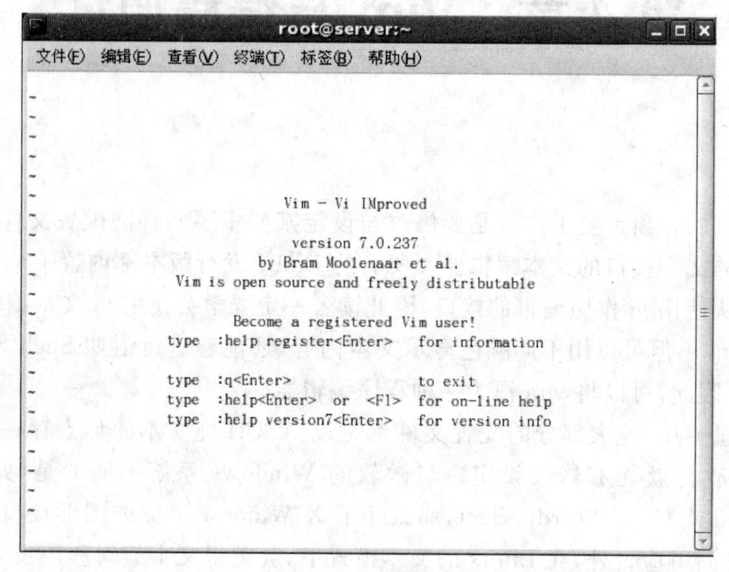

图 4-1 vi 编辑环境

在命令模式下输入":q"、":q!"、":wq"或":x"(注意要有冒号(:))，就会退出 vi。其中":wq"和":x"是存盘退出，而":q"是直接退出。如果文件已有新的变化，vi 会提示用户保存文件，而":q"命令也会失效，这时可以用":w"命令保存文件后再用":q"退出，或用":wq"或":x"命令退出，如果不想保存改变后的文件，就需要用":q!"命令，这个命令将不保存文件而直接退出 vi，例如：

```
:w                //保存
:w  filename      //另存为 filename 文件
:wq!              //保存并退出
:wq!   filename   //注：以 filename 为文件名保存后退出
:q!               //不保存并退出
:x                //保存并退出，功能与:wq! 相同
```

2. 熟练掌握 vi 的工作模式

vi 有 3 种基本工作模式：编辑模式、插入模式和命令模式。考虑到各种用户的需要，可以采用状态切换的方法实现工作模式的转换，切换只是习惯性的问题，一旦熟练地使用上了 vi，就会觉得它其实也很好用。

(1) 编辑模式

进入 vi 之后，首先进入的就是编辑模式，进入编辑模式后 vi 会等待编辑命令的输入，而不是文本的输入，也就是说这时输入的字母都将作为编辑命令来解释。

进入编辑模式后光标停在屏幕第一行首位，用"_"表示，其余各行的行首均有一个"~"符号，表示该行为空行。最后一行是状态行，显示出当前正在编辑的文件名及其状态。如果是 New File，则表示该文件是一个新建的文件；如果输入 vi 并带文件名，说明文件已在系统

中存在，则在屏幕上会显示出该文件的内容，并且光标停在第一行的首位，然后在状态行显示出该文件的文件名、行数和字符数。

（2）插入模式

在编辑模式下输入：插入命令 i、附加命令 a、打开命令 o、修改命令 c、取代命令 r 或替换命令 s，都可以进入插入模式。在插入模式下，用户输入的任何字符都被 vi 当作文件内容保存起来，并将其显示在屏幕上。在文本输入过程中（插入模式下），若想回到编辑模式下，按 Esc 键即可。

（3）命令模式

在编辑模式下，用户按"："键即可进入命令模式，此时 vi 会在显示窗口的最后一行（通常也是屏幕的最后一行）显示一个"："作为命令模式的提示符，等待用户输入命令。多数文件管理命令都是在此模式下执行的。末行命令执行完后，vi 自动回到编辑模式。

若在命令模式下输入命令过程中改变了主意，可用 Backspace 键将输入的命令全部删除之后，再按一下 Backspace 键，即可使 vi 回到编辑模式。

提示：完成本实训还需要一台已经安装好 RHEL 6 的计算机（最好有音响或耳机），一套 RHEL 5 安装光盘（或 ISO 镜像）。

4.1.4　实训步骤

1. 使用 vim 的案例要求及问题

（1）在/tmp 目录下建立一个名为 mytest 的目录，并进入 mytest 目录当中。

（2）将/etc/man. config 复制到本目录下面，使用 vi 打开本目录下的 man. config 文件。

（3）在 vi 中设定行号，移动到第 58 行，向右移动 40 个字符。请问你看到的双引号内是什么目录？

（4）移动到第一行，并且向下查找 bzip2 这个字符串，请问它在第几行？

（5）接着下来，要将 50～100 行之间的 man 字符串改为大写 MAN 字符串，并且一个一个地挑选出来确定是否需要修改，应执行什么命令？如果在挑选过程中一直按着"y"键，在最后一行改变了几个 man 呢？

（6）修改完之后，突然反悔了，要全部复原，有哪些方法？

（7）要复制 65～73 这 9 行的内容（含有 MANPATH_MAP），并且粘贴到最后一行之后。

（8）21～42 行之间的开头为＃符号的批注数据如果不要了，要如何删除？

（9）将这个文件另存成一个 man. test. config 的文件。

（10）回到第 27 行，并且删除 15 个字符，结果中出现的第一个单字是什么？在第一行新增一行，该行内容输入"I am a student..."，然后存盘并离开。

2. 使用 vim 案例的参考步骤

（1）输入 mkdir /tmp/mytest；cd /tmp/mytest。

（2）输入 cp /etc/man. config。

（3）输入"：set nu"，然后会在画面中看到左侧会出现数字（行号）。先按下 58G 再按下 40→，会看到/dir/bin/foo 这个字样在双引号内。

（4）先执行 1G 或 gg 后，直接输入/bzip2，应该是在第 118 行。

(5) 直接执行":50,100s/man/MAN/gc"即可。若一直按着 y 键,最终会出现"在 23 行内置换 25 个字符串"的说明。

(6) 可以一直按 u 键恢复到原始状态;使用不储存并离开命令":q!"之后,再重新读取一次该文件也可以。

(7) 执行 65G,然后再执行 9yy,最后一行会出现"复制九行"之类的说明字样。按下 G 键到最后一行,再按下 p 键,则会粘贴上九行。

(8) 执行 21G→22dd,就能删除 22 行,此时你会发现光标所在 21 行的地方变成了以 MANPATH 开头,注释的"#"号那几行都被删除了。

(9) 执行":w man.test.config"命令,你会发现最后一行出现了"man.test.config" [New]..."的字样。

(10) 输入 27G 之后,再输入 15x,即可删除 15 个字符,出现 you 的字样;输入 1G 并移到第一行,然后按下大写的 O 键,便会新增一行且位于插入模式;开始输入"I am a student..."后,按下 Esc 键,回到一般模式并等待后续工作;最后输入":wq"。

如果编辑后的结果都可以查找到,那么对 vi 的使用应该入门了。

3. 了解 vim 编辑环境

其实,目前大部分的发行版都以 vim 取代 vi 了的功能。vim 具有颜色显示的功能,并且还支持进行程序的语法检查,因此,当使用 vim 编辑程序时(不论是 C 语言还是 Shell Script),vim 检查将可帮你直接进行程序的除错(debug)。

使用"vim man.config"命令的效果如图 4-2 所示。从图中可以看出,vim 编辑程序有如下几个特色。

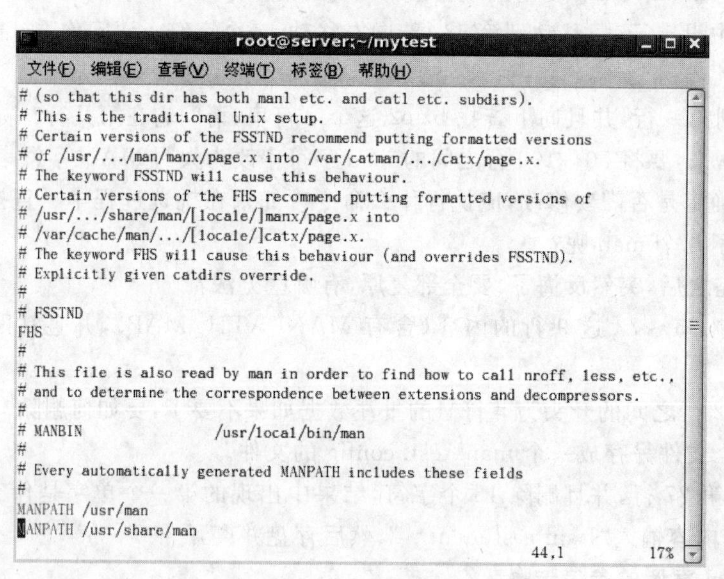

图 4-2 vim 编辑环境

- 由于 man.config 是系统规划的配置文件,因此 vim 会进行语法检验,此时会看到画面中深蓝色的那一行是以批注符号(#)开头。
- 最底下一行的右边出现的"44,1"表示光标在第 44 行中第一个字符的位置。
- 除了批注之外,其他行还有特别的颜色显示。这样可以避免人为打错字。最右下角的 17% 代表目前这个画面占整体文件的 17%。

4. Shell 变量的定义和引用

练习使用 Shell 变量。

```
//显示字符常量
$echo who are you
who are you
$echo 'who are you'
who are you
$echo "who are you"
who are you
$
//由于要输出的字符串中没有特殊字符,所以用' '和" "的效果是一样的
$echo Je t'aime
>
//由于要使用特殊字符('),但只有一个,Shell 认为命令行没有结束,按 Enter 键后会出现第二
  提示符
//让用户继续输入命令行,按 Ctrl+C 组合键则结束
$
//为了解决以上问题,可以使用下面的两种方法之一
//$echo "Je t'aime"
//输出为 Je t'aime
//$echo Je t\'aime Je t'aime
```

5. Shell 变量的作用域

练习使用 Shell 变量的作用域。

```
//在当前 Shell 中定义变量 var1
$var1=Linux
//在当前 Shell 中定义变量 var2 并将其输出
$var2=UNIX
$export var2
//引用变量的值
$echo $var1
Linux
$echo $var2
UNIX
//显示当前 Shell 的 PID
$echo $$
2670
$
//调用子 Shell
$Bash

//显示当前 Shell 的 PID
$echo $$
2709
//由于 var1 没有被输出,所以在子 Shell 中已无值
```

```
$echo $var1
//由于 var2 被输出,所以在子 Shell 中仍有值
$echo $var2
UNIX
//返回主 Shell,并显示变量的值
$exit
$echo $$
2670
$echo $var1
Linux
$echo $var2
UNIX
$
```

6. Shell 环境变量

不同类型的 Shell 的环境变量有不同的设置方法。在 Bash 中,设置环境变量用 set 命令,命令的格式是:

```
set 环境变量=变量的值
```

例如,设置用户的主目录为/home/johe,可以用以下命令:

```
$set HOME=/home/john
```

不加任何参数而直接使用 set 命令,可以显示出用户当前所有环境变量的设置,代码如下所示:

```
$set
BASH=/bin/Bash
BASH_ENV=/root/.bashrc
…
PATH=/usr/local/sbin:/usr/local/bin:/usr/sbin:/usr/bin:/sbin:/bin:/usr/bin/X11
PS1='[\u@\h \W]\$'
PS2='>'
Shell=/bin/Bash
```

可以看到 PATH 路径的设置为:

```
PATH=/usr/local/sbin:/usr/local/bin:/usr/sbin:/usr/bin:/sbin:/bin:/usr/bin/X11
```

PATH 路径总共有 7 个目录,Bash 会在这些目录中依次搜索用户输入的命令的可执行文件。

在环境变量前面加上 $ 符号,表示引用环境变量的值,例如:

```
#cd  $HOME
```

将把目录切换到用户的主目录。

当修改 PATH 变量时,例如,将一个路径/tmp 加到 PATH 变量前,应设置为:

```
#PATH=/tmp:$PATH
```

此时，在保存原有 PATH 路径的基础上进行了新目录的添加。Shell 在执行命令前，会先查找这个目录。

要将环境变量重新设置为系统默认值，可以使用 unset 命令。例如，下面的命令用于将当前的语言环境重新设置为默认的英文状态。

```
#unset  LANG
```

7. 命令运行的判断依据：;、&&、||

在某些情况下，若想使多条命令一次输入完而后再顺序执行，该如何办呢？有两种选择，一种是通过 Shell Script 撰写脚本去执行；另一种则是一次输入多条命令。

(1) cmd ; cmd (不考虑命令相关性的连续命令执行)。

在某些时候，我们希望可以一次运行多个命令，例如在关机的时候希望可以先运行两次 sync 命令，同步化写入磁盘后才关机，操作方法如下：

```
[root@www ~]#sync; sync; shutdown -h now
```

多条命令之间利用分号(;)来隔开，这样分号前的命令运行完，就会立刻接着运行后面的命令。

看下面的例子：要求在某个目录下面创建一个文件。如果该目录存在，可直接创建这个文件；如果不存在，就不进行创建操作。也就是说这两个命令彼此之间是有相关性的，前一个命令是否能成功运行，与后一个命令是否要运行有关。这就要用到"&&"或"||"。

(2) $? (命令回传值)与"&&"或"||"。

如同上面谈到的，两个命令之间有关联性，而这种关联性主要通过前一个命令运行的结果是否正确进行判断。在 Linux 中若前一个命令运行的结果正确，则在 Linux 中会回传一个 $?＝0 的值。那么怎么通过这个回传值来判断后续的命令是否要运行呢？这就要用到"&&"及"||"命令，如表 4-1 所示。

表 4-1 "&&"及"||"命令执行情况的说明

命令执行情况	说　明
cmd1 && cmd2	若 cmd1 运行完毕且正确运行($?＝0)，则开始运行 cmd2； 若 cmd1 运行完毕且为错误($?≠0)，则 cmd2 不运行
cmd1 || cmd2	若 cmd1 运行完毕且正确运行($?＝0)，则 cmd2 不运行； 若 cmd1 运行完毕且为错误($?≠0)，则开始运行 cmd2

注意：两个 & 之间是没有空格的。"||"则是"Shift+\"键的组合结果。

表 4-1 中的 cmd1 及 cmd2 都是命令。命令执行的结果如下：

先判断一个目录是否存在；若存在则在该目录下面创建一个文件。

由于尚未介绍"条件判断式(test)"的使用方法，下面使用 ls 命令以及回传值来判断目录是否存在。进行下面的练习。

① 使用 ls 命令查阅/tmp/abc 目录是否存在，若存在则用 touch 命令创建/tmp/abc/

hehe 目录。

```
[root@www ~]#ls /tmp/abc && touch /tmp/abc/hehe
ls: /tmp/abc: No such file or directory
//ls 执行的结果说明找不到该目录。但现在并没有 touch 的错误,表示 touch 并没有运行

[root@www ~]#mkdir  /tmp/abc
[root@www ~]#ls  /tmp/abc  &&  touch  /tmp/abc/hehe
[root@www ~]#ll  /tmp/abc
-rw-r--r--1 root root 0 Feb  7 12:43 hehe
```

如果/tmp/abc 不存在时,touch 就不会被运行;若/tmp/abc 存在,那么 touch 就会开始运行。在上面的例子中,还必须手动创建目录,很烦琐。

② 测试/tmp/abc 是否存在,若不存在则予以创建,若存在就不做任何事情。

```
[root@www ~]#rm  -r  /tmp/abc                  //先删除此目录以方便测试
[root@www ~]#ls  /tmp/abc  ||  mkdir  /tmp/abc
ls: /tmp/abc: No such file or directory        //目录不存在
[root@www ~]#ll  /tmp/abc
Total      0                                   //结果出现了,说明运行了 mkdir 命令
```

即使重复执行命令"ls /tmp/abc || mkdir /tmp/abc",也不会出现重复 mkdir 的错误,这是因为/tmp/abc 已经存在,所以后续的 mkdir 命令就不会被进行。

讨论：如果想要创建/tmp/abc/hehe 这个文件,但是并不知道/tmp/abc 是否存在,该如何办?

③ 如果不管/tmp/abc 是否存在,都要创建/tmp/abc/hehe 文件,可以使用如下命令:

```
[root@www ~]#ls  /tmp/abc  ||  mkdir  /tmp/abc  &&  touch  /tmp/abc/hehe
```

④ 以 ls 命令测试/tmp/bobbying 是否存在,若存在则显示 exist,若不存在则显示 not exist。

这又牵涉到逻辑判断的问题。如果存在就显示某个数据,若不存在就显示其他数据。可以用如下命令:

```
ls  /tmp/bobbying  &&  echo "exist"  ||  echo  "not exist"
```

以上命令中,当 ls/tmp/bobbying 运行后,若正确,就运行 echo "exist";若有问题,就运行 echo "not exist"。那如果写成如下的方式是否可以?

```
ls  /tmp/bobbying  ||  echo  "not exist"  &&  echo "exist"
```

这其实是有问题的。由图 4-3 的流程介绍我们知道,命令是一条一条地往后执行,因此在上面的例子中,如果/tmp/bobbying 不存在时,会进行如下动作。

a. 先回传一个非 0 的数值。

b. 接下来经过||的判断,发现前一个命令回传了非 0 的数值,因此,程序开始运行 echo "not exist",而 echo "not exist"程序肯定可以运行成功,因此会回传一个 0 值给后面的

命令。

c. 经过 && 的判断，就开始运行 echo "exist"。

这样，在这个例子里面竟然会同时出现 not exist 与 exist。请读者仔细思考。

提示：由于命令是一个接着一个去运行的，因此，如果真要使用判断语句，那么 && 与 || 的顺序就不能搞错。一般来说，假设判断式有三个，即：

```
command1  &&  command2  ||  command3
```

命令的顺序通常不会变。因为一般来说，command2 与 command3 会放置肯定可以运行成功的命令，因此，依据上面例题的逻辑分析，必须按此顺序放置各命令。请读者一定注意。

8. 使用重定向

下面举几个进行输出重定向的例子。

(1) 将 ls 命令生成的/tmp 目录的一个清单存到当前目录中的 dir 文件中。

```
$ls -l  /tmp >dir
```

(2) 将 ls 命令生成的/etc 目录的一个清单以追加的方式存到当前目录中的 dir 文件中。

```
$ls -l /tmp >>dir
```

(3) passwd 文件的内容作为 wc 命令的输入。

```
$wc</etc/passwd
```

(4) 将 myprogram 命令的错误信息保存在当前目录下的 err_file 文件中。

```
$myprogram 2>err_file
```

(5) 将 myprogram 命令的输出信息和错误信息保存在当前目录下的 output_file 文件中。

```
$myprogram &>output_file
```

(6) 将 ls 命令的错误信息保存在当前目录下的 err_file 文件中。

```
$ls -l  2>err_file
```

注意：该命令并没有产生错误信息，但 err_file 文件中的原文件内容会被清空。

当输入重定向符时，命令解释程序会检查目标文件是否存在。如果不存在，命令解释程序将会根据给定的文件名创建一个空文件；如果文件已经存在，命令解释程序则会清除其内容并准备写入命令的输出到结果中。这种操作方式表明：当重定向到一个已存在的文件时需要十分小心，数据很容易在用户还没有意识到之前就丢失了。

Bash 输入/输出重定向可以通过使用下面的选项设置为不覆盖已存在的文件：

```
$set  -o  noclobber
```

这个选项仅用于对当前的命令解释程序的输入/输出进行重定向，而其他程序仍可能覆盖已存在的文件。

(7) /dev/null 命令。

以上空设备命令的一个典型用法是丢弃从 find 或 grep 等命令送来的错误信息：

```
$grep delegate  /etc/* 2>/dev/null
```

上面的 grep 命令的含义是从/etc 目录下的所有文件中搜索包含字符串 delegate 的所有行。由于我们是在普通用户的权限下执行该命令，grep 命令是无法打开某些文件的，系统会显示很多“未得到允许”的错误提示。通过将错误重定向到空设备，可以在屏幕上只得到有用的输出。

9. 使用管道

(1) 运行 who 命令来找出已经登录并进入系统的用户。

```
$who  >tmpfile
```

该命令的输出结果是每个用户对应一行数据，其中包含了一些有用的信息，可以将这些信息保存在临时文件中。

(2) 现在运行下面的命令：

```
$wc -l  <tmpfile
```

该命令会统计临时文件的行数，最后的结果是显示登录到系统中的用户的人数。

可以将以上两个命令组合起来执行。

```
$who|wc  -l
```

管道符号告诉命令解释程序将左边的命令(在本例中为 who)的标准输出流连接到右边的命令(在本例中为 wc -l)的标准输入流。现在 who 命令的输出不经过临时文件就可以直接送到 wc 命令中了。

(3) 以长格式递归的方式分屏显示/etc 目录下的文件和目录列表。

```
$ls -Rl  /etc | more
```

(4) 分屏显示文本文件/etc/passwd 的内容。

```
$cat /etc/passwd | more
```

(5) 统计文本文件/etc/passwd 的行数、字数和字符数。

```
$cat /etc/passwd | wc
```

(6) 查看是否存在 john 的用户账号。

```
$cat /etc/passwd | grep john
```

(7) 查看系统是否安装了 apache 软件包。

```
$rpm -qa | grep apache
```

(8) 显示文本文件中的若干行。

```
$tail +15 myfile | head -3
```

管道仅能操纵命令的标准输出流。如果标准错误输出未重定向,那么任何写入其中的信息都会在终端显示屏幕上显示。管道可用来连接两个以上的命令。由于使用了一种被称为过滤器的服务程序,多级管道在 Linux 中的应用是很普遍的。过滤器只是一段程序,它从自己的标准输入流中读入数据,然后写到自己的标准输出流中,这样就能沿着管道过滤数据。例如:

```
$  who|grep  ttyp| wc  -l
```

who 命令的输出结果由 grep 命令来处理,而 grep 命令则过滤掉(丢弃掉)所有不包含字符串"ttyp"的行。这个输出结果经过管道送到 wc 命令中,而该命令的功能是统计剩余的行数,这些行数与网络用户的人数相对应。

Linux 系统的一个最大的优势就是按照这种方式将一些简单的命令连接起来,形成更复杂的、功能更强的命令。那些标准的服务程序仅仅是一些管道应用的单元模块,在管道中它们的作用更加明显。

4.1.5 实训思考题

(1) vi 的 3 种运行模式是什么? 如何切换?

(2) 什么是重定向? 什么是管道? 什么是命令替换?

(3) Shell 变量有哪两种? 分别如何定义?

4.1.6 实训报告要求

按要求完成实训报告。

4.2 使用正则表达式

4.2.1 实训目的

掌握正则表达式的使用方法。

4.2.2 实训内容

练习正则表达式的使用方法。

4.2.3 实训步骤

1. 掌握 grep 的高级使用方法

格式：

```
grep  [-A] [-B]  [--color=auto]  '查找字符串'  filename
```

选项与参数的含义如下。

- -A：后面可加数字，为 after(后面)的意思。除了列出该行外，后续的很多行也列出来。
- -B：后面可加数字，为 befor(前面)的意思。除了列出该行外，前面的很多行也列出来。
- --color=auto：可将搜寻出的正确数据用特殊颜色标记。

(1) 用 dmesg 命令列出核心信息，再以 grep 命令找出内含 eth 的行。

```
[root@www ~]#dmesg  | grep  'eth'
eth0: RealTek RTL8139 at 0xee846000, 00:90:cc:a6:34:84, IRQ 10
eth0:  Identified 8139 chip type 'RTL-8139C'
eth0: link up, 100Mbps, full-duplex, lpa 0xC5E1
eth0: no IPv6 routers present
//dmesg 可列出核心产生的信息。透过 grep 命令来获取网卡相关的资讯 (eth);不过没有行号
  与特殊颜色显示
```

(2) 承上题，要将获取到的关键字用特定颜色显示，且加上行号来表示。

```
[root@www ~]#dmesg  | grep  -n  --color=auto  'eth'
247:eth0: RealTek RTL8139 at 0xee846000, 00:90:cc:a6:34:84, IRQ 10
248:eth0:  Identified 8139 chip type 'RTL-8139C'
294:eth0: link up, 100Mbps, full-duplex, lpa 0xC5E1
305:eth0: no IPv6 routers present
//以上命令使得 eth 除了会有特殊颜色来表示之外,最前面还有行号
```

(3) 把关键字所在行的前两行与后三行内容也一起找出来并显示。

```
[root@www ~]#dmesg  | grep  -n  -A3  -B2  --color=auto  'eth'
245-PCI: setting IRQ 10 as level-triggered
246-ACPI: PCI Interrupt 0000:00:0e.0[A] ->Link [LNKB] ...
247:eth0: RealTek RTL8139 at 0xee846000, 00:90:cc:a6:34:84, IRQ 10
248:eth0:  Identified 8139 chip type 'RTL-8139C'
249-input: PC Speaker as /class/input/input2
250-ACPI: PCI Interrupt 0000:00:01.4[B] ->Link [LNKB] ...
251-hdb: ATAPI 48X DVD-ROM DVD-R-RAM CD-R/RW drive, 2048kB Cache, UDMA(66)
//如上命令使关键字 247 的前两行及 248 的后三行也都被显示出来了。这样可以将关键字前后
  的数据都找出来进行分析
```

2. 练习应用正则表达式

练习文件的内容如下。文件共有 22 行，最下面一行为空白行。该文本文件已放在光盘上，供大家下载使用。

```
[root@www ~]#vim  regular_express.txt
"Open Source" is a good mechanism to develop programs.
apple is my favorite food.
Football game is not use feet only.
this dress doesn't fit me.
However, this dress is about $3183 dollars.^M
GNU is free air not free beer.^M
Her hair is very beauty.^M
I can't finish the test.^M
Oh! The soup taste good.^M
motorcycle is cheap than car.
This window is clear.
the symbol '*' is represented as start.
Oh!     My god!
The gd software is a library for drafting programs.^M
You are the best is mean you are the no. 1.
The world <Happy> is the same with "glad".
I like dog.
google is the best tools for search keyword.
goooooogle yes!
go! go! Let's go.
#I am Bobby
```

① 查找特定字符串。

假设要从 regular_express. txt 文件当中取得“the”这个特定字符串，最简单的方式是用以下命令：

```
[root@www ~]#grep  -n  'the'  regular_express.txt
8:I can't finish the test.
12:the symbol '*' is represented as start.
15:You are the best is mean you are the no. 1.
16:The world <Happy> is the same with "glad".
18:google is the best tools for search keyword.
```

可以用以下命令进行反向选择。也就是说，当该行没有“the”这个字符串时才显示在屏幕上：

```
[root@www ~]#grep  -vn  'the'  regular_express.txt
```

你会发现，屏幕上出现的行为除了 8、12、15、16、18 五行之外的其他行。接下来，如果想要取得不分大小写的“the”字符串，则执行以下命令：

```
[root@www ~]#grep  -in  'the'  regular_express.txt
8:I can't finish the test.
9:Oh! The soup taste good.
12:the symbol '*' is represented as start.
14:The gd software is a library for drafting programs.
15:You are the best is mean you are the no. 1.
```

```
16:The world <Happy>is the same with "glad".
18:google is the best tools for search keyword.
```

与前面的命令相比，除了多两行命令(9、14 行)之外，第 16 行也多了一个 The 的关键字被标出了颜色。

② 利用中括号[]来搜寻集合字符。

搜寻“test”或“taste”这两个单词时，可以发现，其实它们有一个共同点，都有“t”和“st”。这时可以用以下命令来搜寻：

```
[root@www ~]#grep  -n  't[ae]st'  regular_express.txt
8:I can't finish the test.
9:Oh! The soup taste good.
```

其实[]里面不论有几个字符，都只代表某一个字符，所以，上面的例子需要的字符串是 tast 或 test。而如果想要搜寻到含有“oo”的字符时，则使用如下命令：

```
[root@www ~]#grep  -n  'oo'  regular_express.txt
1:"Open Source" is a good mechanism to develop programs.
2:apple is my favorite food.
3:Football game is not use feet only.
9:Oh! The soup taste good.
18:google is the best tools for search keyword.
19:goooooogle yes!
```

如果不想让在 oo 前面有 g 的行显示出来，此时可以利用集合字节中的反向选择[^]来完成：

```
[root@www ~]#grep  -n  '[^g]oo'  regular_express.txt
2:apple is my favorite food.
3:Football game is not use feet only.
18:google is the best tools for search keyword.
19:goooooogle yes!
```

以上命令使第 1、9 行不见了，因为这些行的 oo 前面出现了 g 所致。第 2、3 行没有问题，因为 foo 与 Foo 均可被接受。但是第 18 行虽然有 google 中的 goo，但是因为该行后面出现了 tool 中的 too，所以该行也被列出来。也就是说，第 18 行里面虽然出现了我们所不要的项目(goo)，但是由于有需要的项目(too)，因此，是符合字符串搜寻条件的。

至于第 19 行，同样因为 goooooogle 里面的 oo 前面可能是 o，例如 go(ooo)oogle，所以，这一行也是符合要求的。

假设 oo 前面不想有小写字母，可以这样写：[^abcd...z]oo。但是这样似乎不怎么方便，由于小写字母的 ASCII 编码顺序是连续的，因此，可以将之简化为：

```
[root@www ~]#grep  -n  '[^a-z]oo'  regular_express.txt
3:Football game is not use feet only.
```

也就是说，一组集合字节中如果是连续的，例如是大写英文、小写英文、数字等，就可以使用[a-z]、[A-Z]、[0-9]等方式来书写。那么如果要求字符串是数字与英文呢？就将其全部写在一起，变成[a-zA-Z0-9]。例如，要获取有数字的那一行：

```
[root@www ~]#grep  -n  '[0-9]'  regular_express.txt
5:However, this dress is about $3183 dollars.
15:You are the best is mean you are the no. 1.
```

但由于考虑到语系对于编码顺序的影响，因此除了连续编码使用“-”之外，也可以使用如下的方法来取得前面两个测试的结果：

```
[root@www ~]#grep  -n  '[^[:lower:]]oo'  regular_express.txt
//[:lower:] 代表的就是 a~z 的意思。请参考表 7-12 的说明
[root@www ~]#grep  -n  '[[:digit:]]'  regular_express.txt
```

③ 了解行首与行尾字符^ $ 的应用。

在前面，可以查询到一行字串里面有“the”。如果想让“the”只在行首才列出来，可用以下命令：

```
[root@www ~]#grep  -n  '^the'  regular_express.txt
12:the symbol '*' is represented as start.
```

此时就只剩下第 12 行，因为只有第 12 行的行首是 the 开头。此外，如果想让开头是小写字母的那一行列出来，可以用如下命令：

```
[root@www ~]#grep  -n  '^[a-z]'  regular_express.txt
2:apple is my favorite food.
4:this dress doesn't fit me.
10:motorcycle is cheap than car.
12:the symbol '*' is represented as start.
18:google is the best tools for search keyword.
19:goooooogle yes!
20:go! go! Let's go.
```

如果不想开头是英文字母，可以用如下命令：

```
[root@www ~]#grep  -n  '^[^a-zA-Z]'  regular_express.txt
1:"Open Source" is a good mechanism to develop programs.
21:#I am Bobby
```

注意，那个^符号在字符集合符号(括号[])之内与之外是不同的。在[]内代表“反向选择”，在[]之外则代表定位在行首。反过来，如果想要找出行尾结束符为小数点(.)的那一行，可用如下命令：

```
[root@www ~]#grep  -n  '\.$'  regular_express.txt
1:"Open Source" is a good mechanism to develop programs.
2:apple is my favorite food.
```

```
3:Football game is not use feet only.
4:this dress doesn't fit me.
10:motorcycle is cheap than car.
11:This window is clear.
12:the symbol '*' is represented as start.
15:You are the best is mean you are the no. 1.
16:The world <Happy>is the same with "glad".
17:I like dog.
18:google is the best tools for search keyword.
20:go! go! Let's go.
```

注意,因为小数点具有其他意义(下面会介绍),所以必须要使用跳转字节(\)来解除其特殊意义。不过,第5～9行最后面也是“.”,却无法打印出来,这牵涉到Windows平台的软件对于断行字符的判断问题。可以使用cat-A将第5行显示出来:

```
[root@www ~]#cat  -An  regular_express.txt | head -n  10:| tail -n  6
5:However, this dress is about $3183 dollars.^M$
6:GNU is free air not free beer.^M$
7:Her hair is very beauty.^M$
8:I can't finish the test.^M$
9:Oh! The soup taste good.^M$
10:motorcycle is cheap than car.$
```

由此可以发现,第5～9行为Windows的断行字节(^M$),而正常的Linux应该按第10行进行显示($),所以无法找到5～9行。这样就可以了解“^”与“$”的意义了。

思考:如果想找出空白行,即该行没有输入任何数据,该如何搜寻?

```
[root@www ~]#grep  -n  '^$'  regular_express.txt
22:
```

因为只有行首跟行尾有“^$”,这样就可以找出空白行了。假设已经知道在一个程序脚本(Shell Script)或者配置文件中空白行与开头为#的行是注解。如果要将数据打印出来并略掉空白行和注释行,应该怎么做呢?下面以/etc/syslog.conf文件来做范例说明,大家可以自行参考以下输出的结果。

```
[root@www ~]#cat  -n  /etc/syslog.conf
//该命令有33行的输出,包括空白行与注释行

[root@www ~]#grep  -v  '^$'  /etc/syslog.conf | grep  -v  '^#'
//命令执行的结果仅有10行,其中第一个"-v '^$'"代表不显示空白行,第二个"-v '^#'"代表
  不显示开头是#的注释行
```

④ 应用任意一个字符“.”与重复字符“*”。

我们知道,通用字符“*”可以用来代表任意(0或多个)字符,但是正则表达式并不是通用字符,两者之间是不相同的。至于正则表达式当中的“.”则代表“绝对有一个任意字符”的意思。这两个符号在正则表达式中的意义如下。

- .(小数点):代表一定有一个任意字符。

• *（星号）：代表重复前一个字符 0 到无穷多次，为组合形态。

下面通过做练习来理解。假设需要找出“g?? d”字符串，即共有四个字符，开头为“g”，而结束为“d”，可以这样做：

```
[root@www ~]#grep  -n  'g..d'  regular_express.txt
1:"Open Source" is a good mechanism to develop programs.
9:Oh! The soup taste good.
16:The world <Happy>is the same with "glad".
```

因为强调 g 与 d 之间一定要存在两个字符，因此，第 13 行的 god 与第 14 行的 gd 就不会被列出来。如果想列出有 oo、ooo、oooo 等数据，也就是说，至少要有两个(含)o 以上的字符，该如何操作呢？是用 o * 、oo * 还是 ooo * 呢？

因为 * 代表的是“重复 0 个或多个前面的 RE 字符”的意义，因此，“o * ”代表的是“拥有空字符或一个 o 以上的字符”。注意，因为允许有空字符的字符串，因此，“grep -n 'o * ' regular_express. txt”将会把所有的数据都被列出来。

如果是“oo * ”，则第一个 o 肯定要存在，第二个 o 则是可有可无的，所以，凡是含有 o、oo、ooo、oooo 等的字符串都会被列出来。

同理，当需要“至少两个 o 以上的字符串”时，就需要 ooo * ，即

```
[root@www ~]#grep  -n  'ooo * '  regular_express.txt
1:"Open Source" is a good mechanism to develop programs.
2:apple is my favorite food.
3:Football game is not use feet only.
9:Oh! The soup taste good.
18:google is the best tools for search keyword.
19:goooooogle yes!
```

继续做练习，如果想让字符串开头与结尾都是 g，但是两个 g 之间仅能存在至少一个 o，即为 gog、goog、gooog…，可以用如下命令。

```
[root@www ~]#grep  -n  'goo * g'  regular_express.txt
18:google is the best tools for search keyword.
19:goooooogle yes!
```

再做一题，如果想找出以 g 开头与以 g 结尾的字串，当中的字符可有可无，那用“g * g”是否可以？

```
[root@www ~]#grep  -n  'g * g'  regular_express.txt
1:"Open Source" is a good mechanism to develop programs.
3:Football game is not use feet only.
9:Oh! The soup taste good.
13:Oh!   My god!
14:The gd software is a library for drafting programs.
16:The world <Happy>is the same with "glad".
17:I like dog.
18:google is the best tools for search keyword.
```

```
19:goooooogle yes!
20:go! go! Let's go.
```

但测试的结果却出现了很多行，因为 g＊g 里面的 g＊ 代表“空字符或一个以上的 g”再加上后面的 g，则整个正则表达式的内容就是 g、gg、ggg、gggg，因此，只要该行当中拥有一个以上的 g 就符合要求了。

那该如何满足 g…g 的需求呢？可以利用任意字符，如“g.＊g”。因为“＊”可以是 0 个或多个与前面重复的字符，而“.”是任意字符，所以“.＊”就代表零个或多个任意字符。

```
[root@www ~]#grep  -n  'g.*g'  regular_express.txt
1:"Open Source" is a good mechanism to develop programs.
14:The gd software is a library for drafting programs.
18:google is the best tools for search keyword.
19:goooooogle yes!
20:go! go! Let's go.
```

“g.＊g”代表 g 开头与 g 结尾，中间任意字符均可接受，所以，第 1、14、20 行是可接受的。这个“.＊”的正则表达式表示任意字符是很常见的，希望大家能够理解并且熟悉。

再来完成一个练习，如果想找出含“任意数字”的行列，可以用以下命令：

```
[root@www ~]#grep  -n  '[0-9][0-9]*'  regular_express.txt
5:However, this dress is about $3183 dollars.
15:You are the best is mean you are the no. 1.
```

虽然使用 grep-n'[0-9]'regular_express.txt 也可以得到相同的结果，但希望大家能够理解上面命令当中正则表达式的意义。

⑤ 限定连续正则表达式字符的范围{}。

在上个例题当中，我们可以利用“.＊”来设置 0 个到无限多个重复字符，那如何限制一个范围区间内的重复字符数呢？举例来说，如果要找出 2～5 个 o 的连续字符串，该如何操作？这时候就要用到限定范围的字符{}。但因为“{”与“}”的符号在 Shell 里是有特殊意义的，因此，必须使用转义字符“\”。下面来做一个练习，假设要找到两个 o 的字符串，可以使用如下命令。

```
[root@www ~]#grep  -n  'o\{2\}'  regular_express.txt
1:"Open Source" is a good mechanism to develop programs.
2:apple is my favorite food.
3:Football game is not use feet only.
9:Oh! The soup taste good.
18:google is the best tools for search keyword.
19:goooooogle yes!
```

这样看似乎与 ooo＊字符没有太大差异，因为第 19 行有多个 o 依旧出现了。现在换成其他字符串，假设要找出 g 后面接 2～5 个 o，然后再接一个 g 的字符串，应该使用以下命令：

```
[root@www ~]#grep  -n  'go\{2,5\}g'  regular_express.txt
18:google is the best tools for search keyword.
```

第 19 行没有被选中(因为 19 行有 6 个 o)。如果想选择有 2 个 o 以上的字符串 goooo…g，除了可以是 gooo * g，也可以是以下命令的结果：

```
[root@www ~]#grep  -n  'go\{2,\}g'  regular_express.txt
18:google is the best tools for search keyword.
19:goooooogle yes!
```

4.2.4　实训思考题

(1) 问题描述：通过 grep 搜寻特殊字串，并配合数据流重导向来处理大量的文件搜寻问题。

(2) 目标：正确地使用正则表达式。

(3) 前提：需要了解数据流重导向，以及通过子命令 $(command)来处理文件的搜寻。

(4) 具体任务：搜寻星号(*)。

4.2.5　实训报告要求

按要求完成实训报告。

4.3　使用 Shell Script 编程

4.3.1　实训目的

- 理解 Shell Script。
- 掌握判断式的用法。
- 掌握条件判断式的用法。
- 掌握循环的用法。

4.3.2　实训内容

练习使用 Shell Script 编程的方法。

4.3.3　实训准备

1. 了解 Shell Script

什么是 Shell Script(程序化脚本)呢？就字面上的意义，我们将其分为两部分。Shell 是命令行界面下面让我们与系统沟通的一个工具接口。那么 Script 是什么？字面上的意义，Script 是“脚本、剧本”的意思。也就是说，Shell Script 是针对 Shell 所写的“脚本”。

2. 编写与执行一个 Shell Script

(1) 在 Shell Script 的撰写中的注意事项

- 命令的执行是从上而下、从左而右进行的。
- 命令、选项与参数间的多个空格都会被忽略掉。
- 空白行也将被忽略掉，并且 Tab 键所生成的空白同样视为空格键。
- 如果读取到一个 Enter 符号(CR)，就尝试开始运行该行(或该串)命令。
- 至于如果一行的内容太多，则可以使用“\Enter”来延伸至下一行。
- “ #”可作为注解。任何加在#后面的数据将全部被视为注解文字而被忽略。

(2) 运行 Shell Script 程序

现在假设程序文件名是/home/dmtsai/shell. sh，如何运行这个文件呢？很简单，可以有下面几个方法。

① 直接命令执行：Shell. sh 文件必须要具备可读与可运行(rx)的权限。

- 绝对路径：使用/home/dmtsai/shell. sh 来下达命令。
- 相对路径：假设工作目录在/home/dmtsai/下，则使用. /shell. sh 来运行。
- 变量 PATH 的功能：将 shell. sh 放在 PATH 指定的目录内，例如：~/bin/。

② 以 bash 程序来运行：通过 bash shell. sh 或 sh shell. sh 来运行。

由于 Linux 默认目录下的~/bin 目录会被设置到 $PATH 内，所以也可以将 shell. sh 创建在/home/dmtsai/bin/下面(~/bin 目录需要自行设置)。此时，若 shell. sh 在~/bin 内且具有 rx 的权限，那就直接输入 shell. sh 即可运行该脚本程序。

那为何 sh shell. sh 也可以运行呢？这是因为/bin/sh 其实就是/bin/bash(连接档)，使用 sh shell. sh 即告诉系统，想直接以 bash 的功能来运行 shell. sh 这个文件内的相关命令，所以此时 shell. sh 只要有 r 的权限即可被运行。也可以利用 sh 的参数，如-n 及-x 来检查与追踪 shell. sh 的语法是否正确。

4.3.4 实训步骤

1. 编写第一个 Shell Script 程序

```
[root@www ~]#mkdir  scripts;  cd scripts
[root@www scripts]#vim  sh01.sh
#!/bin/bash
#Program:
#This program shows "Hello World!" in your screen.
#History:
#2012/08/23    Bobby    First release
PATH=/bin:/sbin:/usr/bin:/usr/sbin:/usr/local/bin:/usr/local/sbin:~/bin
export PATH
echo -e "Hello World! \a \n"
exit 0
```

在本项目中，将所有撰写的 Script 放置到根目录的~/scripts 目录内，以利于管理。下面分析一下上面的程序。

(1) 第一行#! /bin/bash 在宣告这个 Script 使用的 Shell 名称。

因为此处使用的是 bash，所以必须要以"＃！ /bin/bash"来声明这个文件内使用 bash 的语法。那么当这个程序运行时，就能够加载 bash 的相关环境配置文件(一般来说就是 non-login shell 的～/. bashrc)，并且运行 bash 来使下面的命令能够运行，这一点很重要。在很多情况下，如果没有设置好这一行命令，那么该程序很可能会无法运行，因为系统可能无法判断该程序需要使用什么 Shell 来运行。

(2) 程序内容的说明。

整个 Script 当中，除了第一行的"＃!"是用来声明 Shell 之外，其他的＃都是用作"注释"。所以上面的程序当中，第二行以下就是用来说明整个程序的基本数据。

建议：一定要养成说明该 Script 的内容与功能、版本信息、作者与联络方式、建立日期、历史记录等信息的习惯，这将有助于未来程序的改写与调试。

(3) 主要环境变量的声明。

建议务必要将一些重要的环境变量设置好，PATH 与 LANG(如果使用与输出相关的信息时)是当中最重要的。如此一来，则可使这个程序在运行时能够直接执行一些外部命令，而不必写绝对路径。

(4) 主要程序部分。

在这个例子当中，就是 echo 那一行。

(5) 运行成果告诉(定义回传值)。

一个命令的运行成功与否，可以使用＄？这个变量来查看，也可以利用 exit 这个命令来让程序中断，并且回传一个数值给系统。在这个例子当中使用"exit　0"，这代表离开 Script 并且回传一个 0 给系统，所以当运行完这个 Script 后，若接着执行"echo　＄?"则可得到 0 的值。读者应该知道，利用这个 exit n(n 是数字)的功能，还可以自定义错误信息，让这个程序变得更加智能。

该程序的运行结果如下：

```
[root@www scripts]#sh  sh01.sh
Hello World !
```

而且还会听到"咚"的一声，为什么呢？这是 echo 加上-e 选项的原因。

另外，也可以利用"chmod　a＋x　sh01. sh；　./sh01. sh"来运行这个 Script。

2. 对话式脚本：变量内容由使用者决定

很多时候需要用户输入一些内容，以便让程序可以顺利运行。

要求：使用 read 命令撰写一个 Script，让用户输入 first name 与 last name 后，在屏幕上显示"Your full name is："的内容：

```
[root@www scripts]#vim  sh02.sh
#!/bin/bash
#Program:
#User inputs his first name and last name.  Program shows his full name.
#History:
#2012/08/23    Bobby    First release
PATH=/bin:/sbin:/usr/bin:/usr/sbin:/usr/local/bin:/usr/local/sbin:~/bin
```

```
export PATH

read -p "Please input your first name: " firstname    //提示用户输入
read -p "Please input your last name:  " lastname     //提示用户输入
echo -e "\nYour full name is: $firstname $lastname" //结果由屏幕输出
```

3. 随日期变化：利用 date 进行文件的创建

假设服务器内有数据库，数据库每天的数据都不一样，当备份数据库时，希望将每天的数据都备份成不同的文件名，这样才能够让旧的数据也能够保存下来不被覆盖。怎么办？

考虑每天的"日期"并不相同，所以可以将文件名取成类似 backup. 2012-09-14. data 的格式，这样每天可以用不同的文件名了。那个 2012-09-14 是怎么来的？

我们看下面的例子：假设要创建三个空的文件(通过 touch)，文件名开头由用户输入决定，假设用户输入"filename"，而今天的日期是 2012/10/07，若想要以前天、昨天、今天的日期来创建这些文件，即 filename_20121005、filename_20121006、filename_20121007，可按以下方式编程：

```
[root@www scripts]#vi  sh03.sh
#!/bin/bash
#Program:
#Program creates three files, which named by user's input and date command.
#History:
#2012/08/23    Bobby    First release
PATH=/bin:/sbin:/usr/bin:/usr/sbin:/usr/local/bin:/usr/local/sbin:~/bin
export PATH

//让用户输入文件名称,并取得 fileuser 这个变量
echo -e "I will use 'touch' command to create 3 files."   //纯粹显示信息
read -p "Please input your filename: "  fileuser          //提示用户输入

//为了避免用户随意按 Enter 键,利用变量功能分析文件名是否进行了设置
filename=${fileuser:-"filename"}                  //开始判断是否设置了文件名

//开始利用 date 命令来取得所需要的文件名
date1=$(date --date='2 days ago'  +%Y%m%d)   //前两天的日期,注意+号前面有个空格
date2=$(date --date='1 days ago'  +%Y%m%d)   //前一天的日期,注意+号前面有个空格
date3=$(date +%Y%m%d)                        //今天的日期
file1=${filename}${date1}                    //以下这三行用于设置文件名
file2=${filename}${date2}
file3=${filename}${date3}

//创建文件
touch "$file1"
touch "$file2"
touch "$file3"'
```

分两种情况运行 sh03. sh：一种情况是直接按 Enter 键来查阅文件名；另一种情况是输入一些字符，这样可以判断脚本是否设计正确。

4. 数值运算：简单的加减乘除

可以使用 declare 来定义变量的类型，利用“$((计算式))”来进行数值运算。不过，可惜的是，bash shell 默认仅支持到整数。下面的例子要求用户输入两个变量，然后将两个变量的内容相乘，最后输出相乘的结果。

```
[root@www scripts]#vim  sh04.sh
#!/bin/bash
#Program:
#User inputs 2 integer numbers; program will cross these two numbers.
#History:
#2012/08/23    Bobby    First release
PATH=/bin:/sbin:/usr/bin:/usr/sbin:/usr/local/bin:/usr/local/sbin:~/bin
export PATH
echo -e "You SHOULD input 2 numbers, I will cross them! \n"
read -p "first number:  " firstnu
read -p "second number: " secnu
total=$(($firstnu*$secnu))
echo -e "\nThe result of $firstnu $secnu is ==>$total"
```

在数值的运算上，可以使用“declare-i total= $firstnu * $secnu”命令，也可以使用上面的方式来表示。建议使用下面的方式进行运算：

```
var=$((运算内容))
```

这样不但容易记忆，而且也比较方便。因为两个小括号内可以加上空白字符。至于数值运算上的处理，则有“+、-、*、/、%”等，其中“%”是取余数。

```
[root@www scripts]#echo  $((13 %3))
1
```

5. 利用 test 命令的测试功能

现在利用 test 来写几个简单的例子。首先，输入一个文件名，然后判断：

- 这个文件是否存在，若不存在则给出“Filename does not exist”的信息，并中断程序。
- 若这个文件存在，则判断是个文件或目录，结果输出“Filename is regular file”或“Filename is directory”。
- 判断执行者的身份对这个文件或目录所拥有的权限，并输出权限数据。

注意：可以先自行创建，然后再与下面的结果进行比较。注意利用 test、&& 及||等标志。

```
[root@www scripts]#vim  sh05.sh
#!/bin/bash
#Program:
#User input a filename, program will check the flowing:
#1.) exist? 2.) file/directory? 3.) file permissions
#History:
#2012/08/25    Bobby    First release
```

```
PATH=/bin:/sbin:/usr/bin:/usr/sbin:/usr/local/bin:/usr/local/sbin:~/bin
export PATH

//让使用者输入文件名,并且判断使用者是否输入了字符串
echo -e "Please input a filename, I will check the filename's type and \
permission. \n\n"
read -p "Input a filename : " filename
test -z $filename && echo "You MUST input a filename." && exit 0
//判断文件是否存在,若不存在则显示信息并结束脚本
test ! -e $filename && echo "The filename '$filename' DO NOT exist" && exit 0
//开始判断文件类型与属性
test -f $filename && filetype="regulare file"
test -d $filename && filetype="directory"
test -r $filename && perm="readable"
test -w $filename && perm="$perm writable"
test -x $filename && perm="$perm executable"
//开始输出信息
echo "The filename: $filename is a $filetype"
echo "And the permissions are : $perm"
```

运行这个脚本后,会依据用户输入的文件名来进行检查。先确定文件(目录)是否存在,再确定是文件还是目录,最后判断权限。但是必须要注意的是,由于 root 在很多权限的限制上都是无效的,所以使用 root 运行这个脚本时,常常会发现与 ls-l 观察到的结果并不相同。所以,建议使用一般用户来运行这个脚本。不过必须使用 root 的身份先将这个脚本转移给用户,否则一般用户无法进入/root 目录。

6. 利用判断符号[]

现在使用中括号的判断来做一个小案例,案例要求如下:

- 当运行一个程序的时候,这个程序会让用户选择 Y 或 N;
- 如果用户输入 Y 或 y 时,就显示"OK,continue"。
- 如果用户输入 n 或 N 时,就显示"Oh,interrupt!"。
- 如果不是 Y/y/N/n 之内的其他字符,就显示"I don't know what your choice is. "。

分析:需要利用[]、&& 与||。

```
[root@www scripts]#vi  sh06.sh
#!/bin/bash
#Program:
#This program shows the user's choice
#History:
#2012/08/25    Bobby    First release
PATH=/bin:/sbin:/usr/bin:/usr/sbin:/usr/local/bin:/usr/local/sbin:~/bin
export PATH

read -p "Please input (Y/N): " yn
[ "$yn" =="Y" -o "$yn" =="y" ] && echo "OK, continue" && exit 0
[ "$yn" =="N" -o "$yn" =="n" ] && echo "Oh, interrupt!" && exit 0
echo "I don't know what your choice is" && exit 0
```

提示：由于输入正确(Yes)的方法有大小写之分，不论输入大写 Y 或小写 y 都是可以的，此时判断式内要有两个判断才行。由于是任何一个输入(大写或小写的 Y/y)成立即可，所以这里使用-o(或)连接两个判断。

7. 单层、简单条件判断式

if...then 是最常见的条件判断式。简单地说，就是当符合某个条件判断的时候，就进行某项工作。if...then 的判断还有多层次的情况，我们将分别介绍。

如果只有一个判断式要进行，那么可以简单地使用如下方法：

```
if [ 条件判断式 ]; then
        当条件判断式成立时可以进行的命令工作内容
fi   //将 if 反过来写,就成为 fi 了! 结束 if 之意!
```

至于条件判断式的判断方法，与前一小节的介绍相同。较特别的是，如果有多个条件要判断时，除了 sh06. sh 那个案例所写的，也就是“将多个条件写入一个中括号内的情况”之外，还可以有多个中括号来隔开。而括号与括号之间，则以 && 或||来隔开，其意义如下：

- && 代表 AND；
- ||代表 or。

所以，在使用中括号的判断式中，&& 及||就与命令执行的状态不同了。举例来说，sh06. sh 里面的判断式可以这样修改：

```
[ "$yn" =="Y" -o "$yn" =="y" ]
```

上式可替换为

```
[ "$yn" =="Y" ] || [ "$yn" =="y" ]
```

之所以这样改，实际上是一些人的习惯问题！很多人则喜欢一个中括号仅有一个判断式。下面将 sh06. sh 这个脚本修改成为 if...then 的样式：

```
[root@www scripts]#cp  sh06.sh  sh06-2.sh  //这样改得比较快
[root@www scripts]#vim  sh06-2.sh
#!/bin/bash
#Program:
#This program shows the user's choice
#History:
#2012/08/25    Bobby   First release
PATH=/bin:/sbin:/usr/bin:/usr/sbin:/usr/local/bin:/usr/local/sbin:~/bin
export PATH

read -p "Please input (Y/N): " yn

if [ "$yn" =="Y" ] || [ "$yn" =="y" ]; then
        echo "OK, continue"
        exit 0
fi
```

```
if [ "$yn" == "N" ] || [ "$yn" == "n" ]; then
        echo "Oh, interrupt!"
        exit 0
fi
echo "I don't know what your choice is" && exit 0
```

sh06.sh 还算比较简单。但是如果以逻辑概念来看，在上面的范例中使用了两个条件判断。为何仅有一个 $ yn 变量，却需要进行两次比较呢？此时，最好使用多重条件判断。

8. 多重、复杂条件判断式

在同一个数据的判断中，如果该数据需要进行多种不同的判断时，应该怎么做呢？举例来说，上面的 sh06.sh 脚本中，只要进行一次 $ yn 的判断(仅进行一次 if)，不想做多次 if 的判断。此时必须用到下面的语法：

```
//一个条件判断,分成功进行与失败进行两种情况(else)
if [ 条件判断式 ]; then
        当条件判断式成立时,可以进行的命令工作内容
else
        当条件判断式不成立时,可以进行的命令工作内容
fi
```

如果考虑更复杂的情况，则可以使用以下语句：

```
//多个条件判断 (if... elif... elif...else) 分多种不同的情况运行
if [ 条件判断式一 ]; then
        当条件判断式一成立时,可以进行的命令工作内容
elif [ 条件判断式二 ]; then
        当条件判断式二成立时,可以进行的命令工作内容
else
        当条件判断式一与判断式二均不成立时,可以进行的命令工作内容
fi
```

注意：elif 也是个判断式，因此出现 elif 后面都要接 then 语句来处理。但是 else 已经是最后的没有成立的结果了，所以 else 后面并没有 then。

可以将 sh06-2.sh 改写成如下代码：

```
[root@www scripts]#cp  sh06-2.sh  sh06-3.sh
[root@www scripts]#vi  sh06-3.sh
#!/bin/bash
#Program:
#This program shows the user's choice
#History:
#2012/08/25    Bobby   First release
PATH=/bin:/sbin:/usr/bin:/usr/sbin:/usr/local/bin:/usr/local/sbin:~/bin
export PATH

read -p "Please input (Y/N): " yn
```

```
if [ "$yn" == "Y" ] || [ "$yn" == "y" ]; then
        echo "OK, continue"
elif [ "$yn" == "N" ] || [ "$yn" == "n" ]; then
        echo "Oh, interrupt!"
else
        echo "I don't know what your choice is"
fi
```

现在程序变得很简单，而且依序判断，可以避免重复判断的状况，这样很容易设计程序。下面再来进行另外一个案例的设计。一般来说，如果你不希望用户由键盘输入额外的数据，可以让用户在执行命令时就将参数（$1）代进去。比如，现在如果想让用户输入“hello”这个关键字时，利用参数的方法可以这样依序设计：

- 判断 $1 是否为 hello，如果是，就显示“Hello，how are you ?”。
- 如果没有加任何参数，则提示用户必须要使用的参数。
- 而如果加入的参数不是 hello，则提醒用户仅能使用 hello 为参数。

整个程序是这样的：

```
[root@www scripts]#vim  sh09.sh
#!/bin/bash
#Program:
#Check $1 is equal to "hello"
#History:
#2012/08/28     Bobby     First release
PATH=/bin:/sbin:/usr/bin:/usr/sbin:/usr/local/bin:/usr/local/sbin:~/bin
export PATH

if [ "$1" == "hello" ]; then
        echo "Hello, how are you ?"
elif [ "$1" == "" ]; then
        echo "You MUST input parameters, ex>{$0 someword}"
else
        echo "The only parameter is 'hello', ex>{$0 hello}"
fi
```

9. 利用 case...esac 判断

假如有多个既定的变量内容，使用 case...in...esac 最为方便。

```
case  $变量名称 in          //关键字为 case ,变量前有$符
  "第一个变量内容")          //每个变量内容建议用双引号括起来,关键字则为小括号")"
        程序段
        ;;                  //每个类别结尾使用两个连续的分号来处理
  "第二个变量内容")
        程序段
        ;;
  *)                        //最后一个变量内容都会用"*"来代表所有其他值,不包含第一
                              个变量内容与第二个变量内容的其他程序运行段
```

```
        exit 1
        ;;
esac                        //最终的 case 结尾！思考一下 case 反过来写是什么
```

要注意的是，以上语句以 case 开头，结尾自然就是将 case 的英文反过来写。另外，每一个变量内容的程序段最后都需要两个分号(;;)来代表该程序段落的结束。为何要有“*”这个变量内容在最后呢？这是因为，如果使用者不是输入变量内容一或变量内容二时，可以告诉用户相关的信息。下面是一个例子。

一般来说，如果你不希望用户由键盘输入额外的数据时，可以使用参数功能($1)，让用户在执行命令时就将参数代入进去。现在想让用户输入 hello 这个关键字时，利用参数的方法可以这样依序设计：

- 判断 $1 是否为 hello，如果是，就显示“Hello，how are you ?”。
- 如果没有加任何参数，就提示用户必须要使用的参数。
- 如果加入的参数不是 hello，就提醒用户仅能使用 hello 为参数。

完整程序如下：

```
[root@www scripts]#vim  sh09-2.sh
#!/bin/bash
#Program:
#Show "Hello" from $1... by using case ... esac
#History:
#2012/08/29    Bobby    First release
PATH=/bin:/sbin:/usr/bin:/usr/sbin:/usr/local/bin:/usr/local/sbin:~/bin
export PATH

case $1 in
  "hello")
        echo "Hello, how are you ?"
        ;;
  "")
        echo "You MUST input parameters, ex>{$0 someword}"
        ;;
  *)  //相当于通配符,表示 0 至无穷多个任意字符
        echo "Usage $0 {hello}"
        ;;
esac
```

在上面这个 sh09-2. sh 案例当中，如果输入“sh sh09-2. sh test”命令来运行，那么屏幕上就会出现“Usage sh09-2. sh {hello}”的字样，告诉用户仅能够使用 hello。这样的方式对于需要某些固定字符作为变量内容来执行的程序就显得更加方便。另外，系统的很多服务的启动脚本(scripts)都是使用这种写法。举例来说，Linux 的服务启动放置在/etc/init. d/目录中，该目录下有 syslog 服务。如果想要重新启动这个服务，可以使用如下代码：

```
/etc/init.d/syslog  restart
```

以上代码的重点是 restart。如果使用“less /etc/init. d/syslog”去查阅一下，就会看到

它使用的是 case 语句，并且会规定某些既定的变量内容，可以直接执行/etc/init.d/syslog 命令，该脚本会告诉用户有哪些后续的变量可以使用。

一般来说，使用"case 变量 in"时，当中的那个"$变量"一般有两种取值的方式：

- 直接执行式：例如利用"script.sh variable"的方式来直接给$1 变量赋予内容，这也是在/etc/init.d 目录下大多数程序的设计方式。
- 互动式：通过 read 命令来让用户输入变量的内容。

下面以一个例子来进一步说明：让用户能够输入 one、two、three，并且将用户的变量显示到屏幕上，如果不是 one、two、three 时，就告诉用户仅有这三种选择。

```
[root@www scripts]#vim  sh12.sh
#!/bin/bash
#Program:
#This script only accepts the flowing parameter: one, two or three.
#History:
#2012/08/29    Bobby    First release
PATH=/bin:/sbin:/usr/bin:/usr/sbin:/usr/local/bin:/usr/local/sbin:~/bin
export PATH

echo "This program will print your selection !"
#read -p "Input your choice: " choice        //暂时取消,可以替换
#case $choice in                             //暂时取消,可以替换
case $1 in                                   //现在使用,可以用上面两行替换
  "one")
        echo "Your choice is ONE"
        ;;
  "two")
        echo "Your choice is TWO"
        ;;
  "three")
        echo "Your choice is THREE"
        ;;
  *)
        echo "Usage $0 {one|two|three}"
        ;;
esac
```

此时，可以使用"sh sh12.sh two"的方式来执行命令。上面使用的是直接执行的方式。而如果使用互动式时，可以将上面代码中的第 10、11 行的"#"去掉，并将 12 行加上注解(#)，就可以让用户输入参数了。

10. 利用函数的功能

什么是函数(function)的功能？简单地说，函数可以在 Shell Script 当中做出一个类似自定义执行命令的东西，最大的功能是，可以简化很多的程序代码。举例来说，上面的 sh12.sh 当中，每个输入结果 one、two、three 其实输出的内容都一样，那么就可以使用 function 来简化程序。function 的语法如下所示：

```
function  fname() {
        程序段
}
```

fname 就是自定义的执行命令名称，而程序段就是要其执行的内容。需注意的是，因为 Shell Script 的运行顺序是由上而下、由左而右，因此在 Shell Script 当中的 function 的设置一定要在程序的最前面，这样才能够在运行时找到可用的程序段。下面将 sh12.sh 改写一下，自定义一个名为 printit 的函数：

```
[root@www scripts]#vim  sh12-2.sh
#!/bin/bash
#Program:
#Use function to repeat information.
#History:
#2012/08/29    Bobby    First release
PATH=/bin:/sbin:/usr/bin:/usr/sbin:/usr/local/bin:/usr/local/sbin:~/bin
export PATH

function printit(){
        echo -n "Your choice is "            //加上 -n 可以不断行地继续在同一行显示
}

echo "This program will print your selection !"
case $1 in
  "one")
        printit; echo $1 | tr 'a-z' 'A-Z'  //将参数做大小写转换
        ;;
  "two")
        printit; echo $1 | tr 'a-z' 'A-Z'
        ;;
  "three")
        printit; echo $1 | tr 'a-z' 'A-Z'
        ;;
  *)
        echo "Usage $0 {one|two|three}"
        ;;
esac
```

上面的例子中定义了一个函数 printit，当在后续的程序段里面运行 printit，就表示 Shell Script 要去执行“function printit...”里面的那几个程序段。当然，上面这个例子太简单了，所以大家会觉得 function 有什么大作用。不过，如果某些程序代码多次在脚本当中重复时，function 就非常重要了，不但可以简化程序代码，而且可以做成类似“模块”的函数段。

提示：建议读者可以使用类似 vim 的编辑器到/etc/init.d/目录下去查阅一下所看到的文件，并且自行追踪一下每个文件的执行情况，相信大家会有许多心得！

function 也拥有内置变量。它的内置变量与 Shell Script 很类似，函数名称用 $0 代表，而后续接的变量是以 $1，$2... 来取代的。

注意：function fname(){程序段}内的 $0、$1... 与 Shell Script 的 $0 是不同的。以

上面 sh12-2.sh 来说，假如执行“sh sh12-2.sh one”，则表示在 Shell Script 内的 $ 1 为“one”这个字符。但是在 printit() 内的 $ 1 则与这个 one 无关。

将上面的例子再次改写一下：

```
[root@www scripts]#vim  sh12-3.sh
#!/bin/bash
#Program:
#Use function to repeat information.
#History:
#2012/08/29    Bobby    First release
PATH=/bin:/sbin:/usr/bin:/usr/sbin:/usr/local/bin:/usr/local/sbin:~/bin
export PATH

function printit(){
        echo "Your choice is $1"        //这个 $1 必须参考下面命令的执行
}

echo "This program will print your selection !"
case $1 in
  "one")
        printit 1                       //应注意，printit 命令后面还有参数
        ;;
  "two")
        printit 2
        ;;
  "three")
        printit 3
   ;;
  *)
        echo "Usage $0 {one|two|three}"
        ;;
esac
```

在上面的例子当中，如果输入“sh sh12-3.sh one”，就会出现“Your choice is 1”的字样。为什么是 1 呢？因为在程序段落当中，写了“printit 1”，那个 1 就会成为 function 当中的 $ 1。function 本身比较复杂，在这里了解原理就可以了。

11．while do done，until do done(不定循环)

一般来说，不定循环最常见的就是下面这两种状态。

```
while [ condition ]        //中括号内的状态就是判断式
do                         //do 是循环的开始
        程序段落
done                       //done 是循环的结束
```

while 的中文是“当……时”，所以，这种方式说的是“当 condition 条件成立时，就进行循环，直到 condition 的条件不成立才停止”的意思。还有另外一种不定循环的方式：

```
until [ condition ]
do
        程序段落
done
```

这种方式恰恰与 while 相反，它说的是当 condition 条件成立时，就终止循环，否则就持续运行循环的程序段。下面用 while 来做个简单的练习。假设用户输入 yes 或者 YES 之后才结束程序的运行，否则就一直运行并告诉用户输入字符。

```
[root@www scripts]#vim  sh13.sh
#!/bin/bash
#Program:
#Repeat question until user input correct answer.
#History:
#2012/08/29    Bobby    First release
PATH=/bin:/sbin:/usr/bin:/usr/sbin:/usr/local/bin:/usr/local/sbin:~/bin
export PATH

while [ "$yn" ! ="yes" -a "$yn" ! ="YES" ]
do
        read -p "Please input yes/YES to stop this program: " yn
done
echo "OK! you input the correct answer."
```

下面对这个例题进行如下说明：当 $ yn 这个变量不是 yes 且 $ yn 也不是 YES 时，才进行循环内的程序。而如果 $ yn 是 yes 或 YES 时，就会离开循环。下面是使用 until 的代码。

```
[root@www scripts]#vim  sh13-2.sh
#!/bin/bash
#Program:
#Repeat question until user input correct answer.
#History:
#2005/08/29    Bobby    First release
PATH=/bin:/sbin:/usr/bin:/usr/sbin:/usr/local/bin:/usr/local/sbin:~/bin
export PATH

until [ "$yn" =="yes" -o "$yn" =="YES" ]
do
        read -p "Please input yes/YES to stop this program: " yn
done
echo "OK! you input the correct answer."
```

提醒：请大家仔细比较两个程序的不同。

如果想要计算 1+2+3+…+100 的值。利用循环，可以这样写程序：

```
[root@www scripts]#vim  sh14.sh
#!/bin/bash
#Program:
#Use loop to calculate "1+2+3+...+100" result.
```

```
#History:
#2005/08/29    Bobby    First release
PATH=/bin:/sbin:/usr/bin:/usr/sbin:/usr/local/bin:/usr/local/sbin:~/bin
export  PATH

s=0                              //这是累加的数值变量
i=0                              //这是累计的数值,即 1, 2, 3…
while [ "$i" ! ="100" ]
do
        i=$(($i+1))              //每次 i 都会添加 1
        s=$(($s+$i))             //每次都会累加一次
done
echo "The result of '1+2+3+…+100' is ==>$s"
```

运行了“sh sh14. sh”命令之后,就可以得到 5050 这个数据。

思考：如果想让用户自行输入一个数字,让程序由 1＋2＋… 直到你输入的数字为止,该如何撰写呢?

12. for... do... done(固定循环)

while、until 的循环方式必须要符合某个条件的状态,而 for 这种语法则是已经知道要进行几次循环的状态。语法如下：

```
for var in con1 con2 con3 ...
do
        程序段
done
```

以上面的例子来说,这个 $ var 变量的内容在循环操作时的状态如下：

- 第一次循环时, $ var 的内容为 con1;
- 第二次循环时, $ var 的内容为 con2;
- 第三次循环时, $ var 的内容为 con3;

……

可以做个简单的练习。假设有三种动物,分别是 dog、cat、elephant,如果每一行都按“There are dogs... ”之类的样式输出,则可以如此撰写程序：

```
[root@www scripts]#vim  sh15.sh
#!/bin/bash
#Program:
#Using for ...loop to print 3 animals
#History:
#2012/08/29    Bobby    First release
PATH=/bin:/sbin:/usr/bin:/usr/sbin:/usr/local/bin:/usr/local/sbin:~/bin
export PATH

for animal in dog cat elephant
do
        echo "There are ${animal}s..."
done
```

现在让我们来尝试使用判断式加上循环的功能撰写程序。如果想要让用户输入某个目录名,然后找出某个目录内文件的权限,该如何做呢?程序如下:

```
[root@www scripts]#vim  sh18.sh
#!/bin/bash
#Program:
#User input dir name, I find the permission of files.
#History:
#2012/08/29    Bobby    First release
PATH=/bin:/sbin:/usr/bin:/usr/sbin:/usr/local/bin:/usr/local/sbin:~/bin
export PATH

//先看看这个目录是否存在
read -p "Please input a directory: " dir
if [ "$dir" =="" -o ! -d "$dir" ]; then
        echo "The $dir is NOT exist in your system."
        exit 1
fi

//开始测试文件
filelist=$(ls $dir)                         //列出在该目录下所有的文件名称
for filename in $filelist
do
        perm=""
        test -r "$dir/$filename" && perm="$perm readable"
        test -w "$dir/$filename" && perm="$perm writable"
        test -x "$dir/$filename" && perm="$perm executable"
        echo "The file $dir/$filename's permission is $perm "
done
```

13. for...do...done 的数值处理

除了上述的方法之外,for 循环还有另外一种写法。语法如下:

```
for ((初始值; 限制值; 执行步长 ))
do
    程序段
done
```

这种语法适合于数值方式的运算,在 for 后面的括号内的参数意义如下。

- 初始值:某个变量在循环当中的起始值,直接以类似 i=1 设置好。
- 限制值:当变量的值在这个限制值的范围内,就继续进行循环。例如 i<=100。
- 执行步长:每做一次循环时变量的变化量。例如 i=i+1,步长为 1。

注意:在"执行步长"的设置上,如果每次增加 1,则可以使用类似"i++"的方式。下面以这种方式来进行从 1 累加到用户输入的数值的循环示例。

```
[root@www scripts]#vim  sh19.sh
#!/bin/bash
#Program:
```

```
#Try do calculate 1+2+…+${your_input}
#History:
#2012/08/29    Bobby    First release
PATH=/bin:/sbin:/usr/bin:/usr/sbin:/usr/local/bin:/usr/local/sbin:~/bin
export PATH

read -p "Please input a number, I will count for 1+2+...+your_input: " nu

s=0
for (( i=1; i<=$nu; i=i+1 ))
do
    s=$(($s+$i))
done
echo "The result of '1+2+3+...+$nu' is ==>$s"
```

14. 对 Shell Script 进行追踪与调试

Script 在运行之前,最怕的就是出现语法错误的问题。那么如何调试呢? 有没有办法不需要通过直接运行该 Script 就可以来判断是否有问题呢? 当然有办法了,直接以 bash 的相关参数来进行判断。

```
[root@www ~]#sh  [-nvx] scripts.sh
```

选项与参数说明如下。

- -n: 不要执行 Script,仅查询语法的问题。
- -v: 在执行 Script 前,先将 Script 的内容输出到屏幕上。
- -x: 将使用到的 Script 内容显示到屏幕上,这是很有用的参数。

范例一: 测试 sh16.sh 有无语法的问题。

```
[root@www ~]#sh  -n sh16.sh
//若语法没有问题,则不会显示任何信息
```

范例二: 将 sh15.sh 的运行过程全部列出来。

```
[root@www ~]#sh  -x  sh15.sh
+
PATH=/bin:/sbin:/usr/bin:/usr/sbin:/usr/local/bin:/usr/local/sbin:/root/bin
+export PATH
+for animal in dog cat elephant
+echo 'There are dogs...'
There are dogs...
+for animal in dog cat elephant
+echo 'There are cats...'
There are cats...
+for animal in dog cat elephant
+echo 'There are elephants...'
There are elephants...
```

注意: 在输出的信息中,在加号后面的数据其实都是命令串,使用 sh -x 的方式可以将命令执行过程也显示出来,用户可以判断程序代码执行到哪一段时会出现哪些相关的信息。这个功能非常有用,通过显示完整的命令串,就能够依据输出的错误信息来订正脚本。

4.3.5 实训思考题

(1) 创建一个 Script,当运行该 Script 的时候,可以使其显示:①你目前的身份(用 whoami);②目前所在的目录(用 pwd)。

(2) 自行创建一个程序,该程序可以用来计算“你还有几天可以过生日”。

(3) 让用户输入一个数字,程序可以由 1+2+3…一直累加到用户输入的数字为止。

(4) 撰写一个程序,其作用是:①先查看一下/root/test/logical 这个名称是否存在。②若不存在,则创建一个文件,使用 touch 来创建,创建完成后离开。③如果存在该文件,判断该名称是否为文件,若为文件,则将其删除后创建一个目录,文件名为 logical,之后离开;④如果存在已创建的目录,而且该名称为目录,则移除此目录。

(5) 我们知道/etc/passwd 里面以“:”来分隔,第一栏为账户名称。请写一个程序,可以将/etc/passwd 的第一栏取出,而且每一栏都以一行字串“The 1 account is root”来显示,那个 1 表示行数。

4.3.6 实训报告要求

按要求完成实训报告。

4.4 使用 gcc 和 make 调试程序

4.4.1 实训目的

- 理解程序调试的作用。
- 掌握利用 gcc 进行调试的方法。
- 掌握使用 make 编译程序的方法。

4.4.2 实训内容

练习用 gcc 和 make 编译程序。

4.4.3 实训准备

1. 认识 gcc

gcc(GNU Compiler Collection,GNU 编译器集合)是一套由 GNU 开发的编程语言编译器。它是一套 GNU 编译器套装。以 GPL 许可证所发行的自由软件,也是 GNU 计划的关键部分。gcc 原本作为 GNU 操作系统的官方编译器,现已被大多数类 UNIX 操作系统(如 Linux、BSD、Mac OS X 等)采纳为标准的编译器,gcc 同样适用于微软的 Windows。gcc 是自由软件过程发展中的著名例子,由自由软件基金会以 GPL 协议发布。

gcc 原名为 GNU C 语言编译器(GNU C Compiler),因为它原本只能处理 C 语言。但

gcc 后来得到扩展,变得既可以处理 C++,又可以处理 Fortran、Pascal、Objective-C、Java,以及 Ada 与其他语言。

2. 安装 gcc

(1) 检查是否安装了 gcc。

```
[root@RHEL6 ~]#rpm  -qa|grep  gcc
compat-libgcc-296-2.96-138
libgcc-4.1.2-46.el5
gcc-4.1.2-46.el5
gcc-c++-4.1.2-46.el5
```

表示已经安装了 gcc。

(2) 如果没有安装,则按以下方法安装。

① 挂载光盘。

a. 将 ISO 文件加载到光驱。

b. 创建挂载点。

```
[root@RHEL6 ~]#mkdir  /mnt/mycdrom
```

c. 挂载光驱。

```
[root@RHEL6 ~]#mount  /dev/cdrom   /mnt/mycdrom
```

② 改变路径到光盘的 Server 目录。

```
[root@RHEL6 ~]#cd  /mnt/mycdrom/Server
```

③ 按顺序安装以下包就可以完成 gcc 的安装了(版本号可能有所不同)。

```
[root@RHEL6 Server]#rpm  -ivh  kernel-headers-2.6.18-155.el5.i386.rpm
[root@RHEL6 Server]#rpm  -ivh  glibc-headers-2.5-38.i386.rpm
[root@RHEL6 Server]#rpm  -ivh  glibc-devel-2.5-38.i386.rpm
[root@RHEL6 Server]#rpm  -ivh  libgomp-4.4.0-6.el5.i386.rpm
[root@RHEL6 Server]#rpm  -ivh  gcc-4.1.2-46.el5.i386.rpm
[root@RHEL6 Server]#rpm  -ivh  libstdc++-devel-4.1.2-46.el5.i386.rpm
[root@RHEL6 Server]#rpm  -ivh  gcc-c++-4.1.2-46.el5.i386.rpm
```

4.4.4 实训步骤

1. 单一程序:打印 Hello World

以 Linux 上面最常见的 C 语言来撰写第一个程序。第一个程序最常见的就是在屏幕上面打印"Hello World"。如果你对 C 有兴趣,那么请自行购买相关的书籍,本书只作简单的说明。

提示:请先确认你的 Linux 系统里面已经安装了 gcc 。如果尚未安装 gcc,请使用 RPM 安装,先安装好 gcc 之后,再继续下面的内容。

(1) 编辑程序代码,即源码

```
[root@www ~]#vim  hello.c  //用 C 语言写的程序,扩展名建议用.c
#include <stdio.h>
int main(void)
{
       printf("Hello World\n");
}
```

上面是用 C 语言的语法写成的一个程序文件。第一行的"#"并不是注解。

(2) 开始编译与测试运行

```
[root@www ~]#gcc  hello.c
[root@www ~]#ll  hello.c  a.out
-rwxr-xr-x 1 root root 4725 Jun  5 02:41 a.out  //此时会生成这个文件名
-rw-r--r--1 root root   72 Jun  5 02:40 hello.c
[root@www ~]#./a.out
Hello World  //输出的结果
```

在默认的状态下,如果直接以 gcc 编译源码,并且没有加上任何参数,则执行文件的文件名会被自动设置为 a. out 这个文件名。所以就能够直接执行. /a. out 这个文件了。

上面的例子很简单。hello. c 就是源码,而 gcc 是编译器,a. out 是编译成功的可执行文件。但如果想要生成目标文件(object file)来进行其他的操作,而且执行文件的文件名也不要用默认的 a. out,那该如何做呢? 其实可以将上面的第(2)个步骤改成下面这样:

```
[root@www ~]#gcc  -c  hello.c
[root@www ~]#ll  hello*
-rw-r--r--1 root root  72 Jun  5 02:40 hello.c
-rw-r--r--1 root root  868 Jun  5 02:44 hello.o  //这就是生成的目标文件

[root@www ~]#gcc  -o  hello  hello.o
[root@www ~]#ll  hello*
-rwxr-xr-x 1 root root 4725 Jun  5 02:47 hello    //这就是可执行文件(加-o 的结果)
-rw-r--r--     1 root root   72 Jun  5 02:40 hello.c
-rw-r--r--1 root root  868 Jun  5 02:44 hello.o

[root@www ~]#./hello
Hello World
```

这个步骤主要是利用 hello. o 这个目标文件生成一个名为 hello 的执行文件,详细的 gcc 语法会在后续继续介绍。通过这个操作,可以得到 hello 及 hello. o 两个文件,真正可以执行的是 hello 这个二进制文件(binary program)。

2. 主程序、子程序的链接、子程序的编译

在一个主程序里面又调用了另一个子程序,是很常见的一种程序写法,因为可以增强整个程序的易读性。在下面的例子当中,以 thanks. c 这个主程序去调用 thanks_2. c 这个子程序,写法很简单。

(1) 撰写所需要的主程序、子程序

```
[root@www ~]#vim  thanks.c
#include <stdio.h>
int main(void)
{
        printf("Hello World\n");
        thanks_2();
}
//上面的"thanks_2();"那一行就是调用子程序

[root@www ~]#vim  thanks_2.c
#include <stdio.h>
void thanks_2(void)
{
        printf("Thank you! \n");
}
```

(2) 进行程序的编译与链接(Link)

① 开始将源码编译成可执行的二进制文件(binary file)。

```
[root@www ~]#gcc  -c  thanks.c  thanks_2.c
[root@www ~]#ll  thanks*
-rw-r--r--1 root root  76 Jun  5 16:13 thanks_2.c
-rw-r--r--1 root root 856 Jun  5 16:13 thanks_2.o  //编译生成的目标文件
-rw-r--r--1 root root  92 Jun  5 16:11 thanks.c
-rw-r--r--1 root root 908 Jun  5 16:13 thanks.o    //编译生成的目标文件
[root@www ~]#gcc -o thanks thanks.o thanks_2.o
[root@www ~]#ll thanks*
-rwxr-xr-x 1 root root 4870 Jun  5 16:17 thanks    //最终结果会生成可执行文件
```

② 运行可执行文件。

```
[root@www ~]#./thanks
Hello World
Thank you!
```

知道为什么要制作出目标文件了吗？由于源文件中有时并非只有一个文件，所以无法直接进行编译。这个时候就需要先生成目标文件，然后再以链接制作成为二进制可执行文件。另外，如果要升级 thanks_2.c 这个文件的内容，则只要重新编译 thanks_2.c 来产生新的 thanks_2.o，然后再以链接制作出新的二进制可执行文件，而不必重新编译其他没有改动过的源码文件。这对于软件开发者来说，是一个很重要的功能，因为有时候要将很大的源码程序全部编译完成，会花很长的一段时间。

此外，如果想让程序在运行时具有比较好的性能，可以在编译的过程里面加入适当的参数，例如下面的例子：

```
[root@www ~]#gcc  -O  -c  thanks.c  thanks_2.c  //-O 为生成优化的参数
[root@www ~]#gcc  -Wall  -c  thanks.c  thanks_2.c
thanks.c: In function 'main':
thanks.c:5: warning: implicit declaration of function 'thanks_2'
thanks.c:6: warning: control reaches end of non-void function
//-Wall 为产生更详细的编译过程信息。上面的信息为警告信息 (warning),所以不理会也没有
  关系
```

提示：至于更多的 gcc 其他参数时功能，请使用 man gcc 查看学习。

3. 调用外部函数库：加入链接的函数库

前面只是在屏幕上面打印出一些文字而已，如果要计算数学公式该怎么办呢？例如想要计算出三角函数里面的 sin(90°)。注意，大多数的程序语言都是使用弧度而不是“角度”，180°等于 3.14 弧度。我们来写一个程序：

```
[root@www ~]#vim  sin.c
#include <stdio.h>
int main(void)
{
        float value;
        value = sin ( 3.14 / 2 );
        printf("%f\n",value);
}
```

那如何编译这个程序呢？先直接编译：

```
[root@www ~]#gcc  sin.c
sin.c: In function 'main':
sin.c:5: warning: incompatible implicit declaration of built-in function 'sin'
/tmp/ccsfvijY.o: In function 'main':
sin.c:(.text+0x1b): undefined reference to 'sin'
collect2: ld returned 1 exit status
//注意看上面最后两行有错误提示信息,代表没有成功
```

怎么没有编译成功？undefined reference to sin 意思是“没有 sin 的相关定义参考值”，为什么会这样呢？这是因为 C 语言里面的 sin 函数是写在 libm. so 这个函数库中，而我们并没有在源码里面将这个函数库功能加进去。可以这样更正：编译时加入额外函数库链接的方式。

```
[root@www ~]#gcc  sin.c  -lm  -L/lib  -L/usr/lib  //重点在 -lm
[root@www ~]#./a.out                               //尝试执行新文件
1.000000
```

特别注意：使用 gcc 编译时所加入的那个-lm 是有意义的，可以拆成两部分来分析。

参数与选项说明如下。

- -l：是加入某个函数库(library)的意思。
- m：是 libm. so 这个函数库，其中，lib 与扩展名(. a 或. so)不需要写。

所以-lm 表示使用 libm. so(或 libm. a)这个函数库。-L 后面接的路径则表示需要的函数库 libm. so 可到/lib 或/usr/lib 目录里面寻找。

注意：由于Linux默认是将函数库放置在/lib与/usr/lib目录当中，所以程序中没有写-L/lib与-L/usr/lib也没有关系。不过，若有程序使用的函数库并非放置在这两个目录下，那么使用-L/path就很重要，否则会找不到函数库。

除了链接的函数库之外，你或许已经发现一个奇怪的地方，那就是sin.c程序中的第一行代码“#include<stdio.h>”，这行代码说明的是要将一些定义数据由stdio.h这个文件读入，包括printf的相关设置。这个文件其实是放置在/usr/include/stdio.h中的。如果这个文件并非放置在这里，就可以使用下面的方式来定义要读取的include文件放置的目录。

```
[root@www ~]#gcc  sin.c  -lm  -I/usr/include
```

-I/path后面接的路径(path)就是要去寻找的include文件的目录。不过，默认是放置在/usr/include目录下面，除非include文件放置在其他路径，否则也可以略过这个选项。

4. gcc的简易用法(编译、参数与链接)

前面说过，gcc是Linux上面最标准的编译器，这个gcc是由GNU计划所维护的，有兴趣的朋友请参考相关资料。既然gcc对于Linux上的开源代码十分重要，那么下面就练习几个gcc常见的参数。

```
//仅将原始码编译成为目标文件,并不制作链接等功能
[root@www ~]#gcc  -c  hello.c
//会自动生成hello.o文件,但是并不会生成二进制可执行文件

//在编译的时候,依据作业环境来优化执行速度
[root@www ~]#gcc  -O  hello.c  -c
//会自动生成hello.o文件,并且进行优化

//在制作二进制文件时,将链接的函数库与相关的路径填入
[root@www ~]#gcc  sin.c  -lm  -L/usr/lib  -I/usr/include
//在最终链接成二进制文件的时候常执行这个命令
//-lm指的是libm.so或libm.a函数库文件
//-L后面接的路径是上面那个函数库的搜索目录
//-I后面接的是源代码内的include文件所在的目录

//将编译的结果生成某个特定文件
[root@www ~]#gcc  -o  hello  hello.c
//-o后面接的是要输出的二进制文件的文件名

//在编译的时候,输出较多的信息说明
[root@www ~]#gcc  -o  hello  hello.c  -Wall
//加入 -Wall之后,程序的编译会变得较为严谨一点,所以警告信息也会显示出来
```

我们通常称-Wall或者-O这些非必要的参数为标志(FLAGS)，因为使用的是C程序语言，所以有时候也会简称这些标志为CFLAGS，这些变量偶尔会被使用，尤其会在后面介绍的make相关用法中被使用。

5. 使用make进行宏编译

make的功能是可以简化编译过程里面所下达的命令，同时还具有很多方便的功能。下

面就使用 make 来简化执行编译命令的流程。

先来设定一个案例，假设执行文件里面包含了 4 个源代码文件，分别是 main. c、haha. c、sin_value. c 和 cos_value. c 这 4 个文件，这 4 个文件的功能如下。

- main. c：主要的目的是让用户输入角度数据并调用其他 3 个子程序。
- haha. c：输出很多信息。
- sin_value. c：计算用户输入角度(360)的正弦数值。
- cos_value. c：计算用户输入角度(360)的余弦数值。

由于这 4 个文件包含了相关性，并且还用到数学函数式，所以如果想让这个程序可以运行，那么就需要进行编译。

① 先进行目标文件的编译，最终会有 4 个 *.o 的文件名出现。

```
[root@www ~]#gcc  -c  main.c
[root@www ~]#gcc  -c  haha.c
[root@www ~]#gcc  -c  sin_value.c
[root@www ~]#gcc  -c  cos_value.c
```

② 再链接形成可执行文件 main，并加入 libm 的数学函数，以生成 main 可执行文件。

```
[root@www ~]#gcc  -o  main  main.o  haha.o  sin_value.o  cos_value.o \
             >-lm  -L/usr/lib  -L/lib
```

③ 本程序运行时，必须输入姓名、360°角的角度值来进行计算。

```
[root@www ~]#./main
Please input your name: Bobby                  //先输入名字
Please enter the degree angle (ex>90): 30  //输入以 360°角为主的角度
Hi, Dear Bobby, nice to meet you.              //以下 3 行为输出的结果
The Sin is:  0.50
The Cos is:  0.87
```

编译的过程需要进行很多操作。而且如果要重新编译，则上述的流程要重复一遍，十分烦琐。可以利用 make 工具完成上面的所有操作。先试着在这个目录下创建一个名为 makefile 的文件，代码如下。

```
//先编辑 makefile 这个规则文件，内容是制作出 main 这个可执行文件
[root@www ~]#vim  makefile
main: main.o haha.o sin_value.o cos_value.o
       gcc -o main main.o haha.o sin_value.o cos_value.o -lm
//注意，第二行的 gcc 之前是按 Tab 键产生的空格

//尝试使用 makefile 制订的规则进行编译
[root@www ~]#rm  -f  main  *.o    //先将之前的目标文件删除
[root@www ~]#make
cc    -c -o main.o main.c
cc    -c -o haha.o haha.c
cc    -c -o sin_value.o sin_value.c
```

```
cc     -c -o cos_value.o cos_value.c
gcc -o main main.o haha.o sin_value.o cos_value.o -lm
//此时 make 会去读取 makefile 的内容,并根据内容直接去编译相关的文件

//在不删除任何文件的情况下,重新进行一次编译
[root@www ~]#make
make: 'main' is up to date.
//可以看出,以上只进行了更新(update)的操作,十分方便
```

6. 了解 makefile 的基本语法与变量

make 的语法十分复杂,有兴趣的读者可以到 GNU 中查阅相关的说明,这里仅列出一些基本的用法,重点让读者有一些基本了解。基本的 makefile 用法如下:

```
目标(target):目标文件 1   目标文件 2
<tab>   gcc   -o   欲创建的可执行文件 目标文件 1 目标文件 2
```

目标(target)就是我们想要创建的信息,而目标文件就是具有相关性的 object files,那创建可执行文件的语法就是以 Tab 键开头的那一行。要特别注意,命令列必须要以 Tab 键作为开头才行。语法规则如下:

- 在 makefile 当中的#代表注解;
- Tab 需要在命令行(例如 gcc 这个编译器命令)的第一个字节;
- 目标(target)与相关文件(就是目标文件)之间需要以":"隔开。

如果想要有两个以上的执行操作时,例如执行一个命令就直接清除掉所有的目标文件与可执行文件,那该如何制作 makefile 文件呢?

```
//先编辑 makefile 来建立新的规则,此规则的目标名称为 clean
[root@www ~]#vim  makefile
main: main.o haha.o sin_value.o cos_value.o
        gcc -o main main.o haha.o sin_value.o cos_value.o -lm
clean:
        rm -f main main.o haha.o sin_value.o cos_value.o
//以新的目标(clean)测试,看看执行 make 的结果
[root@www ~]#make   clean      //通过 make 命令并以 clean 为目标
rm -rf main main.o haha.o sin_value.o cos_value.o
```

这样 makefile 里面就具有两个目标,分别是 main 与 clean,如果想要创建 main,输入"make main";如果想要清除信息,输入"make clean"即可。而如果想要先清除目标文件后再编译 main 这个程序,就可以这样输入:"make   clean   main",命令如下所示:

```
[root@www ~]#make   clean   main
rm -rf main main.o haha.o sin_value.o cos_value.o
cc     -c -o main.o main.c
cc     -c -o haha.o haha.c
cc     -c -o sin_value.o sin_value.c
cc     -c -o cos_value.o cos_value.c
gcc -o main main.o haha.o sin_value.o cos_value.o -lm
```

不过，makefile 里面重复的数据还是有点多。可以再通过 Shell Script 的"变量"来简化 makefile：

```
[root@www ~]#vim  makefile
LIBS =-lm
OBJS =main.o haha.o sin_value.o cos_value.o
main: ${OBJS}
      gcc -o main ${OBJS} ${LIBS}
clean:
        rm -f main ${OBJS}
```

与 bash shell Script 的语法有点不太相同，变量的基本语法如下。

- 变量与变量值以"="隔开，同时两边可以有空格。
- 变量左边不可以有<Tab>，例如上面范例的第一行 LIBS 左边不可以是<Tab>。
- 变量与变量值在"="两边不能具有"："。
- 习惯上，变量最好是以"大写字母"为主。
- 运用变量时，使用"${变量}"或"$(变量)"。
- 该 Shell 的环境变量是可以被套用的，例如 CFLAGS 这个变量。
- 在命令行模式也可以定义变量。

由于 gcc 在进行编译的行为时会主动地去读取 CFLAGS 这个环境变量，所以，可以直接在 Shell 中定义这个环境变量，也可以在 makefile 文件里面定义，或者在命令行当中定义。例如：

```
[root@www ~]#CFLAGS="-Wall" make clean main
//这个操作在 make 上进行编译时，会取用 CFLAGS 的变量内容
```

也可以使用如下命令：

```
[root@www ~]#vim  makefile
LIBS =-lm
OBJS =main.o haha.o sin_value.o cos_value.o
CFLAGS =-Wall
main: ${OBJS}
        gcc -o main ${OBJS} ${LIBS}
clean:
        rm -f main ${OBJS}
```

可以利用命令行进行环境变量的输入，也可以在文件内直接指定环境变量。但万一这个 CFLAGS 的内容在命令行与 makefile 里面并不相同时，以哪个方式的输入为主呢？环境变量使用的规则是这样的：

- make 命令行后面加上的环境变量优先；
- makefile 里面指定的环境变量排第二；
- Shell 原本具有的环境变量排第三。

此外，还有一些特殊的变量需要了解。$@代表目前的目标(target)。

所以也可以将 makefile 改成：

```
[root@www ~]#vim  makefile
LIBS =-lm
OBJS =main.o haha.o sin_value.o cos_value.o
CFLAGS =-Wall
main: ${OBJS}
        gcc -o $@${OBJS} ${LIBS}     //这里的$@就是 main
clean:
        rm -f main ${OBJS}
```

4.4.5　实训报告要求

按要求完成实训报告。

第5章 常用网络服务

Linux操作系统的全称是GNU/Linux,它是由GNU和Linux内核两个部分共同组成的一个操作系统。

作为桌面操作系统,Linux的人机界面并不友好;但是,作为网络操作系统,其易用性(对于NOS而言)和高性能恐怕是很难有其他的系统能超过它的。Linux以它的高效性和灵活性著称,能够在个人计算机上实现全部的UNIX特性,具有多任务、多用户的能力。Linux可在GNU公共许可权限下免费获得,是一个符合POSIX标准的操作系统。Linux操作系统软件包不仅包括完整的Linux操作系统,而且还包括文本编辑器、高级语言编译器等应用软件。因此Linux服务器现已在众多单位得到了广泛的应用,比如网络服务器、邮件服务器、解析服务器,等等。目前随着Linux操作系统的应用越来越广泛,对Linux人才的需求也越来越大。

本章包括DHCP服务、DNS服务、NFS服务、Samba服务、Web服务、电子邮件服务、FTP服务等内容。

5.1 配置与管理Samba服务器

5.1.1 实训目的

掌握Samba服务器安装、配置与调试的方法。

5.1.2 实训内容

- 建立和配置Samba服务器。
- 在Linux与Windows的用户之间建立映射。
- 建立共享目录并设置权限。
- 使用共享资源。

5.1.3 实训环境及要求

对于一个完整的计算机网络,不仅有Linux网络服务器,也会有Windows Server网络服务器;不仅有Linux客户端,也会有Windows客户端。利用Samba服务可以实现Linux系统和Microsoft公司的Windows系统之间的资源共享,以实现文件和打印共享。

在进行本章的教学与实验前,需要做好如下准备:

(1) 已经安装好的 RHEL 6。
(2) RHEL 6 安装光盘或 ISO 镜像文件。
(3) Linux 客户端。
(4) Windows 客户端。
(5) VMware 10.0.1 虚拟机软件。
以上环境可以用虚拟机实现。

5.1.4 实训步骤

1. 安装 Samba 服务

建议在安装 Samba 服务之前，使用 rpm -qa |grep samba 命令检测系统是否安装了 Samba 相关性软件包：

```
[root@rhel6 ~]#rpm -qa |grep samba
```

如果系统还没有安装 Samba 软件包，可以使用 yum 命令安装所需软件包。

① 挂载 ISO 安装镜像。

```
//挂载光盘到 /iso 下
[root@rhel6 ~]#mkdir  /iso
[root@rhel6 ~]#mount  /dev/cdrom  /iso
```

② 制作用于安装的 yum 源文件。

```
[root@rhel6 ~]#vim  /etc/yum.repos.d/dvd.repo
```

dvd.repo 文件的内容如下：

```
#/etc/yum.repos.d/dvd.repo
#or for ONLY the media repo, do this:
#yum --disablerepo=\* --enablerepo=c6-media [command]
[dvd]
name=dvd
baseurl=file:///iso/Server                //特别注意本地源文件的表示要用 3 个"/"
gpgcheck=0
enabled=1
```

③ 使用 yum 命令查看 Samba 软件包的信息，如图 5-1 所示。

```
[root@rhel6 ~]#yum  info samba
```

④ 使用 yum 命令安装 Samba 服务。

```
[root@RHEL6 ~]#yum clean all                      //安装前先清除缓存
[root@rhel6 ~]#yum  install  samba  -y
```

正常安装完成后，最后的提示信息是：

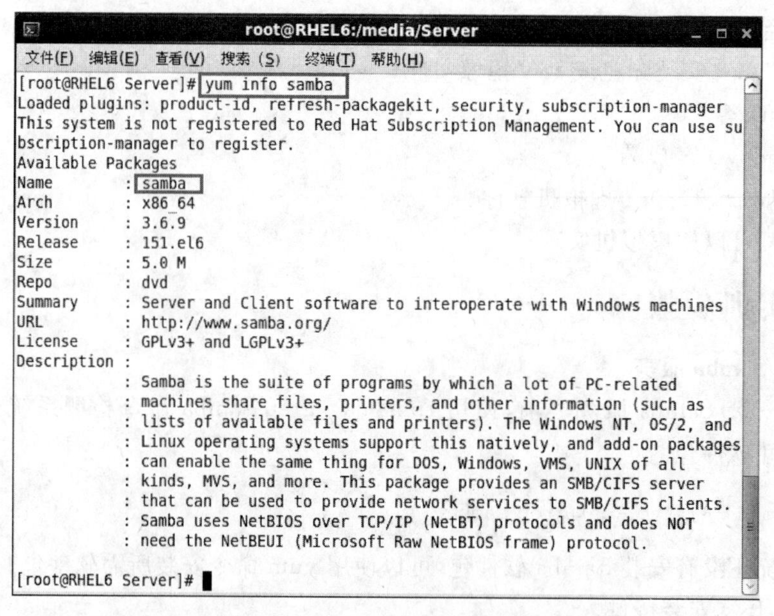

图 5-1 使用 yum 命令查看 Samba 软件包的信息

```
Installed:
  samba.x86_64 0:3.6.9-151.el6

Complete!
```

所有软件包安装完毕之后，可以使用 rpm 命令再一次进行查询：

```
rpm -qa | grep samba
```

结果如图 5-2 所示。

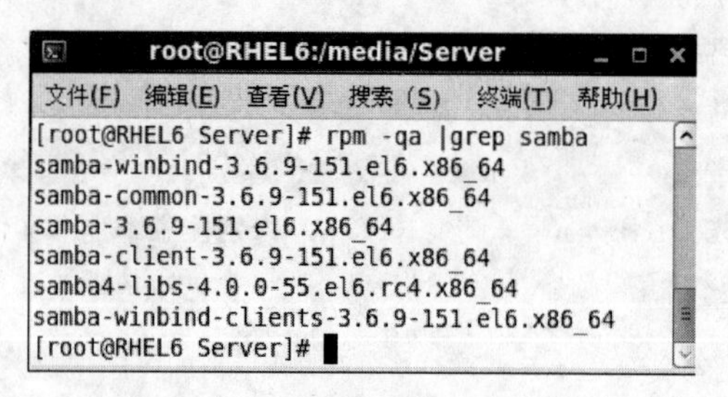

图 5-2 正确安装了 Samba 服务

2. 启动与停止 Samba 服务

(1) Samba 服务的启动

```
[root@RHEL6 ~]#service smb start
```

或者

```
[root@RHEL6 ~]#/etc/rc.d/init.d/smb start
```

（2）Samba 服务的停止

```
[root@RHEL6 ~]#service smb stop
```

或者

```
[root@RHEL6 ~]#/etc/rc.d/init.d/smb stop
```

（3）Samba 服务的重启

```
[root@RHEL6 ~]#service smb restart
```

或者

```
[root@RHEL6 ~]#/etc/rc.d/init.d/smb restart
```

（4）Samba 服务配置重新加载

```
[root@RHEL6 ~]#service smb reload
```

或者

```
[root@RHEL6 ~]#/etc/rc.d/init.d/smb reload
```

注意：Linux 服务中，当更改配置文件后，一定要记得重启服务，让服务重新加载配置文件，这样新的配置才可以生效。

3. 自动加载 Samba 服务

可以使用 chkconfig 命令自动加载 SMB 服务，如图 5-3 所示。

```
[root@RHEL6 ~]#chkconfig --level 3 smb on         //运行级别 3 自动加载
[root@RHEL6 ~]#chkconfig --level 3 smb off        //运行级别 3 不自动加载
```

图 5-3　使用 chkconfig 命令自动加载 SMB 服务

4. Samba 服务器实例解析

某公司需要添加 Samba 服务器作为文件服务器，工作组名为 Workgroup，发布共享目录/share，共享名为 public，这个共享目录允许所有公司员工访问。

分析：这个案例属于 Samba 的基本配置，可以使用 share 安全级别模式。既然允许所有员工访问，则需要为每个用户建立一个 Samba 账号。如果公司拥有大量用户，比如 1000 个用户、100 000 个用户，一个个设置会非常麻烦，可以通过配置 security=share 来让所有用户登录时采用匿名账户 nobody 访问，这样实现起来非常简单。

（1）建立 share 目录，并在其下建立测试文件。

```
[root@RHEL6 ~]#mkdir  /share
[root@RHEL6 ~]#touch  /share/test_share.tar
```

(2) 修改 Samba 主配置文件 smb.conf。

```
[root@RHEL6 ~]#vim  /etc/Samba/smb.conf
```

修改配置文件,并保存结果。

```
[global]
       workgroup =Workgroup            //设置 Samba 服务器工作组名为 Workgroup
       server string =File Server      //添加 Samba 服务器注释信息为"File Server"
       security =share                 //设置 Samba 安全级别为 share 模式,允许用户匿
                                         名访问
     passdb backend =tdbsam
[public]                               //设置共享目录的共享名为 public
       comment=public
       path=/share                     //设置共享目录的绝对路径为/share
       guest ok=yes                    //允许匿名用户访问
       browseable=yes                  //在客户端显示共享的目录
       public=yes                      //最后设置为允许匿名访问
```

(3) 让防火墙放行 Samba 服务。

有两种方法可实现让防火墙放行 Samba 服务。

① 要想使用 Samba 进行网络文件和打印机共享,就必须首先设置让 Red Hat Enterprise Linux 6 的防火墙放行,可执行"系统"→"管理"→"防火墙"命令,然后在"防火墙配置"对话框中勾选"Samba"和"Samba 客户端"两个选项,如图 5-4 所示,再单击"应用"按钮。

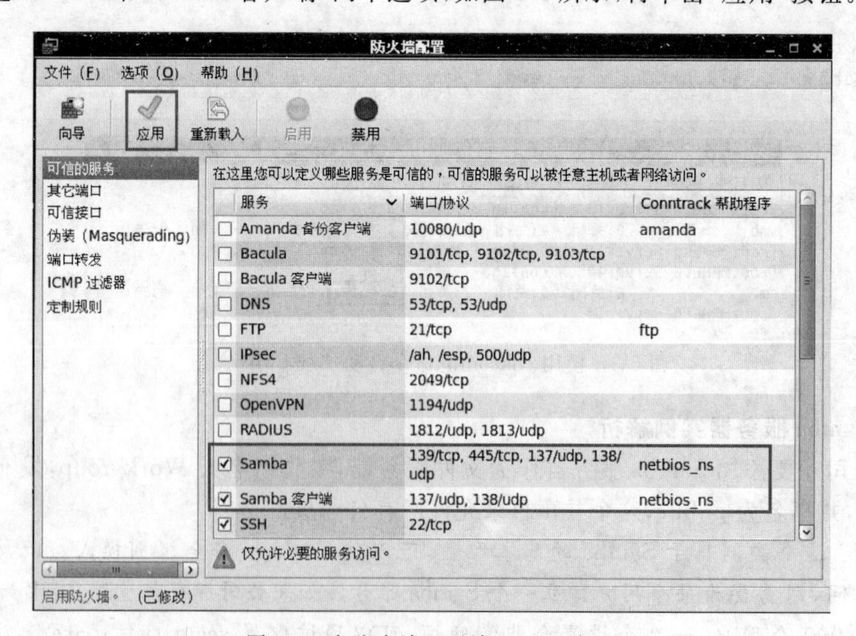

图 5-4 在防火墙上开放 Samba 端口

② 直接单击"禁用"按钮,可以禁用 SELinux 防火墙。

注意：以下的实例，不再考虑防火墙的设置，但并不意味着防火墙不用设置。

(4) 更改共享目录的context值。

```
[root@RHEL6 ~]#chcon -t samba_share_t /share
```

提示：可以使用getenforce命令查出SELinux防火墙是否被强制实施(默认是这样)，如果不被强制实施，步骤(3)和步骤(4)可以省略。使用命令setenforce 1可以设置强制实施防火墙，使用命令setenforce 0可以取消强制实施防火墙。(注意是数字“1”或数字“0”)。

(5) 重新加载配置。

Linux为了使新配置生效，需要重新加载配置，可以使用restart命令重新启动服务或者使用reload命令重新加载配置。

```
[root@RHEL6 ~]#service smb reload
```

或者

```
[root@RHEL6 ~]#/etc/rc.d/init.d/smb reload
```

注意：重启Samba服务，虽然可以让配置生效，但是restart是先关闭Samba服务再开启服务，在公司网络运营过程中肯定会对客户端员工的访问造成影响。建议使用reload命令重新加载配置文件使其生效，这样不需要中断服务就可以重新加载配置。

Samba服务器通过以上设置，用户就可以不需要输入账号和密码直接登录Samba服务器并访问public共享目录了。在Windows客户端可以用UNC路径测试，方法是在资源管理器地址栏输入：\\192.168.1.1。

5. user服务器实例解析

上面的案例讲了share安全级别模式的Samba服务器，可以实现用户方便地通过匿名方式访问，但是如果在Samba服务器上保存了重要文件的目录，那么为了保证系统安全性及资料保密性，就必须要对用户进行筛选，允许或禁止相应的用户访问指定的目录，这里share安全级别模式就不能满足某些单位的实际要求了。

(1) 任务要求

如果公司有多个部门，因工作需要，就必须分门别类地建立相应部门的目录。要求将销售部的资料存放在Samba服务器的/companydata/sales/目录下集中管理，以便销售人员浏览，并且该目录只允许销售部员工访问。

(2) 需求分析

需求分析：在/companydata/sales/目录中存放有销售部的重要数据，为了保证其他部门无法查看其内容，我们需要将全局配置中security设置为user安全级别，这样就启用了Samba服务器的身份验证机制，然后在共享目录/companydata/sales下设置valid users字段，配置只允许销售部员工能够访问这个共享目录。

(3) 实现步骤

① 建立共享目录，并在其下建立测试文件。

```
[root@RHEL6 ~]#mkdir  /companydata
[root@RHEL6 ~]#mkdir  /companydata/sales
[root@RHEL6 ~]#touch  /companydata/sales/test_share.tar
```

② 添加销售部用户和组并添加相应 Samba 账号。

a. 使用 groupadd 命令添加 sales 组，然后执行 useradd 命令和 passwd 命令添加销售部员工的账号及密码。此处单独增加一个 test_user1 账号，不属于 sales 组，供测试用。

```
[root@RHEL6 ~]#groupadd  sales                //建立销售组 sales
[root@RHEL6 ~]#useradd  -g  sales  sale1      //建立用户 sale1,添加到 sales 组
[root@RHEL6 ~]#useradd  -g  sales  sale2      //建立用户 sale2,添加到 sales 组
[root@RHEL6 ~]#useradd  test_user1            //供测试用
[root@RHEL6 ~]#passwd  sale1                  //设置用户 sale1 的密码
[root@RHEL6 ~]#passwd  sale2                  //设置用户 sale2 的密码
[root@RHEL6 ~]#passwd  test_user1             //设置用户 test_user1 的密码
```

b. 接下来为销售部成员添加相应的 Samba 账号。

```
[root@RHEL6 ~]#smbpasswd  -a  sale1
[root@RHEL6 ~]#smbpasswd  -a  sale2
```

c. 修改 Samba 主配置文件 smb.conf。

```
[global]
        workgroup =Workgroup
        server string =File Server
        security =user                          //设置 user 安全级别模式
        passdb backend =tdbsam
        smb passwd file =/etc/Samba/smbpasswd
[sales]                                         //设置共享目录的共享名为 sales
        comment=sales
        path=/companydata/sales                 //设置共享目录的绝对路径
        writable =yes
        browseable =yes
        valid users =@sales                     //设置可以访问的用户为 sales 组
```

d. 设置共享目录的本地系统权限。

```
[root@RHEL6 ~]#chmod  777  /companydata/sales
```

提示：由于本实训教材篇幅所限，用户和组管理、文件系统管理、磁盘管理、权限管理、Shell 编程等详细内容无法在此一一讲解，有需要的读者可以参考作者的零基础 Linux 教材：《Linux 网络操作系统及应用教程》(项目式)(1CD，人民邮电出版社，杨云 主编)。

e. 更改共享目录的 context 值

```
[root@RHEL6 ~]#chcon -t samba_share_t /share
```

f. 重新加载配置。

要让修改后的 Linux 配置文件生效，需要重新加载配置。

```
[root@RHEL6 ~]#service smb reload
```

或者

```
[root@RHEL6 ~]#/etc/rc.d/init.d/smb reload
```

g. 测试。

一是在 Windows 7 中利用资源管理器进行测试；二是利用 Linux 客户端。详见后面的实训。

特别提示：Samba 服务器在将本地文件系统共享给 Samba 客户端时，涉及本地文件系统权限和 Samba 共享权限。当客户端访问共享资源时，最终的权限取这两种权限中最严格的。后面的实例中不再单独设置本地权限。

6. Linux 客户端访问 Samba 共享

Linux 客户端访问服务器主要有两种方法。

(1) 使用 smbclient 命令。

在 Linux 中，Samba 客户端使用 smbclint 这个程序来访问 Samba 服务器时，先要确保客户端已经安装了 Samba-client 这个 rpm 包。

```
[root@RHEL6 ~]#rpm  -qa|grep  samba
```

默认已经安装，如果没有安装可以用前面讲过的命令来安装。

smbclient 可以列出目标主机共享目录列表。smbclient 命令格式如下：

```
smbclient -L 目标 IP 地址或主机名 -U 登录用户名%密码
```

当我们查看 RHEL 6(192.168.1.1) 主机的共享目录列表时，会提示输入密码，这时候可以不输入密码，直接按 Enter 键，这样表示匿名登录，然后就会显示匿名用户可以看到的共享目录列表。

```
[root@RHEL6 ~]#smbclient  -L  RHEL6
[root@RHEL6 ~]#smbclient  -L  192.168.1.1
```

若想使用 Samba 账号查看 Samba 服务器端共享的目录，可以加上-U 参数，后面跟“上用户名%密码”。下面的命令显示只有 boss 账号才有权限浏览和访问 tech 技术部的共享目录。

```
[root@RHEL6 ~]#smbclient  -L  192.168.1.1  -U  boss%Password
```

注意：不同用户使用 smbclient 浏览的结果可能不一样，这要根据服务器设置的访问控制权限而定。

读者还可以使用 smbclient 命令行共享访问模式浏览共享的资料。

smbclient 命令行共享访问模式命令格式如下：

```
smbclient  //目标 IP 地址或主机名/共享目录  -U  用户名%密码
```

下面的命令可以显示服务器上 tech 共享目录的内容。

```
[root@RHEL6 ~]#smbclient  //192.168.1.1/tech  -U  boss%Password
```

另外 smbclient 登录 Samba 服务器后，可以使用 help 查询其所支持的相关命令。

(2) 使用 mount 命令挂载共享目录。

mount 命令挂载共享目录格式：

```
mount -t cifs    //目标 IP 地址或主机名/共享目录名称 挂载点 -o username=用户名
[root@ RHEL6~]#mount -t cifs //192.168.1.1/tech /mnt/sambadata/ -o username=
boss%Password
```

表示挂载 192.168.1.1 主机上的共享目录 tech 到/mnt/sambadata 目录下。cifs 是 Samba 所使用的文件系统。

7. Windows 客户端访问 Samba 共享

(1) 依次打开“开始”→“运行”，使用 UNC 路径直接进行访问。形如：

```
\\RHEL6\tech 或者 \\192.168.1.1\tech
```

(2) 映射网络驱动器访问 Samba 服务器共享目录。

双击“我的电脑”，打开“资源管理器”窗口，依次单击“工具”→“映射网络驱动器”，在“映射网络驱动器”对话框中选择 Z 驱动器，并输入 tech 共享目录的地址，比如：\\192.168.0.10\tech。单击“完成”按钮，在接下来的对话框中输入可以访问 tech 共享目录的 Samba 账号和密码。

再次打开“我的电脑”，驱动器 Z 就是已设置的共享目录 tech，可以很方便地对其进行访问了。

5.1.5 实训思考题

Samba 服务器的主要作用是什么？

5.1.6 实训报告要求

按要求完成实训报告。

5.2 配置与管理 NFS 服务器

5.2.1 实训目的

- 掌握 Linux 系统之间资源共享和互访的方法。
- 掌握 NFS 服务器和客户端的安装与配置方法。

5.2.2 实训内容

- 架设一台 NFS 服务器。
- 利用 Linux 客户端连接并访问 NFS 服务器上的共享资源。

5.2.3 实训环境及要求

下面将剖析一个企业 NFS 服务器的真实案例，并给出解决方案，以便读者能够对前面的知识有一个更深的理解.

1. 企业 NFS 服务器拓扑图

企业 NFS 服务器拓扑结构如图 5-5 所示，NFS 服务器的地址是 192.168.8.188，一个客户端的 IP 地址是 192.168.8.186；另一个客户端的 IP 地址是 192.168.8.88。其他客户端的 IP 地址不再罗列。在本例中有 3 个域：team1.smile.com、team2.smile.com 和 team3.smile.com。

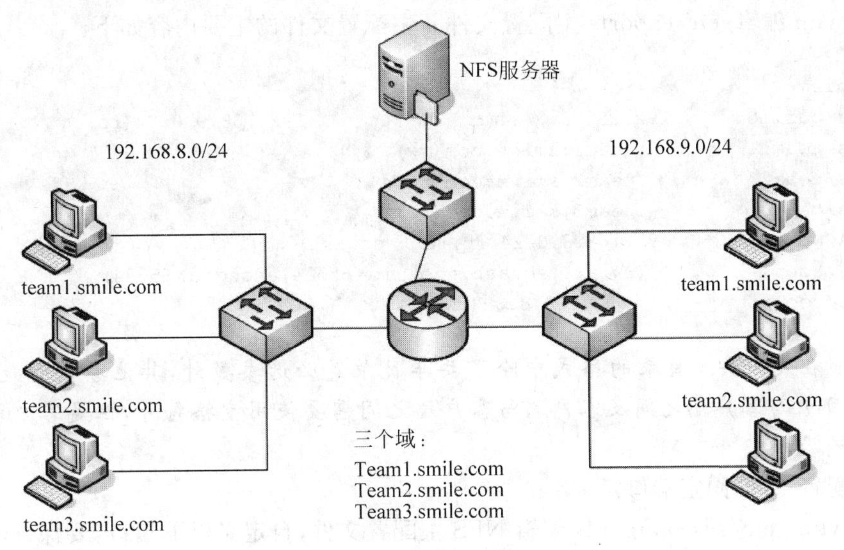

图 5-5　企业 NFS 服务器拓扑图

2. 企业需求

(1) 共享/media 目录，允许所有客户端访问该目录并只有只读权限。

(2) 共享/nfs/public 目录，允许 192.168.8.0/24 和 192.168.9.0/24 网段的客户端访问，并且对此目录只有只读权限。

(3) 共享/nfs/team1、/nfs/team2、/nfs/team3 目录，/nfs/team1 只有 team1.smile.com 域成员可以访问并有读写权限。/nfs/team2、/nfs/team3 目录同理。

(4) 共享/nfs/works 目录，192.168.8.0/24 网段的客户端具有只读权限，并且将 root 用户映射成匿名用户。

(5) 共享/nfs/test 目录，所有用户都具有读写权限，但当用户使用该共享目录时，都将账号映射成匿名用户，并且指定匿名用户的 UID 和 GID 都为 65534。

(6) 共享/nfs/security 目录，仅允许 192.168.8.88 客户端访问并具有读写权限。

5.2.4　实训步骤

(1) 创建相应目录。

```
[root@server ~]#mkdir  /media
[root@server ~]#mkdir  /nfs
[root@server ~]#mkdir  /nfs/public
[root@server ~]#mkdir  /nfs/team1
[root@server ~]#mkdir  /nfs/team2
```

```
[root@server ~]#mkdir  /nfs/team3
[root@server ~]#mkdir  /nfs/works
[root@server ~]#mkdir  /nfs/test
[root@server ~]#mkdir  /nfs/security
```

(2) 安装 nfs-utils 及 rpcbind 软件包(见前面)。

(3) 编辑/etc/exports 配置文件。

使用 vim 编辑/etc/exports 主配置文件。主配置文件的主要内容如下。

```
/media             *(ro)
/nfs/public        192.168.8.0/24(ro)          192.168.9.0/24(ro)
/nfs/team1         *.team1.smile.com(rw)
/nfs/team2         *.team2.smile.com(rw)
/nfs/team3         *.team3.smile.com(rw)
/nfs/works         192.168.8.0/24(ro,root_squash)
/nfs/test          *(rw,all_squash,anonuid=65534,anongid=65534)
/nfs/security         192.168.8.88(rw)
```

注意:在发布共享目录的格式中除了共享目录是必选参数外,其他参数都是可选的。并且共享目录与客户端之间及客户端与客户端之间需要使用空格符号,但是客户端与参数之间不能有空格。

(4) 配置 NFS 固定端口。

使用 vim /etc/sysconfig/nfs 编辑 NFS 主配置文件,自定义以下端口,要保证不和其他端口冲突。

```
RQUOTAD_PORT=5001
LOCKD_TCPPORT=5002
LOCKD_UDPPORT=5002
MOUNTD_PORT=5003
STATD_PORT=5004
```

(5) 关闭防火墙。

请参考前面的关闭防火墙部分的内容。如果 NFS 客户端无法访问,一般是防火墙的问题。请读者切记,在处理其他服务器的问题时,也会把本地系统权限、防火墙设置放到首位。

(6) 设置共享文件权限属性。

```
[root@server ~]#chmod  777  /media
[root@server ~]#chmod  777  /nfs
[root@server ~]#chmod  777  /nfs/public
[root@server ~]#chmod  777  /nfs/team1
[root@server ~]#chmod  777  /nfs/team2
[root@server ~]#chmod  777  /nfs/team3
[root@server ~]#chmod  777  /nfs/works
[root@server ~]#chmod  777  /nfs/test
[root@server ~]#chmod  777  /nfs/security
```

(7) 启动 rpcbind 和 NFS 服务(见前面)。

(8) 对 NFS 服务器进行本机测试。

① 使用 rpcinfo 命令检测 NFS 是否使用了固定端口。

```
[root@server ~]#rpcinfo  -p
```

② 检测 NFS 的 rpc 注册状态。

格式：

```
rpcinfo -u 主机名或 IP 地址进程
```

例如：

```
[root@server ~]#rpcinfo  -u  192.168.8.188  nfs
```

③ 查看共享目录和参数设置。

```
[root@server ~]#cat  /var/lib/nfs/etab
```

(9) 进行 Linux 客户端测试(192.168.8.186)。

```
[root@Client ~]#ifconfig  eth0
```

① 查看 NFS 服务器共享目录。命令格式如下：

```
showmount -e IP 地址(显示 NFS 服务器的所有共享目录)
```

或者

```
showmount -d IP 地址(仅显示被客户端挂载的共享目录)
```

例如：

```
[root@server ~]#showmount  -e   192.168.8.188
[root@server ~]#showmount  -d   192.168.8.188
```

② 挂载及卸载 NFS 文件系统。

格式：

```
mount -t nfs NFS  服务器 IP 地址或主机名:共享名 本地挂载点
```

例如：

```
[root@Client ~]#mount  -t  nfs  192.168.8.188:/media  /mnt/media
[root@Client ~]#mount  -t  nfs  192.168.8.188:/nfs/works  /mnt/nfs
[root@Client ~]#mount  -t  nfs  192.168.8.188:/nfs/test   /mnt/test
[root@Client ~]#umount  /mnt/media/
[root@Client ~]#umount  /mnt/nfs/
```

注意：本地挂载点应该提前建好。另外如果想挂载一个没有权限访问的 NFS 共享目录就会报错。如下所示的命令会报错。

```
[root@Client ~]#mount  -t  nfs  192.168.8.188:/nfs/security  /mnt/nfs
```

③ 启动自动挂载 NFS 文件系统。

使用 vim 编辑/etc/fstab 文件，增加一行。

```
192.168.8.188:/nfs/test        /mnt/nfs2    nfs      default  0  0
```

(10) 保存文件、退出并重启 Linux 系统。

(11) 在 NFS 服务器/nfs/test 目录中新建文件和文件夹供测试用。

(12) 在 Linux 客户端查看/nfs/test 是否挂载成功，如图 5-6 所示。

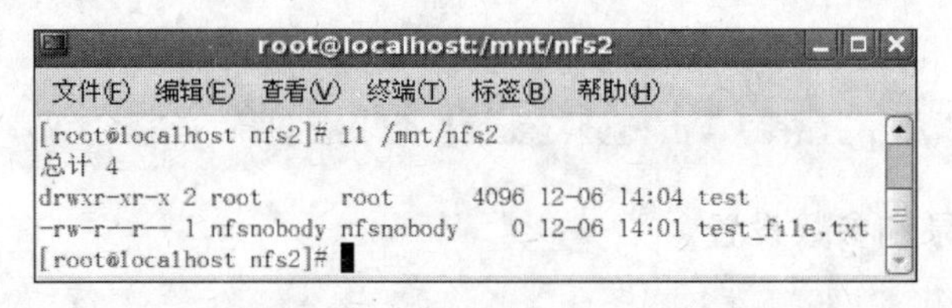

图 5-6 在客户端挂载成功

5.2.5 实训思考题

(1) 使用 NFS 服务，至少需要启动哪三个系统守护进程？

(2) NFS 服务的工作流程是怎样的？

(3) 如何排除 NFS 故障？

5.2.6 实训报告要求

按要求完成实训报告。

5.3 配置与管理 DHCP 服务器

5.3.1 实训目的

- 掌握 Linux 下 DHCP 服务器的安装和配置方法。
- 掌握 DHCP 客户端的配置方法。

5.3.2 实训内容

- 架设一台 DHCP 服务器。
- 配置一台 DHCP 客户机。

5.3.3 实训要求

配置 DHCP 服务器及客户端。

5.3.4 实训步骤

1. 安装 DHCP 服务

(1) 首先检测系统中是否已经安装了 DHCP 相关软件。

```
[root@RHEL6 ~]#rpm  -qa | grep  dhcp
```

(2) 使用 yum 命令安装 DHCP 服务(光盘挂载、yum 源的制作请参考项目 2)。

```
[root@RHEL6 ~]#yum clean all                    //安装前先清除缓存
[root@rhel6 ~]#yum  install  dhcp -y
```

(3) 安装完后再次查询,发现已安装成功。

```
[root@RHEL6 ~]#rpm  -qa | grep  dhcp
dhcp-4.1.1-34.P1.el6.x86_64
dhcp-common-4.1.1-34.P1.el6.x86_64
```

(其他步骤略。)

2. 简单配置的应用案例

某单位技术部有 60 台计算机,DHCP 服务器和 DNS 服务器的地址都是 192.168.1.1/24;有效 IP 地址段为 192.168.1.1～192.168.1.254;子网掩码是 255.255.255.0;网关为 192.168.1.254,192.168.1.1～192.168.1.30 网段地址是服务器的固定地址,客户端可以使用的地址段为 192.168.1.100～192.168.1.200,其余的 IP 地址为保留地址。

(1) 使用 VMware 部署该环境。

2 台安装好 RHEL 6.4 的计算机,联网方式都设为 host only(VMnet0),一台作为服务器,一台作为客户端使用。

(2) 服务器端配置。

① 定制全局配置和局部配置,局部配置需要把 192.168.1.0/24 网段声明出来,然后在该声明中指定一个 IP 地址池,范围为 192.168.1.100～192.168.1.200,分配给客户端使用,最后重新启动 dhcpd 服务让配置生效。配置文件内容如下所示。

```
ddns-update-style none;
log-facility local7;
subnet 192.168.1.0 netmask 255.255.255.0 {
  range 192.168.1.100 192.168.1.200;
  option domain-name-servers 192.168.1.1;
  option domain-name "internal.example.org";
  option routers 192.168.1.254;
  option broadcast-address 192.168.1.255;
  default-lease-time 600;
  max-lease-time 7200;
}
```

② 配置完后保存文件,退出并重启 dhcpd 服务。

```
[root@RHEL6 ~]#service dhcpd restart
```

(3) 在客户端进行测试。

如果在真实网络中,以上命令应该不会出问题。但如果用的是 VMWare 9.0 或其他类似版本,虚拟机中的 Windows 客户端可能会获取到 192.168.79.0 网络中的一个地址,与我们的预期目标相悖。这种情况下需要关闭 VMnet8 和 VMnet1 的 DHCP 服务功能。解决方法如下。

在 VMWare 主窗口中，依次打开 Edit→Virtual Network Editor，打开“虚拟网络编辑器”窗口，选中 VMnet1 或 VMnet8，去掉对应的 DHCP 服务启用选项，如图 5-7 所示。

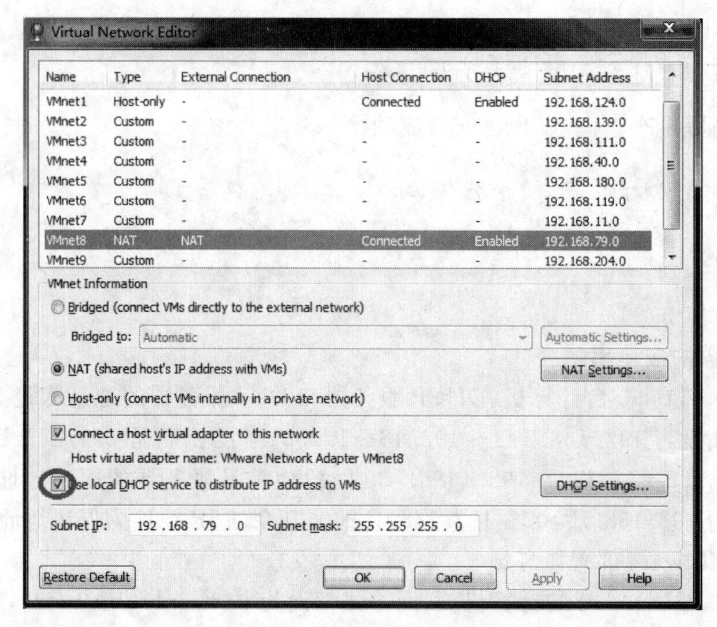

图 5-7　虚拟网络编辑器

① 以 root 用户身份登录名为 RHEL 6.4-1 的 Linux 计算机，利用网络卡配置文件设置能使用 DHCP 服务器获取 IP 地址。修改后的配置文件内容如图 5-8 所示。

```
[root@RHEL6 ~]#  vim /etc/sysconfig/network-scripts/ifcfg-eth0
```

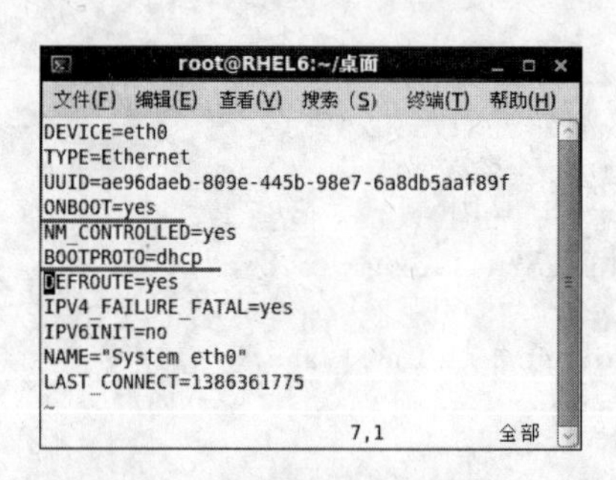

图 5-8　客户端网卡配置文件

注意：在该配置文件中，删除 IPADDR=192.168.1.1、PREFIX=24、NETMASK=255.255.255.0、HWADDR=00:0C:29:A2:BA:98 等条目，将 BOOTPROTO=none 改为 BOOTPROTO=dhcp。

② 重启网卡，使用命令查看是否获得了 IP 地址等信息。

```
[root@RHEL6 ~]#  service network restart
[root@RHEL6 ~]#  ifconfig  eth0
```

(4) 在服务器端查看租约数据库文件,如图 5-9 所示。

```
[root@RHEL6 ~]#cat   /var/lib/dhcpd/dhcpd.leases
```

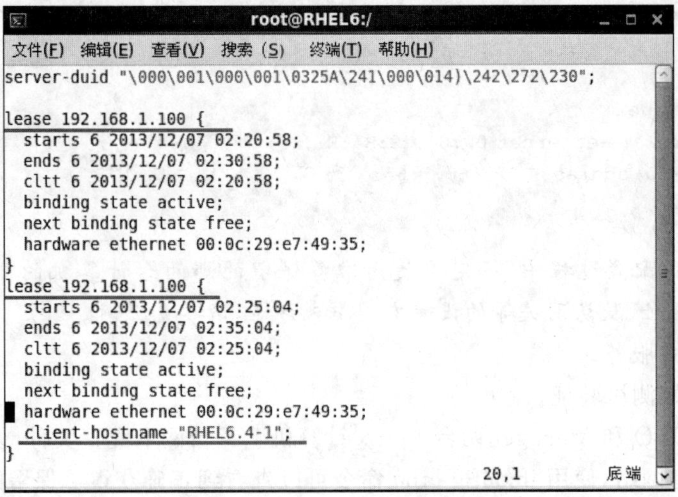

```
root@RHEL6:/
文件(F) 编辑(E) 查看(V) 搜索(S) 终端(T) 帮助(H)
server-duid "\000\001\000\001\0325A\241\000\014)\242\272\230";

lease 192.168.1.100 {
  starts 6 2013/12/07 02:20:58;
  ends 6 2013/12/07 02:30:58;
  cltt 6 2013/12/07 02:20:58;
  binding state active;
  next binding state free;
  hardware ethernet 00:0c:29:e7:49:35;
}
lease 192.168.1.100 {
  starts 6 2013/12/07 02:25:04;
  ends 6 2013/12/07 02:35:04;
  cltt 6 2013/12/07 02:25:04;
  binding state active;
  next binding state free;
  hardware ethernet 00:0c:29:e7:49:35;
  client-hostname "RHEL6.4-1";
}
                                        20,1          底端
```

图 5-9 Linux 客户从 Linux DHCP 服务器上获取了 IP 地址

3. 保留地址配置的应用案例

某单位销售部有 200 台计算机,采用 192.168.1.0/24 网段,路由器 IP 地址为 192.168.1.254;DNS 服务器 IP 地址为 192.168.1.1;DHCP 服务器为 192.168.1.1;客户端地址范围为 192.168.1.100~192.168.1.200;子网掩码为 255.255.255.0;首席技术官 CTO 使用的固定 IP 地址为 192.168.1.88;部门经理使用的固定 IP 地址为 192.168.1.66。

为保证使用固定 IP 地址,就要在 subnet 声明中嵌套 host 声明,目的是要单独为总监和经理的主机设置固定 IP 地址,并在 host 声明中加入 IP 地址和 MAC 地址绑定的选项以申请固定 IP 地址。

提示:在实施该部署前要先查询到 CTO 和 Manager 的真实 MAC 地址(Linux 下使用 ifconfig,Windows 下使用 ipconfig)。

(1) 使用 VMware 部署该环境。

3 台安装好 RHEL 6.4 的计算机,联网方式都设为 host only(VMnet0),一台作为服务器,另外 2 台作为客户端使用。

(2) 在服务器端配置。

① 编辑主配置文件/etc/dhcpd.conf。完整的配置文件内容如下。

```
ddns-update-style none;
log-facility local7;
subnet 192.168.1.0 netmask 255.255.255.0 {
        range 192.168.1.100 192.168.1.200;
        option domain-name-servers 192.168.1.1;
        option domain-name "internal.example.org";
        option routers 192.168.1.254;
        option broadcast-address 192.168.1.255;
        default-lease-time 600;
```

```
        max-lease-time 7200;
}
host    CTO{
        hardware ethernet 00:0C:29:E7:49:35;
        fixed-address 192.168.1.88;
}

host    manager{
        hardware ethernet 00:0C:29:BA:E1:1D;
        fixed-address 192.168.1.66;
}
```

注意：在实际配置过程中，一定要使用准备保留的那两台计算机的真实 MAC 地址。客户端的 DNS 地址、默认网关等的设置本例中未详述，请参见上例。

② 重启 hcpd 服务。

(3) 在客户端测试验证。

① 分别在 CTO 和 Manager 两台 Linux 计算机上编辑网卡配置文件，设置成 DHCP 自动获取，然后重启网络，使用 ifconfig eth0 命令可以查看到正确获得了保留的 IP 地址。

```
[root@RHEL6 ~]#  vim /etc/sysconfig/network-scripts/ifcfg-eth0
[root@RHEL6 ~]#  service network restart
[root@RHEL6 ~]#  ifconfig  eth0
```

② 如果是 Windows 客户机，则将要测试的计算机的 IP 地址获取方式改为自动获取，然后用 ipconfig /renew 进行测试即可。

4. 多网卡实现 DHCP 多作用域配置

DHCP 服务器使用单一的作用域，大部分时间能够满足网络的需求，但是有些特殊情况下，按照网络规划需要配置多作用域。

(1) 企业环境及需求

网络中如果计算机和其他设备数量增加，IP 地址需要进行扩容才能满足需求。小型网络可以对所有设备重新分配 IP 地址，其网络内部客户机和服务器数量较少，实现起来比较简单。但如果是一个大型网络，重新配置整个网络的 IP 地址是不明智的，如果操作不当，可能会造成通信暂时中断以及其他网络故障。我们可以通过多作用域的设置，即 DHCP 服务器发布多个作用域实现 IP 地址增容的目的。任务需求如下。

某公司 IP 地址规划为 192.168.0.0/24 网段，可以容纳 254 台设备，使用 DHCP 服务器建立一个 192.168.0.0 网段的作用域，动态管理网络 IP 地址，但网络规模扩大到 400 台机器，显然一个 C 类网的地址无法满足要求了。这时，可以再为 DHCP 服务器添加一个新作用域，管理分配 192.168.3.0/24 网段的 IP 地址为网络增加 254 个新的 IP 地址，这样既可以保持原有 IP 地址的规划，又可以扩容现有的网络 IP 地址。

(2) 网络拓扑

采用双网卡实现两个作用域，如图 5-10 所示。

(3) 需求分析

对于多作用域的配置，必须保证 DHCP 服务器能够侦听所有子网客户机的请求信息，

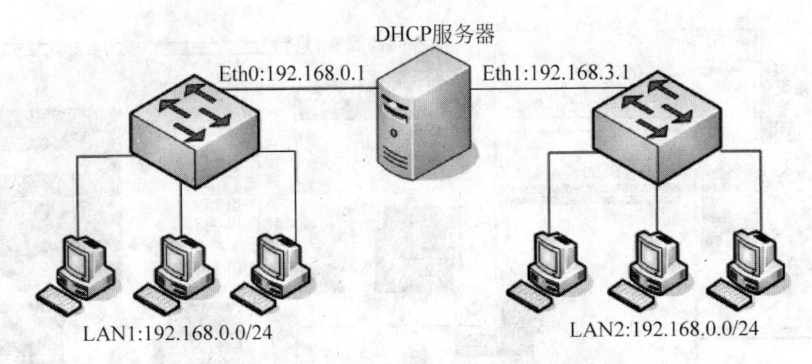

图 5-10 多作用域配置网络拓扑图

下面将讲解配置多作用域的基本方法，为 DHCP 添加多个网卡连接每个子网，并发布多个作用域的声明。

注意：划分子网时，如果选择直接配置多作用域实现动态 IP 分配的任务，则必须要为 DHCP 服务器添加多块网卡，并配置多个 IP 地址，否则 DHCP 服务器只能分配与其现有网卡 IP 地址对应网段的作用域。

(4) 使用 VMware 部署该网络环境

① VMware 联网方式采用自定义。

② 3 台安装好 RHEL 6.4 的计算机，1 台服务器(RHEL 6.1) 有 2 块网卡，1 块网卡连接 VMnet1，IP 地址是 192.168.0.1；1 块网卡连接 VMnet3，IP 地址是 192.168.3.1。

③ 第 1 台客户机(client-1) 的网卡连接 VMnet1，第 2 台客户机(client-2) 的网卡连接 VMnet3。

注意：我们利用 VMware 的自定义网络连接方式，将 2 个客户端分别设置到了 LAN1 和 LAN2。后面还有类似的应用，希望读者在实践中认真体会。

(5) 配置 DHCP 服务器网卡 IP 地址

DHCP 服务器有多块网卡时，需要使用 ifconfig 命令为每块网卡配置独立的 IP 地址，但要注意，IP 地址配置的网段要与 DHCP 服务器发布的作用域对应。

```
[root@RHEL6 ~]#ifconfig    eth0   192.168.0.1   netmask 255.255.255.0
[root@RHEL6 ~]#ifconfig    eth1   192.168.3.1   netmask 255.255.255.0
```

思考：使用命令方式配置网卡，重启后配置将无效。有没有其他方法使配置永久生效？

参考：①使用 setup 命令配置 eth0 和 eth1。eth1 设备需要添加，步骤如图 5-11 所示。设置完 eth0 和 eth1 后单击“确定”按钮将配置的内容保存，使用 service network restart 命令重启网络。②第二种方法是修改网卡配置文件，由于 eth1 网卡配置文件不存在，使用如下命令进行复制后再修改。应注意修改 IP 地址的同时一定要去掉 UUID、HWADDR 等网卡信息。③如果网卡激活失败，注意查看网卡配置文件，特别是注意 ONBOOT 的值是否设置成了 yes。请读者谨记。

```
cp  /etc/sysconfig/network - scripts/ifcfg - eth0   /etc/sysconfig/network -
scripts/ifcfg-eth1
```

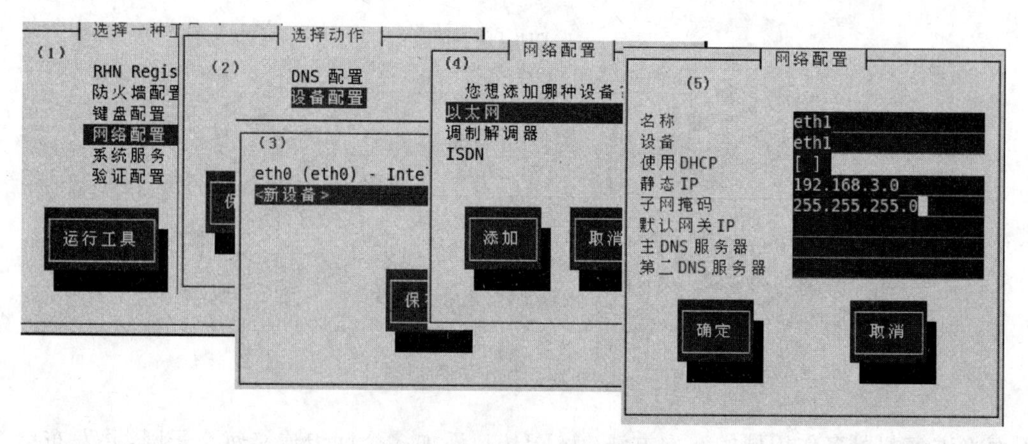

图 5-11 添加 eth1 网卡设备

(6) 编辑 dhcpd.conf 主配置文件

当 DHCP 服务器网络环境搭建完毕后，可以编辑 dhcpd.conf 主配置文件完成多作用域的设置。保存文件并退出。

```
[root@RHEL6 ~]#vim  /etc/dhcpd.conf

ddns-update-style none;
ignore client-updates;
subnet 192.168.0.0 netmask 255.255.255.0 {
     option routers                              192.168.0.1;
     option subnet-mask                          255.255.255.0;
     option nis-domain                           "test.org";
     option domain-name                          "test.org";
     option domain-name-servers                  192.168.0.2;
     option time-offset         -18000;              #Eastern Standard Time
     range dynamic-bootp          192.168.0.5          192.168.0.254;
     default-lease-time           21600;
     max-lease-time               43200;
}
…
subnet 192.168.3.0 netmask 255.255.255.0 {
     option routers                              192.168.3.1;
     option subnet-mask                          255.255.255.0;
     option nis-domain                           "test.org";
     option domain-name                          "test.org";
     option domain-name-servers                  192.168.0.2;
     option time-offset         -18000;              #Eastern Standard Time
     range dynamic-bootp          192.168.3.5          192.168.3.254;
     default-lease-time           21600;
     max-lease-time               43200;
}
```

(7) 在客户端上测试验证

经过设置，对于 DHCP 服务器将通过 eth0 和 eth1 两块网卡侦听客户机的请求，会发送相应的回应。验证时将客户端计算机 client-1 和 client-2 的 eth0 网卡设置为自动获取。可以通过 setup 命令,也可能使用网卡配置文件,最后都要重启网卡。请参考前面相关内容,不再一一赘述。

(8) 检查服务器的日志文件

重启 DHCP 服务后检查系统日志,检测配置是否成功,使用 tail 命令动态显示日志信息。可以看到 2 台客户机获取 IP 地址以及这 2 台客户机的 MAC 地址等。

```
[root@RHEL6 ~]#tail    -F    /var/log/messages
```

小技巧: 对于实训来讲,虚拟机越少越好。在本次实训中,只要 1 台客户机也可以。依次设置这台客户机的虚拟机网络连接方式是 VMnet1、VMnet2,并分别测试,会发现客户机在两种设置下分别获取了 192.168.0.0/24 网络和 192.168.3.0/24 的地址池内的地址。则实训成功。

5. Linux 客户端的配置

配置 Linux 客户端需要修改网卡配置文件,将 BOOTPROTO 项设置为 BOOTPROTO=dhcp。

(1) 将 BOOTPROTO=none 修改为 BOOTPROTO=dhcp,启用客户端 DHCP 功能。一定保证 ONBOOT=yes。

```
[root@Client ~]#vim   /etc/sysconfig/network-scripts/ifcfg-eth0
```

(2) 重新启动网卡或者使用 dhclient 命令,重新发送广播申请 IP 地址。

```
[root@Client ~]#ifdown    eth0;  ifup  eth0
```

或者

```
[root@Client ~]dhclient    eth0
```

(3) 使用 ifconfig 命令测试。

```
[root@Client ~]#ifconfig    eth0
```

6. Windows 客户端的配置

(1) Windows 客户端的配置比较简单,设置自动获取 IP 地址就可以了。

(2) 在 Windows 命令提示符下,利用 ipconfig 命令可以释放 IP 地址,然后再重新获取 IP 地址。

释放 IP 地址: ipconfig　/release。

重新申请 IP 地址: ipconfig　/renew。

5.3.5　实训思考题

(1) Windows 操作系统下通过什么命令可以知道本地主机当前获得的 IP 地址?

(2) 动态 IP 地址方案有什么优点和缺点? 简述 DHCP 服务器的工作过程。

(3) 简述 IP 地址租约和更新的全过程。

(4) 如何配置 DHCP 作用域选项?如何备份与还原 DHCP 数据库?

(5) 简述 DHCP 服务器分配给客户端的 IP 地址类型。

5.3.6 实训报告要求

按要求完成实训报告。

5.4 配置与管理 DNS 服务器

5.4.1 实训目的

掌握 Linux 下主 DNS 服务器、辅助 DNS 服务器和转发器 DNS 服务器的配置与调试方法。

5.4.2 实训内容

- 配置主 DNS 服务器。
- 配置辅助 DNS 服务器。
- 配置转发器 DNS 服务器。

5.4.3 实训环境及要求

为了保证校园网中的计算机能够安全可靠地通过域名访问本地网络以及 Internet 资源,需要在网络中部署主 DNS 服务器、辅助 DNS 服务器、缓存 DNS 服务器。

一共需要 4 台计算机,其中 3 台是 Linux 计算机,1 台是 Windows 7 计算机。

(1) 安装 Linux 企业服务器版的计算机 2 台,分别作为主 DNS 服务器和辅助 DNS 服务器。

(2) 安装了 Windows 7 操作系统的计算机 1 台,用来部署 DNS 客户端。

(3) 安装了 Linux 操作系统的计算机 1 台,用来部署 DNS 客户端。

(4) 确定每台计算机的角色,并规划每台计算机的 IP 地址及计算机名。

(5) 或者用 VMWare 虚拟机软件部署实验环境。

5.4.4 实训步骤

Linux 下架设 DNS 服务器通常使用 BIND(Berkeley Internet Name Domain)程序来实现,其守护进程是 named。

1. 安装 bind 软件包

(1) 使用 yum 命令安装 bind 服务(光盘挂载、yum 源的制作请参考项目 2)。

```
[root@RHEL6 ~]#yum clean all                    //安装前先清除缓存
[root@rhel6 ~]#yum  install  bind -y
```

(2) 安装完后再次查询,发现已安装成功。

```
[root@RHEL6 桌面]#rpm -qa|grep bind
PackageKit-device-rebind-0.5.8-21.el6.x86_64
```

```
samba-winbind-3.6.9-151.el6.x86_64
ypbind-1.20.4-30.el6.x86_64
rpcbind-0.2.0-11.el6.x86_64
bind-9.8.2-0.17.rc1.el6.x86_64
bind-libs-9.8.2-0.17.rc1.el6.x86_64
bind-utils-9.8.2-0.17.rc1.el6.x86_64
samba-winbind-clients-3.6.9-151.el6.x86_64
```

2. DNS 服务的启动、停止与重启

```
[root@RHEL6 ~]#service   named   start
[root@RHEL6 ~]#service   named   stop
[root@RHEL6 ~]#service   named   restart
```

需要注意的是，像上面那样启动的 DNS 服务只能运行到计算机关机之前，下一次系统重新启动后就又需要重新启动它。能不能让它随系统启动而自动运行呢？答案是肯定的，而且操作起来还很简单。（读者是否还记得 ntsysv 命令？）

```
[root@RHEL6 ~]#chkconfig  named  on
```

提示：在 Red Hat Enterprise Linux 6 中启动/停止/重启一个服务有很多种不同的方法，比如可以用以下命令来完成：

```
[root@RHEL6 ~]#/etc/init.d/named   start
[root@RHEL6 ~]#/etc/init.d/named   stop
[root@RHEL6 ~]#/etc/init.d/named   restart
```

3. 搭建一个简单的 DNS 服务器

初看配置文件感觉很烦琐，我们不妨从一个简单例子讲起，那就容易多了。

(1) 搭建要求。

授权 DNS 服务器管理 smile. com 区域，并把该区域的区域文件命名为 smile. com. zone。DNS 服务器是 192. 168. 2. 2，Mail 服务器是 192. 168. 2. 10，WWW 服务器是 192. 168. 2. 100。本例至少需要两台 Linux 服务器，一台安装 DNS，一台作为客户端。

(2) 配置正向解析区域。

① 建立主配置文件 named. conf。

```
[root@RHEL6 ~]#vim  /etc/named.conf
options {
        listen-on port 53 { any; };                //把 127.0.0.1 改成 any
        listen-on-v6 port 53 { ::1; };
        directory       "/var/named";
        dump-file       "/var/named/data/cache_dump.db";
        statistics-file "/var/named/data/named_stats.txt";
        memstatistics-file "/var/named/data/named_mem_stats.txt";
        allow-query     { any; };                  //localhost 改成 any
        recursion yes;
```

```
        dnssec-enable no;                  //yes 改成 no
        dnssec-validation no;              //yes 改成 no
        dnssec-lookaside auto;
            };
zone "." IN {          //以下 4 行是根域设置,区域文件为/vae/named/name.ca,不可省略
        type hint;
        file "named.ca";
};
zone "smile.com" {                         //区域名为 smile.com
        type    master;                    //区域类型为 master
        file "smile.com.zone";             //区域解析文件为/var/named/smile.com.zone
};
```

directory 路径名：用于定义服务器的工作目录，该目录存放区域数据文件。配置文件中所有相对路径的路径名都基于此目录。如果没有指定，默认是 BIND 启动的目录。

② 建立 smile. com. zone 区域文件。

```
[root@RHEL6 ~]#vim   /var/named/smile.com.zone
$TTL 1D
@       IN SOA  smile.com.  root.smile.com. (
                                        2013120800      ; serial
                                        1D              ; refresh
                                        1H              ; retry
                                        1W              ; expire
                                        3H )            ; minimum

@       IN      NS              dns.smile.com.
dns     IN      A               192.168.2.2
@       IN      MX      5       mail.smile.com.
mail    IN      A               192.168.2.10
www     IN      A               192.168.2.100
```

最左列中的 dns 不能写成 dns. smile. com，因为在第 2 行第 4 列已指出了域名是 smile. com，所以只写 dns 就可以了。mail、www 等与此类同。

(3) 配置反向解析区域。

① 添加反向解析区域(在 named. conf 文件中增加内容)。

```
[root@RHEL6 ~]#vim  /etc/named.conf
zone "2.168.192.in-addr.arpa" {
        type            master;
        file            "2.168.192.in-addr.arpa.zone";
};
```

② 建立反向区域文件。

```
[root@RHEL6 ~]#vim /var/named/2.168.192.in-addr.arpa.zone
$TTL    86400
@       IN      SOA     2.168.192.in-addr.arpa. root.smile.com.(
```

```
                        2013120800              ; Serial
                        28800                   ; Refresh
                        14400                   ; Retry
                        3600000                 ; Expire
                        86400 )                 ; Minimum
@     IN       NS                 dns.smile.com.
2     IN       PTR                dns.smile.com.
@     IN       MX        5        mail.smile.com.
10    IN       PTR                mail.smile.com.
100   IN       PTR                www.smile.com.
```

最左列中 2 不能写成 192.168.2.2，因为在第 2 行第 4 列已指出了反向地址是 2.168.192，所以只写 2 就可以了。10、100 等与此类同。

特别注意：反向区域文件名一定与/etc/named.conf 中区域"2.168.192.in-addr.arpa"中定义的一致。本例中文件名是：2.168.192.in-addr.arpa.zone。

(4) 将/etc/named.conf、正反向区域文件属组由 root 改为 named。

```
[root@RHEL6 ~]#chgrp named  /etc/named.conf
[root@RHEL6 ~]#chgrp named  /var/named/smile.com.zone
[root@RHEL6 ~]#chgrp named  /var/named/2.168.192.in-addr.arpa.zone
```

(5) 关闭防火墙后重启 named 服务。

```
[root@RHEL6 ~]#system-config-firewall
```

选择"禁用"→"应用"按钮，如图 5-12 所示。

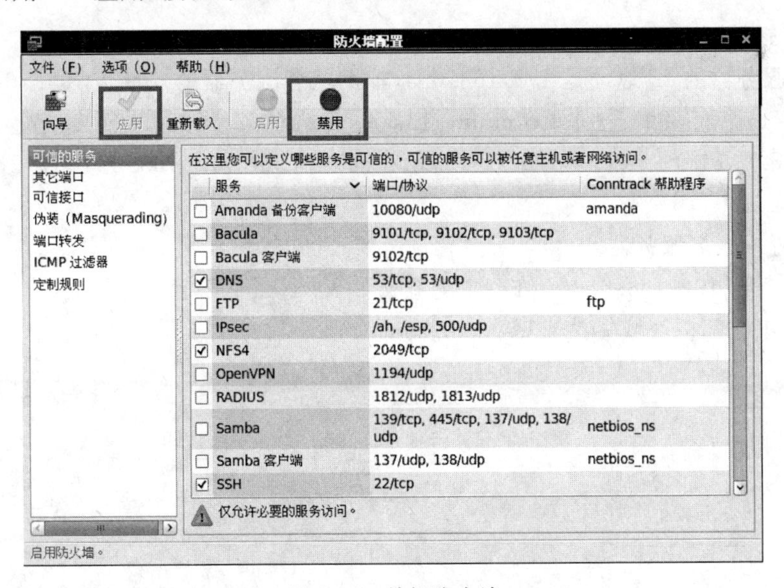

图 5-12　关闭防火墙

使用以下命令重启 named 服务。

```
[root@RHEL6 ~]#service  named  restart
```

(6) 在 Linux 客户端测试配置效果。

```
[root@RHEL6 桌面]#vim /etc/resolv.conf
nameserver 192.168.2.2                          //在打开的配置文件中增加一行
[root@RHEL6 桌面]#service network restart       //重启系统使设置有效
[root@RHEL6 桌面]#nslookup
>server                                         //查询 DNS 服务器地址
Default server: 192.168.2.2
Address: 192.168.2.2#53
>dns.smile.com                                  //解析 dns.smile.com
Server:         192.168.2.2
Address:    192.168.2.2#53

Name:    dns.smile.com
Address: 192.168.2.2
>mail.smile.com                                 //解析 mail.smile.com
Server:         192.168.2.2
Address:    192.168.2.2#53

Name:    mail.smile.com
Address: 192.168.2.10
>192.168.2.100                                  //反向解析 192.168.2.100
Server:         192.168.2.2
Address:    192.168.2.2#53

100.2.168.192.in-addr.arpa    name = www.smile.com.
>exit                                           //退出测试
```

4. 配置辅助域名服务器

主域名服务器的 IP 地址是 192.168.0.3，辅助域名服务器的地址是 192.168.0.200，区域是 sales.com，两台主机分别是 computer1.sales.com(192.168.0.101)、computer2.sales.com(192.168.0.102)。测试客户端是 client2.sales.com(192.168.0.100)。请给出配置过程。

(1) 配置主域名服务器。

① 在服务器 192.168.0.3 上修改主配置文件 named.conf，添加 sales.com 区域。

② 创建正向解析区域文件 sales.com.zone。

```
[root@RHEL6 ~]#vim   /var/named/sales.com.zone
$TTL 1D
@       IN SOA  sales.com.  root.sales.com. (
                                    2013120800      ; serial
                                    1D              ; refresh
                                    1H              ; retry
                                    1W              ; expire
                                    3H )            ; minimum
@             IN          NS            dns.sales.com.
dns           IN          A             192.168.0.3
computer1     IN          A             192.168.0.101
```

```
computer2    IN          A              192.168.0.102
client2      IN          A              192.168.0.100
```

③ 创建反向解析区域文件 3.0.168.192.zone。

```
[root@RHEL6 ~]#vim  /var/named/3.0.168.192.zone
$TTL   86400
@       IN      SOA     0.168.192.in-addr.arpa. root.sales.com.(
                          2013120800             ; Serial
                          28800                  ; Refresh
                          14400                  ; Retry
                          3600000                ; Expire
                          86400 )                ; Minimum
@          IN        NS            dns.sales.com.
3          IN        PTR           dns.sales.com.
101        IN        PTR           computer1.sales.com.
102        IN        PTR           computer2.sales.com.
100        IN        PTR           client2.sales.com.
```

（2）配置辅助域名服务器。

在服务器 192.168.0.200 上安装 DNS，修改主配置文件 named.conf 属组及内容、关闭防火墙。添加 sales.com 区域的内容如下。

```
[root@RHEL62 ~]#vim  /etc/named.conf
options {
        listen-on port 53 { any; };
        directory       "/var/named";
        allow-query     { any; };
        recursion yes;

        dnssec-enable no;
zone "." {
        type        hint;
        file        "name.ca";
}

zone "sales.com" {
        type    slave;                          //区域的类型为 slave
        file    "slaves/sales.com.zone";        //区域文件在/var/named/slaves 下
        masters  { 192.168.0.3; } ;             //主 DNS 服务器地址
};

zone "0.168.192.in-addr.arpa" {
        type    slave;                          //区域的类型为 slave
        file    "slaves/3.0.168.192.zone";      //区域文件在/var/named/slaves 下
        masters { 192.168.0.3;};                //主 DNS 服务器地址
};
```

说明：辅助 DNS 服务器只需要设置主配置文件，正反向区域解析文件会在辅助 DNS 服务器设置完成主配置文件并重启 DNS 服务时，由主 DNS 服务器同步到辅助 DNS 服务器。只不过路径是/var/named/slaves 而已。

(3) 数据同步测试。

① 重启辅助服务器 named 服务，使其与主域名服务器数据同步，然后在主域名服务器上执行 tail 命令来查看系统日志，辅助域名服务器通过完整无缺区域复制(AXFR)获取 sales.com 区域数据。

```
[root@RHEL6 ~]#tail  /var/log/messages
```

② 查看辅助域名服务器系统日志，通过 ls 命令查看辅助域名服务器/var/named/slaves 目录，区域文件 sales.com.zone 和复制完毕的数据。

```
[root@RHEL62 ~]#ll  /var/named/slaves/
```

注意：配置区域复制时一定关闭防火墙。

③ 在客户端测试辅助 DNS 服务器。

将客户端计算机的首要 DNS 服务器地址设为 192.168.0.200。然后利用 nslookup 测试是否成功。

```
[root@localhost ~]#nslookup
>server
Default server: 192.168.0.200
Address: 192.168.0.200#53
>computer1.sales.com
Server:         192.168.0.200
Address:        192.168.0.200#53

Name:   computer1.sales.com
Address: 192.168.0.101
>dns.sales.com
Server:         192.168.0.200
Address:        192.168.0.200#53

Name:   dns.sales.com
Address: 192.168.0.3
>192.168.0.102
Server:         192.168.0.200
Address:        192.168.0.200#53

102.0.168.192.in-addr.arpa      name = computer2.sales.com.
```

5. 配置转发服务器

DNS 服务器配置为“完全转发”，会将所有区域的 DNS 查询请求发送到其他 DNS 服务器。可以通过设置 named.conf 文件的 options 字段实现该功能。

```
[root@RHEL62~]#vim  /etc/named.conf
options {
        directory    "/var/named";
        recursion  yes;                               //允许递归查询
        forwarders { 192.168.0.200; };                //指定转发查询请求 DNS 服务器列表
        forward only;                                 //仅执行转发操作
};
```

6. 配置缓存服务器

对于所有的DNS服务器都会完成指定的查询工作，然后存储已经解析的结果。缓存服务器(Caching-only Name Server)是一种特殊的域名服务器类型，其本地区并不设置DNS信息，仅执行查询和缓存操作。客户端发送查询请求，缓存服务器如果保存有该查询信息则直接返回结果，提高了DNS的解析速度。

如果你的网络与外部网络连接带宽较低，则可以使用缓存服务器。一旦建立了缓存，通信量便会减少。另外缓存服务器不执行区域传输，这样可以减少网络通信流量。

注意：缓存服务器第一次启动时，没有缓存任何信息。通过执行客户端的查询请求才可以构建缓存数据库，达到减少网络流量及提速的作用。

范例：公司网络中为了提高客户端访问外部Web站点的速度并减少网络流量，需要在内部建立缓存服务器。

分析：因为公司内部没有其他Web站点，所以不需要DNS服务器建立专门的区域，只需要接受用户的请求；然后发送到根服务器，通过迭代查询获得相应的DNS信息；再将查询结果保存到缓存，保存的信息TTL值过期后将会清空。

缓存服务器不需要建立独立的区域，可以直接对named.conf文件进行设置来实现缓存的功能。

```
[root@RHEL6 ~]#vim  /etc/named.conf
options {
          directory    "/var/named";
          datasize     100M;           //DNS 服务器缓存设置为 100MB
          recursion    yes;            //允许递归查询
    };
zone "." {
        type        hint;
        file        "name.ca";         //根区域文件,保证存取正确的根服务器记录
}
```

7. RHEL 6 客户端的配置

RHEL 6中设置DNS客户端比较简单，直接编辑/etc/resolv.conf文件，然后使用nameserver参数来指定DNS服务器的IP地址，重启网卡后配置生效。

```
[root@RHEL6 ~]#vim  /etc/resolv.conf
nameserver       192.168.0.3
nameserver       192.168.0.100
```

8. Windows 客户端的配置

Windows 下的设置比较简单。

在"网上邻居"属性对话框中单击"Internet 协议(TCP/IP)"属性按钮,在出现的"Internet 协议(TCP/IP)属性"对话框中,分别设置"首选 DNS 服务器"和"备用 DNS 服务器"地址即可。

5.4.5 实训思考题

(1) 请描述域名 www.163.com 的解析过程。

(2) DNS 配置文件中的 SOA 记录和 MX 记录的作用是什么?

(3) 请列举 4 种不同的 DNS 记录类型,并说明它们的不同作用。

5.4.6 实训报告要求

按要求完成实训报告。

5.5 配置与管理 Web 服务器

5.5.1 实训目的

掌握 Web 服务器的配置与应用方法。

5.5.2 实训内容

- 安装并运行 Apache。
- 配置 Apache,建立普通的 Web 站点。
- 配置 Apache,实现用户认证和访问控制。

5.5.3 实训环境及要求

安装有企业服务器版 Linux 的计算机一台、测试用计算机一台(Windows 7)。并且两台计算机都已经联入局域网(该环境也可以用虚拟机实现)。规划好各台主机的 IP 地址。

5.5.4 实训步骤

1. 安装、启动与停止 Apache 服务

(1) 安装 Apache 相关软件

```
[root@RHEL6 桌面]#rpm -q httpd
[root@RHEL6 桌面]#mkdir /iso
[root@RHEL6 桌面]#mount /dev/cdrom /iso
mount: block device /dev/sr0 is write-protected, mounting read-only
[root@RHEL6 桌面]#yum clean all                          //安装前先清除缓存
[root@RHEL6 桌面]#yum install httpd -y
```

```
[root@RHEL6 桌面]#yum install firefox -y                          //安装浏览器
[root@RHEL6 桌面]#rpm -qa|grep httpd                              //检查安装组件是否成功
```

注意：一般情况下，httpd 默认已经安装，浏览器有可能在安装时未安装，需要根据情况而定。

```
[root@RHEL6 桌面]#rpm -ivh httpd-2.2.3-6.el5.i386.rpm --force --nodeps
```

(2) 测试 Apache 服务器是否安装成功

安装完 Apache 服务器后，执行以下命令启动它。

```
[root@RHEL6 桌面]#/etc/init.d/httpd  start
Starting  httpd:                                                  [确定]
```

在客户端的浏览器中输入 Apache 服务器的 IP 地址，即可进行访问。如果看到如图 5-13 所示的提示信息，则表示 Apache 服务器已安装成功。

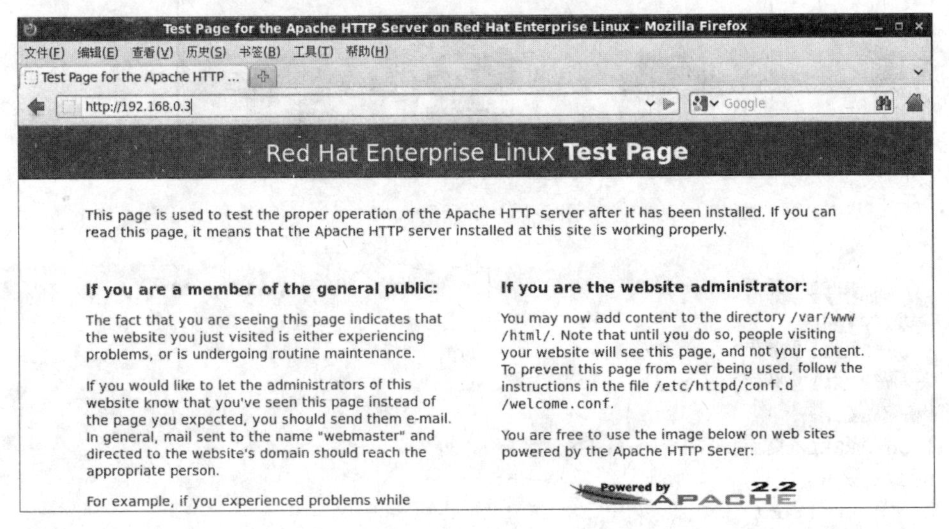

图 5-13　Apache 服务器安装成功

启动或重新启动、停止 Apache 服务的命令如下：

```
[root@RHEL6 桌面]#service  httpd  start
[root@RHEL6 桌面]#service  httpd  restart
[root@RHEL6 桌面]#service  httpd  stop
```

(3) 让防火墙放行

需要注意的是，Red Hat Enterprise Linux 6 采用了 SELinux 这种增强的安全模式，在默认的配置下，只有 SSH 服务可以通过。像 Apache 这种服务，在安装、配置、启动完毕后，还需要为它放行才行。

① 在命令行控制台窗口中输入 setup 命令，打开 Linux 配置工具选择窗口，如图 5-14 所示。

② 选中其中的“防火墙配置”选项，单击“运行工具”按钮，打开“防火墙配置”窗口，如图 5-15 所示。按 Space 键将“启用”前面的“*”去掉。也可单击“定制”按钮，把需要运行的服务前面都打上“*”号标记（选中该条目后，按下 Space 键）。

提示：NFS4 服务由于端口不固定，直接关闭防火墙。初学者可以直接关闭防火墙，避免未知的错误。熟悉了再逐渐开放防火墙。

图 5-14　Red Hat Enterprise Linux 6 配置工具

(4) SELinux 设置为允许

更改当前的 SELinux 值，后面可以跟 enforcing、permissive 或者 1、0。

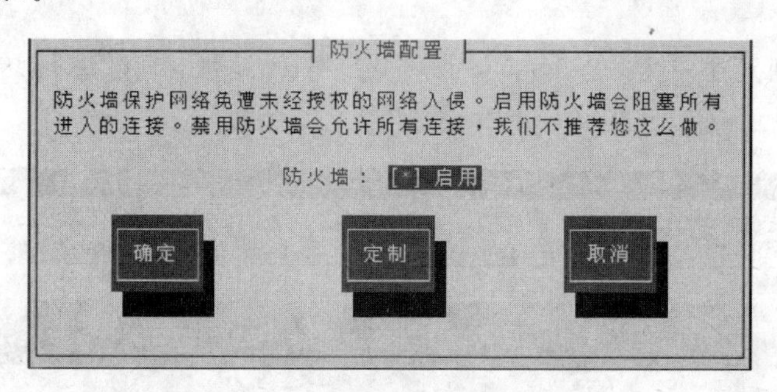

图 5-15　关闭防火墙

```
[root@RHEL6 桌面]#getenforce
Enforcing
[root@RHEL6 桌面]#setenforce Permissive
[root@RHEL6 桌面]#getenforce
Permissive
[root@RHEL6 桌面]#sestatus  -v
SELinux status:                 enabled
SELinuxfs mount:                /selinux
…
```

注意：①利用 setenforce 设置 SELinux 值，重启系统后失效。如果再次使用 httpd，则仍需重新设置 SELinux，否则客户端无法访问 Web 服务器。②如果想使设置长期有效，请编辑修改/etc/sysconfig/selinux 文件，按需要赋予 SELinux 相应的值（enforcing 或者 permissive）。③本书多次提到防火墙和 SELinux，请读者一定要了解。对于重启后失效的情况也要了如指掌。

(5) 自动加载 Apache 服务

① 使用 ntsysv 命令，在文本图形界面下对 Apache 自动加载（在 httpd 选项前按 space 键，加上“ * ”）。

② 使用 chkconfig 命令自动加载。

```
[root@RHEL6 桌面]#chkconfig  --level  3  httpd  on     //运行级别 3 则自动加载
[root@RHEL6 桌面]#chkconfig  --level  3  httpd  off    //运行级别 3 则不自动加载
```

2. Web应用案例

(1) 案例描述

部门内部搭建一台Web服务器,采用的IP地址和端口为192.168.0.3:80,首页采用index.html文件。管理员E-mail地址为root@sales.com,网页的编码类型采用GB2312,所有网站资源都存放在/var/www/html目录下,并将Apache的根目录设置为/etc/httpd目录。

(2) 解决方案

① 修改主配置文件httpd.conf。

设置Apache的根目录为/etc/httpd,设置客户端访问超时时间为120秒,这两个设置为系统默认设置。

```
[root@server ~]#vim /etc/httpd/conf/httpd.conf
```

修改内容如下:

```
ServerRoot   "/etc/httpd"
Timeout         120
```

② 设置httpd监听端口80。

```
Listen   80
```

③ 设置管理员E-mail地址为root@sales.com,设置Web服务器的主机名和监听端口为192.168.0.3:80。

```
ServerAdmin      root@sales.com
ServerName      192.168.0.3:80
```

④ 设置Apache文档目录为/var/www/html。

```
DocumentRoot     "/var/www/html"
```

⑤ 设置主页文件为index.html。

```
DirectoryIndex     index.html
```

⑥ 设置服务器的默认编码为GB2312。

```
AddDefaultCharset  GB2312
```

⑦ 注释掉Apache默认欢迎页面。

```
[root@server ~]#vim /etc/httpd/conf.d/welcome.conf
```

将welcome.conf中的4行代码注释掉,如图5-16所示。

注意:如果不注释掉欢迎信息,那么在测试网站时则会打开RedHat Enterprise Linux

图 5-16 注释掉欢迎信息

Test Page 页面,而不是我们自己的网页。

⑧ 在主页文件里写入测试内容,并将文件权限开放。

```
[root@server ~]#cd  /var/www/html
[root@server html]#echo "This is Web test sample。">>index.html
```

修改文件的默认权限,使其他用户具有读和执行权限。

```
[root@server html]#chmod 705 index.html
```

本例只写了一个测试主页,实际情况下应该是将制作好的网页存放在文档目录/var/www/html 中,并将其文件名改为 index. html。

⑨ 重新启动 httpd 服务。

```
[root@server ~]#service  httpd  restart
```

⑩ 测试。

在 IE 地址栏中输入 http://192.168.0.3,就可以打开已经制作好的首页了。

3. 基于 IP 地址的虚拟主机的配置

Apache 服务器 httpd. conf 主配置文件中的第 3 部分是关于实现虚拟主机的。前面已经讲过虚拟主机是在一台 Web 服务器上,可以为多个独立的 IP 地址、域名或端口号提供不同的 Web 站点。对于访问量不大的站点来说,这样做可以降低单个站点的运营成本。

基于 IP 地址的虚拟主机的配置需要在服务器上绑定多个 IP 地址,然后配置 Apache,把多个网站绑定在不同的 IP 地址上,访问服务器上不同的 IP 地址,就可以看到不同的网站。

(1) 案例描述

假设 Apache 服务器具有 192.168.0.2 和 192.168.0.3 两个 IP 地址。现需要利用这两个 IP 地址分别创建 2 个基于 IP 地址的虚拟主机,要求不同的虚拟主机对应的主目录不同,默认文档的内容也不同。

(2) 配置步骤

① 分别创建"/var/www/ip1"和"/var/www/ip2"两个主目录和默认文件。

```
[root@RHEL6 桌面]#mkdir   /var/www/ip1   /var/www/ip2
[root@RHEL6 桌面]#echo "this is 192.168.0.2's web.">>/var/www/ip1/index.html
[root@RHEL6 桌面]#echo "this is 192.168.0.3's web.">>/var/www/ip2/index.html
```

② 修改两个主目录的目录权限，使其他用户具有读和执行的权限。

```
[root@RHEL6 桌面]#chmod  705  /var/www/ip1/index.html
[root@RHEL6 桌面]#chmod  705  /var/www/ip2/index.html
```

③ 修改 httpd.conf 文件。该文件的修改内容如下：

```
//设置基于 IP 地址为 192.168.0.2 的虚拟主机
<Virtualhost 192.168.0.2>
    DocumentRoot   /var/www/ip1                    //设置该虚拟主机的主目录
    DirectoryIndex  index.html                     //设置默认文件的文件名
    ServerAdmin  root@sales.com                    //设置管理员的邮件地址
    ErrorLog   logs/ip1-error_log                  //设置错误日志的存放位置
    CustomLog  logs/ip1-access_log common          //设置访问日志的存放位置
</Virtualhost>

//设置基于 IP 地址为 192.168.0.3 的虚拟主机
<Virtualhost 192.168.0.3>
    DocumentRoot /var/www/ip2                      //设置该虚拟主机的主目录
    DirectoryIndex index.html                      //设置默认文件的文件名
    ServerAdmin  root@sales.com                    //设置管理员的邮件地址
    ErrorLog     logs/ip2-error_log                //设置错误日志的存放位置
    CustomLog    logs/ip2-access_log common        //设置访问日志的存放位置
</Virtualhost>
```

④ 重新启动 httpd 服务。

⑤ 在客户端浏览器中可以看到 http://192.168.0.2 和 http://192.168.0.3 两个网站的浏览效果。

4. 基于域名的虚拟主机的配置

基于域名的虚拟主机的配置只需服务器有一个 IP 地址即可，所有的虚拟主机共享同一个 IP，各虚拟主机之间通过域名进行区分。

要建立基于域名的虚拟主机，DNS 服务器中应建立多个主机资源记录，使它们解析到同一个 IP 地址(请提前建好 DNS 及主机资源记录)。例如：

```
www.smile.com.    IN    A    192.168.0.3
www.long.com.     IN    A    192.168.0.3
```

(1) 案例描述

假设 Apache 服务器 IP 地址为 192.168.0.3。在本地 DNS 服务器中该 IP 地址对应的域名分别为 www.smile.com 和 www.long.com。现需要创建基于域名的虚拟主机，要求不同的虚拟主机对应的主目录不同，默认文档的内容也不同。

(2) 配置步骤

① 保证 DNS 设置成功，在 DNS 服务器上对 smile.com.zone 和 long.com.zone 进行修改。

```
www.smile.com. IN A 192.168.0.3  //在 smile.com.zone 里面增加虚拟主机，并删除原来的
                                    www 别名行
```

```
www.long.com.  IN A  192.168.0.3  //在 long.com.zone 里面增加虚拟主机
```

② 在客户端测试结果如下(保证客户端的 DNS 地址指向 192.168.0.3)。

```
[root@RHEL6 桌面]#nslookup
>server
Default server: 192.168.0.3
Address: 192.168.0.3#53
>www.smile.com
Server:         192.168.0.3
Address:    192.168.0.3#53

Name:    www.smile.com
Address: 192.168.0.3
>www.long.com
Server:         192.168.0.3
Address:    192.168.0.3#53

Name:    www.long.com
Address: 192.168.0.3
>
```

③ 分别创建"/var/www/smile"和"/var/www/long"两个主目录和默认文件,并设置访问权限。

```
[root@RHEL6 桌面]#mkdir  /var/www/smile  /var/www/long
[root@RHEL6 桌面]#echo "this is www.smile.com's web.">>/var/www/smile/index.html
[root@RHEL6 桌面]#echo "this is www.long.com's web.">>/var/www/long/index.html
[root@RHEL6 桌面]#chmod  705  /var/www/smile/index.html
[root@RHEL6 桌面]#chmod  705  /var/www/long/index.html
```

④ 修改 httpd.conf 文件。该文件的修改内容如下:

```
NameVirtualhost 192.168.0.3        //指定虚拟主机所使用的 IP 地址,该 IP 地址将对应多
                                     个域名
<Virtualhost 192.168.0.3>          //VirtualHost 后面可以跟 IP 地址或域名
    DocumentRoot  /var/www/smile
    DirectoryIndex  index.html
    ServerName   www.smile.com  //指定该虚拟主机的 FQDN
    ServerAdmin   root@smile.com
    ErrorLog   logs/www.smile.com-error_log
    CustomLog  logs/www.smile.com-access_log common
</Virtualhost>

<Virtualhost 192.168.0.3>
    DocumentRoot /var/www/long
    DirectoryIndex index.html
    ServerName   www.long.com   //指定该虚拟主机的 FQDN
```

```
    ServerAdmin  root@long.com
    ErrorLog     logs/www.long.com-error_log
    CustomLog    logs/www.long.com-access_log common
</Virtualhost>
```

⑤ 重新启动 httpd 服务。

⑥ 在客户端测试。

在客户端浏览器上分别输入 http://www.smile.com 和 http://www.long.com 进行测试。直至测试成功。

注意：在本例的配置中，DNS 的正确配置至关重要，一定要确保 smile.com 和 long.com 域名及主机的正确解析，否则无法成功。

5. 基于端口号的虚拟主机的配置

基于端口号的虚拟主机的配置只需服务器有一个 IP 地址即可，所有的虚拟主机共享同一个 IP 地址，各虚拟主机之间通过不同的端口号进行区分。在设置基于端口号的虚拟主机的配置时，需要利用 Listen 语句设置所监听的端口。

(1) 案例描述

假设 Apache 服务器 IP 地址为 192.168.0.3。现需要创建基于 8080 和 8090 两个不同端口号的虚拟主机，要求不同的虚拟主机对应的主目录不同，默认文档的内容也不同。

(2) 配置步骤

① 分别创建/var/www/port8080 和/var/www/port8090 两个主目录和默认文件并设置访问权限。

```
[root@RHEL6 桌面]#mkdir   /var/www/port8080   /var/www/port8090
[root@RHEL6 桌面]#echo "this is 8080 ports  web.">>/var/www/port8080/index.html
[root@RHEL6 桌面]#echo "this is 8090 ports  web.">>/var/www/port8090/index.html
[root@RHEL6 桌面]#chmod  705  /var/www/port8080/index.html
[root@RHEL6 桌面]#chmod  705  /var/www/port8090/index.html
```

② 修改 httpd.conf 文件。该文件的修改内容如下：

```
Listen 8080                                //设置监听端口
Listen 8090
<VirtualHost 192.168.0.3:8080>       //VirtualHost 后面跟上 IP 地址和端口号,二者之
                                          间用冒号分隔
     DocumentRoot /var/www/port8080
     DirectoryIndex  index.html
     ErrorLog    logs/port8080-error_log
     CustomLog   logs/port8090-access_log common
</VirtualHost>

<VirtualHost 192.168.0.3:8090>
     DocumentRoot /var/www/port8090
     DirectoryIndex  index.html
     ErrorLog   logs/port8090-error_log
```

```
    CustomLog  logs/port8090-access_log  common
</VirtualHost>
```

③ 重新启动 httpd 服务。

④ 客户端测试。

在客户端输入 http://192.168.0.3:8080,却出现错误页面,如图 5-17 所示。

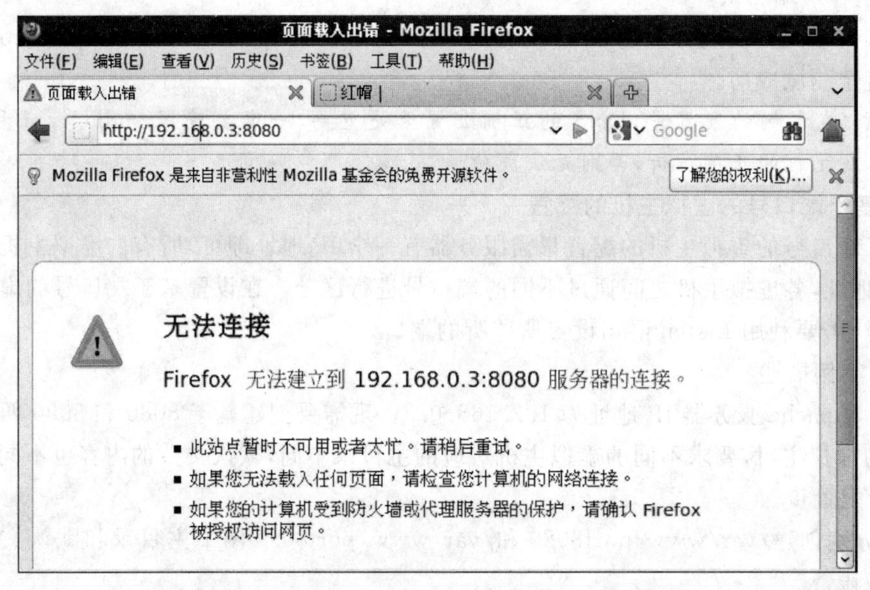

图 5-17 页面出现错误

思考:为什么会出现该错误?页面已经告诉我们:因为有防火墙的原因。因为服务器的防火墙只放行了 WWW,即只放行了 80 端口。怎么办?关闭防火墙再试,肯定会成功。

6. 配置用户身份认证实例

实例需求:设置一个虚拟目录"/httest",让用户必须输入用户名和密码才能访问。

解决方案如下:

① 创建一个新用户 smile,应该输入以下命令:

```
[root@RHEL6 桌面]#mkdir  /virdir/test
[root@RHEL6 桌面]#cd  /virdir/test
[root@Server test]#/usr/bin/htpasswd  -c  /usr/local/.htpasswd  smile
```

之后会要求输入该用户的密码并确认,成功后会提示 Adding password for user smile。如果还要在.htpasswd 文件中添加其他用户,则直接使用以下命令(不带参数-c):

```
[root@Server test]#/usr/bin/htpasswd   /usr/local/.htpasswd  user2
```

② 在 httpd.conf 文件中设置该目录允许采用.htaccess 进行用户身份认证。

加入如下内容:

```
Alias  /httest   "/virdir/test"
```

```
<Directory "/virdir/test">
    Options Indexes MultiViews FollowSymLinks       //允许列目录
    AllowOverride AuthConfig                        //启用用户身份认证
    Order deny,allow
    Allow from all                                  //允许所有用户访问
    AuthName    Test_Zone
</Directory>
```

如果我们修改了 Apache 的主配置文件 httpd.conf，则必须重启 Apache 才会使新配置生效。可以执行 service httpd restart 命令重新启动它。

③ 在/virdir/test 目录下新建一个.htaccess 文件，内容如下：

```
[root@Server test]#cd  /virdir/test
[root@Server test]#touch  .htaccess                 //创建.htaccess
[root@Server test]#vim .htaccess                    //编辑.htaccess 文件并加入以下内容
    AuthName "Test  Zone"
    AuthType Basic
    AuthUserFile   /usr/local/.htpasswd             //指明存放授权访问的密码文件
    require   valid-user                            //指明只有密码文件的用户才是有效用户
```

注意：如果.htpasswd 不在默认的搜索路径中，则应该在 AuthUserFile 中指定该文件的绝对路径。

④ 在客户端打开浏览器，访问 Apache 服务器上访问权限受限的目录时，就会出现认证窗口，只有输入正确的用户名和密码才能打开，如图 5-18 和图 5-19 所示。

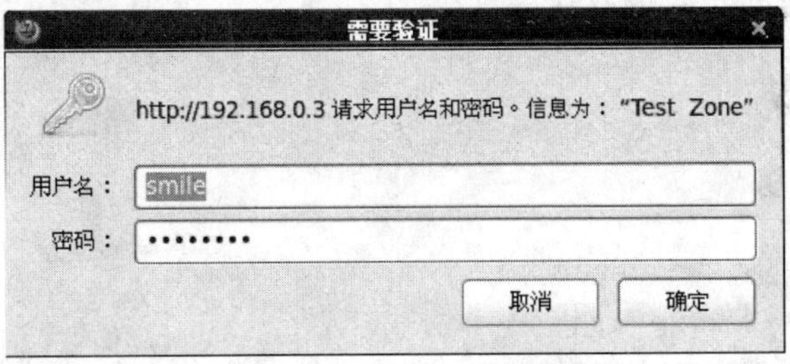

图 5-18　输入用户名和密码

图 5-19　正确输入用户名和密码后能够访问受限内容

5.4.5 实训思考题

(1) 怎样改变 Apache 服务器的监听端口?

(2) 如何实现基于虚拟主机的 Web 服务器配置?

5.4.6 实训报告要求

按要求完成实训报告。

5.6 配置与管理 FTP 服务器

5.6.1 实训目的

掌握 Linux 下架设 FTP 服务器的方法。

5.6.2 实训内容

- 安装 FTP 服务软件包。
- 在 FTP 客户端连接并测试 FTP 服务器。

5.6.3 实训环境及要求

(1) PC 两台,其中一台安装企业版 Linux 网络操作系统,另一台作为测试客户端。

(2) 推荐使用虚拟机进行网络环境搭建。

5.6.4 实训步骤

1. 安装 vsftpd 服务

```
[root@RHEL6 桌面]#rpm -q vsftpd
[root@RHEL6 桌面]#mkdir /iso
[root@RHEL6 桌面]#mount /dev/cdrom /iso
mount: block device /dev/sr0 is write-protected, mounting read-only
[root@RHEL6 桌面]#yum clean all                        //安装前先清除缓存
[root@RHEL6 桌面]#yum install vsftpd -y
[root@RHEL6 桌面]#yum install ftp -y                   //同时安装 FTP 软件包
[root@RHEL6 桌面]#rpm -qa|grep vsftpd                  //检查安装组件是否成功
```

可以使用下面的命令检查系统是否已经安装了 vsftpd 服务:

```
[root@RHEL6 桌面]#rpm -qa |grep ftp
gvfs-obexftp-1.4.3-15.el6.x86_64
vsftpd-2.2.2-11.el6.x86_64
ftp-0.17-53.el6.x86_64
```

2. vsftpd 服务启动、重启,随系统启动、停止

安装完 vsftpd 服务后,下一步就是启动了。vsftpd 服务可以以独立或被动方式启动。

在 Red Hat Enterprise Linux 6 中，默认以独立方式启动。所以输入下面的命令即可启动 vsftpd 服务。

```
[root@RHEL6 桌面]#service vsftpd start
```

要想重新启动 vsftpd 服务，随系统启动、停止，可以输入下面的命令：

```
[root@RHEL6 桌面]#service vsftpd restart
[root@RHEL6 桌面]#chkconfig  vsftpd  on                //每次开机后自动启动
[root@RHEL6 桌面]#service vsftpd stop
```

3. 在客户端测试 vsftpd 服务

vsftpd 服务器安装并启动服务后，用其默认配置就可以正常工作了。下面使用 ftp 命令登录 vsftpd 服务器(192.168.0.3)，以检测该服务器能否正常工作。

ftp 命令是 FTP 客户端程序，在 RHEL 6 中可以使用 yum 进行安装。安装后，在 Linux 或 Windows 系统(自带)的字符界面下可以利用 FTP 命令登录 FTP 服务器，进行文件的上传、下载等操作。FTP 命令的格式如下：

```
ftp # 主机名或 IP 地址
```

若连接成功，系统提示用户输入用户名和口令。在登录 FTP 服务器时，如果允许匿名用户登录，常见的匿名用户为 anonymous 和 ftp，密码为空或者是某个电子邮件的地址。vsftpd 默认的匿名用户账号为 ftp，密码也为 ftp。默认允许匿名用户登录，登录后所在的 FTP 站点的根目录为/var/ftp 目录。

① 在虚拟机客户端上进行测试，安装 FTP 软件包，测试时出现如下错误：

```
[root@client 桌面]#mount /dev/cdrom /iso
mount: block device /dev/sr0 is write-protected, mounting read-only
[root@client 桌面]#yum install vsftpd -y
[root@client 桌面]#yum install ftp -y                  //同时安装 FTP 软件包
[root@client 桌面]#ftp 192.168.0.3
ftp: connect: 没有到主机的路由                          //出现错误
ftp>exit
```

分析：导致错误的原因只能是因为安装了防火墙和 SELinux。要解决该问题，一是让防火墙放行 FTP 服务，关闭 SELinux；二是关闭防火墙和 SELinux。

请读者参考前面的 setup 命令和 setenforce 0 命令。同样的问题可能会多次出现，不再一一列举。

② 关闭防火墙和 SELinux 后的测试结果如图 5-20 所示。默认时 FTP 目录下有个文件夹 pub。

③ FTP 登录成功后，将出现 FTP 的命令行提示符 ftp>。在命令行中输入 FTP 命令即可实现相关的操作。有关 FTP 命令的具体使用方法请参见相关资料。

4. 常规匿名 FTP 服务器配置案例

某学院信息工程系准备搭建一台功能简单的 FTP 服务器，允许信息工程系员工上传和

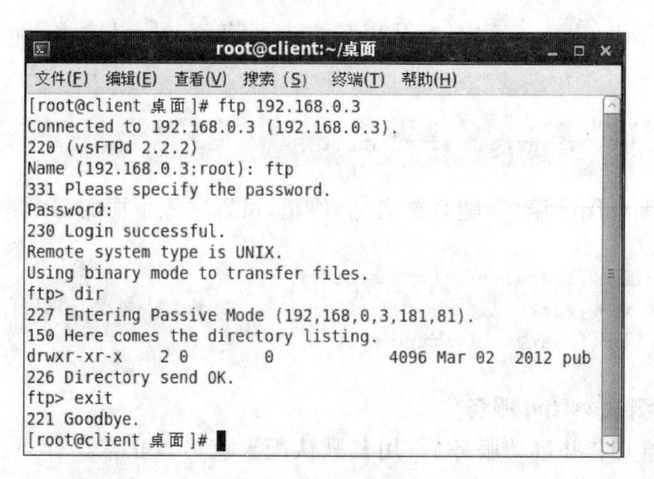

图 5-20 测试 FTP 服务器(192.168.0.3)

下载文件,并允许创建用户自己的目录。

(1) 案例分析

本案例是一个较为简单的基本案例,允许所有员工上传和下载文件,需要设置成允许匿名用户登录,而且还需要把允许匿名用户上传功能打开。anon_mkdir_write_enable 字段可以控制是否允许匿名用户创建目录。

(2) 解决方案

① 用文本编辑器编辑/etc/vsftpd/vsftpd.conf,并允许匿名用户访问。

```
[root@RHEL6 桌面]#vim  /etc/vsftpd/vsftpd.conf
anonymous_enable=YES        //允许匿名用户登录
```

② 允许匿名用户上传文件,并可以创建目录。

```
anon_upload_enable=YES          //允许匿名用户上传文件
anon_mkdir_write_enable         //允许匿名用户创建目录
```

提示:把 anon_upload_enable 和 anon_mkdir_write_enable 前面的注释符号去掉即可。

③ 重启 vsftpd 服务。

```
[root@RHEL6 桌面]#service  vsftpd  restart
```

④ 修改/var/ftp 权限。

为了保证匿名用户能够上传和下载文件,使用 chmod 命令开放所有的系统权限。

```
[root@RHEL6 桌面]#chmod  777  -R  /var/ftp
```

提示:777 表示给所有用户读、写和执行权限;-R 为递归修改/var/ftp 下所有目录的权限。

思考:

a. 只给其他用户写入权限可以吗?命令如下:chmod o+w /var/ftp。不妨试一试。

b. 修改属主为匿名用户 FTP 可以吗？如何做？请参照前面的例子做一做。

⑤ 测试。

5. 常规非匿名 FTP 服务器配置案例

公司内部现在有一台 FTP 和 Web 服务器，FTP 的功能主要用于维护公司的网站内容，包括上传文件、创建目录、更新网页等。公司现有两个部门负责维护任务，它们分别使用 team1 和 team2 账号进行管理。现要求仅允许 team1 和 team2 账号登录 FTP 服务器，但不能登录本地系统，并将这两个账号的根目录限制为/var/www/html，不能进入该目录以外的任何目录。

(1) 案例分析

将 FTP 和 Web 服务器做在一起是企业经常采用的方法，这样方便实现对网站的维护。为了增强安全性，首先需要使用仅允许本地用户访问，并禁止匿名用户登录。其次使用 chroot 功能将 team1 和 team2 锁定在/var/www/html 目录下。如果需要删除文件，则应注意本地权限。

(2) 解决方案

① 建立维护网站内容的 FTP 账号 team1 和 team2 并禁止本地登录，为其设置密码。

```
[root@RHEL6 桌面]#useradd  -s  /sbin/nologin  team1
[root@RHEL6 桌面]#useradd  -s  /sbin/nologin  team2
[root@RHEL6 桌面]#passwd  team1
[root@RHEL6 桌面]#passwd  team2
```

② 配置 vsftpd.conf 主配置文件并作相应修改。

```
[root@RHEL6 桌面]                              //vim/etc/vsftpd/vsftpd.conf
anonymous_enable=NO                            //禁止匿名用户登录
local_enable=YES                               //允许本地用户登录
local_root=/var/www/html                       //设置本地用户的根目录为/var/www/html
chroot_list_enable=YES                         //激活 chroot 功能
chroot_list_file=/etc/vsftpd/chroot_list       //锁定用户在根目录中的列表文件
```

保存主配置文件并退出。

③ 建立/etc/vsftpd/chroot_list 文件，添加 team1 和 team2 账号。

```
[root@RHEL6 桌面]#vim  /etc/vsftpd/chroot_list
team1
team2
```

④ 关闭防火墙和 SELinux。

- 利用 setup 命令打开防火墙对话框，按 Space 键将“启用”前面的“ * ”去掉，保存文件并退出即可。
- 编辑/etc/sysconfig/selinux 文件，将“SELinux = enforcing”改为“SELinux = disabled”，存盘退出，重启系统即可。

⑤ 重启 vsftpd 服务使配置生效。

```
[root@RHEL6 桌面]#service   vsftpd   restart
```

⑥ 修改本地权限。

```
[root@RHEL6 桌面]#ll   -d   /var/www/html
[root@RHEL6 桌面]#chmod   -R   o+w   /var/www/html          //其他用户可以写入
[root@RHEL6 桌面]#ll   -d   /var/www/html
```

⑦ 在 Linux 客户端上的测试结果如图 5-21 所示。

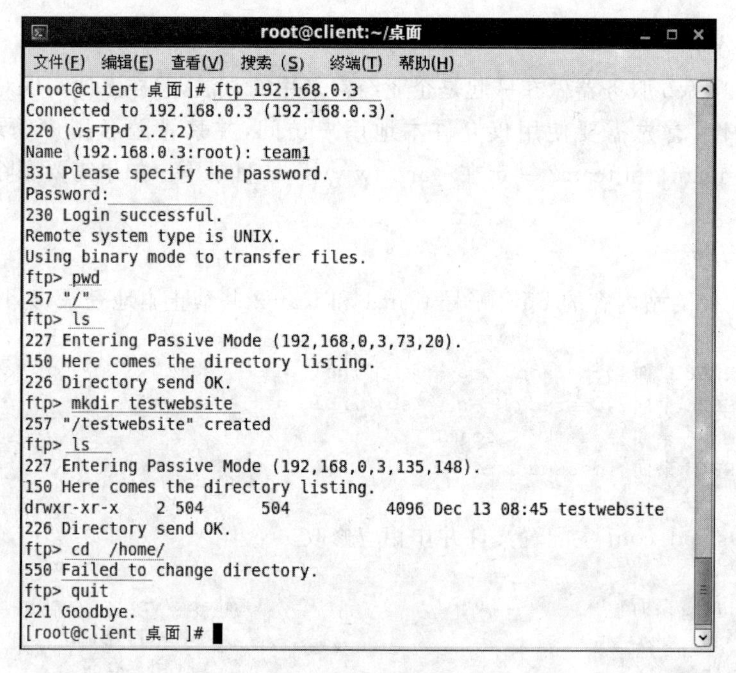

图 5-21　测试结果

6. 企业实战与应用案例

1）企业环境

公司为了宣传最新的产品信息，计划搭建 FTP 服务器，为客户提供相关文档的下载。对所有互联网用户开放共享目录，允许下载产品信息，禁止上传。公司的合作单位能够使用 FTP 服务器进行上传和下载，但不可删除数据。并且为保证服务器的稳定性，需要进行适当优化设置。

2）需求分析

根据企业的需求，对于不同用户进行不同的权限限制，FTP 服务器需要实现用户的审核。而考虑到服务器的安全性，所以关闭实体用户登录，使用虚拟账户验证机制，并对不同虚拟账号设置不同的权限。为了保证服务器的性能，还需要根据用户的等级限制客户端的连接数以及下载速度。

3）创建用户数据库

（1）创建用户文本文件。

首先建立用户文本文件 ftptestuser. txt，添加 2 个虚拟账户，公共账户 ftptest，客户账户 vip，如下所示。

```
[root@RHEL6 桌面]#mkdir  /ftptestuser
[root@RHEL6 桌面]#vim    /ftptestuser/ftptestuser.txt
ftptest
123
vip
nihao123
```

（2）生成数据库。

使用 db_load 命令生成 db 数据库文件，代码如下所示。

```
[root @ RHEL6 桌 面] # db _ load - T - t hash - f /ftptestuser/ftptestuser. txt /
ftptestuser/ftptestuser.db
```

（3）修改数据库文件的访问权限。

为了保证数据库文件的安全，需要修改该文件的访问权限，代码如下所示。

```
[root@RHEL6 桌面]#chmod     700      /ftptestuser/ftptestuser.db
[root@RHEL6 桌面]#ll        /ftptestuser
total   16
-rwx------1  root  root  12288   Oct  21  10:47  ftptestuser.db
-rw-r-r--1  root  root  20      Oct   21  13:01  ftptestuser.txt
```

4）配置 PAM 文件

修改 vsftp 对应的 PAM 配置文件/etc/pam. d/vsftpd，代码如下所示。

```
#%PAM 1.0
#session    optional        pam_keyinit.so          force     revoke
#auth    required         pam_listfile.so        item=user     sense=deny
#file =/etc/vsftpd/ftptestusers     onerr =succeed
#auth        required     pam_shells.so
#auth          include            system-auth
#account    include         system-auth
#session    include        svstem-auth
#session    required         pam_loginuid.so
auth  required /lib64/security/pam_userdb.so db=/ftptestuser/ftptestuser
account required /lib64/security/pam_userdb.so db=/ftptestuser/ftptestuser
```

5）创建虚拟账户并对应系统用户

对于公共账户和客户账户，因为需要配置不同的权限，所以可以将两个账户的目录进行隔离，控制用户的文件访问。公共账户 ftptest 对应系统账户 ftptestuser，并指定其主目录为/var/ftptest/share，而客户账户 vip 对应系统账户 ftpvip，指定主目录为/var/ftptest/vip。代码如下所示。

```
[root@RHEL6 桌面]#mkdir /var/ftptest
[root@RHEL6 桌面]#useradd    -d      /var/ftptest/share  ftptestuser
[root@RHEL6 桌面]#chown  ftptestuser:ftptestuser      /var/ftptest/share
[root@RHEL6 桌面]#chmod  o=r    /var/ftptest/share                    ①
```

```
[root@RHEL6 桌面]#useradd  -d  /var/ftptest/vip        ftpvip
[root@RHEL6 桌面]#chown  ftpvip:ftpvip        /var/ftptest/vip
[root@RHEL6 桌面]#chmod  o=rw                 /var/ftptest/vip          ②
```

其后有序号的两行命令功能说明如下。

① 公共账户 ftptest 只允许下载,修改 share 目录其他用户权限为 read(只读)。

② 客户账户 vip 允许上传和下载,所以对 vip 目录权限设置为 read 和 write,即可读写。

6) 建立配置文件

设置多个虚拟账户的不同权限,若使用一个配置文件无法实现该功能,这时需要为每个虚拟账户建立独立的配置文件,并根据需要进行相应的设置。

(1) 修改 vsftpd. conf。

配置主配置文件/etc/vsftpd/vsftpd. conf,添加虚拟账号的共同设置,并添加 user_config_dir 字段,定义虚拟账号的配置文件目录,如下所示。

```
anonymous_enable=NO
anon_upload_enable=NO
anon_mkdir_write_enable=NO
anon_other_write_enable=NO
local_enable=YES
chroot_local_user=YES
listen=YES
pam_service_name=vsftpd                                   ①
user_config_dir=/ftpconfig                                ②
max_clients=300                                           ③
max_per_ip=10                                             ④
```

以上文件中其后带序号的几行代码的功能说明如下。

① 配置 vsftp 使用的 PAM 模块为 vsftpd。

② 设置虚拟账号的主目录为/ftpconfig。

③ 设置 FTP 服务器最大接入客户端数量为 300。

④ 每个 IP 地址最大连接数为 10。

(2) 建立虚拟账号配置文件。

设置多个虚拟账号的不同权限,若使用一个配置文件无法实现此功能,需要为每个虚拟账号建立独立的配置文件,并根据需要进行相应的设置。

在 user_config_dir 指定路径下,建立与虚拟账号同名的配置文件,并添加相应的配置字段。首先创建公共账号 ftptest 的配置文件,如下所示。

```
[root@RHEL6 桌面]#mkdir  /ftpconfig
[root@RHEL6 桌面]#vim    /ftpconfig/ftptest
guest_enable=yes                                      ①
guest_username=ftptestuser                            ②
anon_world_readable_only=yes                          ③
anon_max_rate=30000                                   ④
```

以上文件中其后带序号的几行代码的功能说明如下。

① 开启虚拟账号登录。

② 设置 ftptest 对应的系统账号为 ftptestuser。

③ 配置虚拟账号全局可读，允许其下载数据。

④ 限定传输速率为 30Kbps。

同理设置 ftpvip 的配置文件。

```
[root@RHEL6 桌面]#vim          /ftpconfig/vip
guest_enable=yes
guest_username=ftpvip                                  ①
anon_world_readable_only=no                            ②
write_enable=yes                                       ③
anon_upload_enable=yes                                 ④
anon_max_rate=60000                                    ⑤
```

以上文件中其后带序号的几行代码的功能说明如下。

① 设置 vip 账户对应的系统账户为 ftpvip。

② 关闭匿名账户的只读属性。

③ 允许在文件系统中使用 ftp 命令进行操作。

④ 开启匿名账户的上传功能。

⑤ 限定传输速度为 60Kpbs。

7）启动 vsftpd

```
[root@RHEL6 桌面 ]#service     vsftpd     restart
Shutting     down     vsftpd:                          [确定]
Starting     vsftpd     for     vsftpd:                [确定]
```

8）测试

(1) 首先使用公共账户 ftptest 登录服务器，可以浏览下载文件，但是当尝试上传文件时，会提示错误信息。

(2) 接着使用客户账号 vip 登录测试，vip 账号具备上传权限，上传“×××文件”，测试成功。

(3) 但是该账户删除文件时，会返回 550 错误提示，表明无法删除文件。

5.6.5　实训思考题

(1) 简述 FTP 工作原理。

(2) 使用一种 FTP 软件进行文件的上传与下载。

5.6.6　实训报告要求

按要求完成实训报告。

5.7 配置与管理电子邮件服务器

5.7.1 实训目的

- 了解电子邮件服务的工作原理。
- 掌握 Sendmail 和 POP3 邮件服务器的配置方法。
- 掌握电子邮件服务器的测试方法。

5.7.2 实训内容

练习电子邮件服务器的安装与配置。

5.7.3 实训准备

1. 部署电子邮件服务

部署电子邮件服务应满足下列需求。

(1) 安装好的企业版 Linux 网络操作系统必须保证 Apache 服务器和 Perl 语言解释器正常工作。客户端使用 Linux 或 Windows 网络操作系统。服务器和客户端能够通过网络进行通信。

(2) 电子邮件服务器的 IP 地址、子网掩码等 TCP/IP 参数应手工配置。

(3) 电子邮件服务器应拥有一个友好的 DNS 名称,应能够被正常解析,并且具有电子邮件服务所需要的 MX 资源记录。

(4) 创建任何电子邮件域之前,规划并设置好 POP3 服务器的身份验证方法。

2. 安装 Sendmail 服务

```
[root@RHEL6 桌面]#rpm -q sendmail
[root@RHEL6 桌面]#mkdir /iso
[root@RHEL6 桌面]#mount /dev/cdrom /iso
mount: block device /dev/sr0 is write-protected, mounting read-only
[root@RHEL6 桌面]#yum clean all                           //安装前先清除缓存
[root@RHEL6 桌面]#yum install sendmail -y
[root@RHEL6 桌面]#rpm -qa|grep sendmail                   //检查安装组件是否成功
```

可以使用下面的命令检查系统是否已经安装了 Sendmail 服务(成功安装):

```
[root@RHEL6 桌面]#rpm -qa |grep sendmail
sendmail-8.14.4-8.el6.x86_64
```

提示:为了后续实训的正常进行,请关闭防火墙和 SELinux。相关内容参考前面的介绍。

3. 切换 MTA,让 Sendmail 随系统启动

RHEL 6 默认已经安装了 postfix,所以需要切换 MTA。其步骤如下。

```
[root@RHEL6 桌面]#alternatives --config mta
共有 2 个程序提供"mta"。

  选择                    命令
-----------------------------------------------
   1          /usr/sbin/sendmail.postfix
* +2          /usr/sbin/sendmail.sendmail

按 Enter 键来保存当前选择[+],或输入选择号码: 2
[root@RHEL6 桌面]#service postfix stop
关闭 postfix:                                          [确定]
[root@RHEL6 桌面]#chkconfig postfix off
[root@RHEL6 桌面]#service sendmail start
正在启动 sendmail:                                     [确定]
启动 sm-client:                                        [确定]
[root@RHEL6 桌面]#chkconfig sendmail on
```

4. Sendmail 相关配置文档

- sendmail.cf：Sendmail 核心配置文件，位于/etc/mail/目录。
- sendmail.mc：Sendmail 提供 Sendmail 文件模板，通过编辑此文件后再使用 m4 工具将结果导入 sendmail.cf 中，完成 Sendmail 核心配置文件的配置，并降低配置复杂度。该文件位于/etc/mail/目录下。
- local-host-names：定义收发邮件服务器的域名和主机别名，位于/etc/mail/目录下。
- access.db：用来设置 Sendmail 服务器为哪些主机进行转发邮件，位于/etc/mail/目录下。
- aliases.db：用来定义邮箱别名，位于/etc/mail/目录下。
- virtusertable.db：用来设置虚拟账户，位于/etc/mail/目录下。

5. POP3 和 IMAP

在 Sendmail 服务器进行基本配置以后，Mail Server 就可以完成 E-mail 的邮件发送工作，但是如果需要使用 POP3 和 IMAP 协议接受邮件，还需要安装 dovecot 软件包，如下所示。

(1) 安装 POP3 和 IMAP。

```
[root@RHEL6 桌面]#yum install devecot -y
[root@RHEL6 桌面]#rpm -qa |grep dovecot
dovecot-2.0.9-5.el6.x86_64
```

(2) 启动 POP3 服务。

安装过 dovecot 软件包后，使用 service 命令启动 Dovecot 服务。如果还需要让 Dovecot 服务每次随系统启动而启动，则使用 chkconfig 命令修改，命令如下所示。

```
[root@RHEL6 桌面]#service   dovecot   restart
[root@RHEL6 ~]#chkconfig   dovecot   on
```

(3) 测试。

使用 netstat 命令测试是否开启 POP3 的 110 端口和 IMAP 的 143 端口，命令如下所示。

```
[root@RHEL6 桌面]#netstat   -an|grep   110
tcp        0         0:::110                   :::*                  LISTEN
[root@RHEL6 桌面]#netstat   -an|grep   143
tcp        0         0:::143                   :::*                  LISTEN
```

如果显示 110 和 143 端口开启，则表示 POP3 以及 IMAP 服务已经可以正常工作。

6. 调试 Sendmail 服务器

(1) 使用 Telnet 登录服务器，并发送邮件。

当 Sendmail 服务器搭建好之后，应该尽可能快地保证服务器的正常使用，一种快速有效的测试方法是使用 Telnet 命令直接登录服务器的 25 端口，并收发信件以及对 Sendmail 进行测试。

在测试之前，先要确保 Telnet 的服务器端软件和客户端软件已经安装。

① 依次安装 Telnet 所需软件包。

```
[root@RHEL6 桌面]#rpm -qa|grep telnet
[root@RHEL6 桌面]#yum install telnet-server -y          //安装 Telnet 服务器软件
[root@RHEL6 桌面]#yum install telnet -y                 //安装 Telnet 客户端软件
[root@RHEL6 桌面]#rpm -qa|grep telnet                   //检查安装组件是否成功
telnet-0.17-47.el6_3.1.x86_64
telnet-server-0.17-47.el6_3.1.x86_64
```

② 启动 Telnet 服务。

- 使用 vim 编辑/etc/xinetd. d/telnet，找到语句 disable=yes，将 yes 改成 no。
- 激活服务。

```
[root@RHEL6 mail]#service   xinetd   start
```

或者使用 ntsysv，在出现的窗口之中将 Telnet 选中，确认后再离开。

Telnet 服务所使用的端口默认是 23 端口。到这里为止，服务器至少已经开启了 23、25 和 110 端口(Telnet、Sendmail 和 Dovecot 服务)。请确定这些端口已经处在监听状态，之后使用 Telnet 命令登录服务器 25 端口。

查看 23、25 和 110 端口是否处于监听状态，命令如下所示。

```
[root@RHEL6 mail]#netstat     -an
tcp        0       0.0.0.0:23          0.0.0.0:*          LISTEN
tcp        0       0.0.0.0:25          0.0.0.0:*          LISTEN
tcp        0       0.0.0.0:110         0.0.0.0:*          LISTEN
```

如果监听端口没有打开，应对相应的服务进行调试。

③ 使用 Telnet 命令登录 Sendmail 服务器 25 端口，并进行邮件发送测试。

(2) 使用 Telnet 发送邮件实例。

范例：Sendmail 电子邮件服务器地址为 192. 168. 0. 3，利用 Telnet 命令完成邮件地址为 client1@smile.com 的用户向邮件地址为 clienta@smile.com 的用户发送主题为 The first mail 的邮件。具体过程如下所示。

```
[root@RHEL6 mail]#telnet 192.168.0.3 25 //利用 Telnet 命令连接邮件服务器 25 端口
Trying 192.168.0.3...
Connected to mail.smile.com (192.168.0.3).
Escape character is '^]'.
220 sendmail ESMTP Sendmail 8.13.1/8.13.1; Tue, 22 Feb 2011 23:39:25 +0800
helo smile.com                          //利用 helo 命令向邮件服务器表明身份,不
                                        //是 hello
250 sendmail Hello  mail.smile.com [192.168.0.3], pleased to meet you
mail from:"test"<client1@smile.com>     //设置信件标题以及发信人地址。其中信件标题
                                          为"test",发信人地址为 client1@smile.com
250 2.1.0 client1@smile.com... Sender ok
rcpt to:clienta@smile.com               //利用 rcpt to 命令输入收件人的邮件地址
250 2.1.5 clienta@smile.com... Recipient ok
data                    //data 表示要求开始写信件内容。当输入完 data 指令后,会提示
                          以一个单行的"."来结束信件
354 Enter mail, end with "." on a line by itself
The first mail          //信件内容
.                       //"."表示结束信件内容。千万不要忘记输入"."
250 2.0.0 lBUIdPR9004080 Message accepted for delivery

quit                    //退出 Telnet 命令
221 2.0.0  server  closing connection
Connection closed by foreign host.
```

大家一定已注意到,每当输入指令后,服务器总会回应一个数字代码。熟知这些代码的含义对于判断服务器的错误是很有帮助的。下面介绍常见的回应代码以及相关含义,如表 5-1 所示。

表 5-1 邮件回应代码

回应代码	说明
220	表示 SMTP 服务器开始提供服务
250	表示命令指定完毕,回应正确
354	可以开始输入信件内容,并以“.”结束
500	表示 SMTP 语法错误,无法执行指令
501	表示指令参数或引述的语法错误
502	表示不支持该指令

(3) 利用 Telnet 命令接收电子邮件。

范例:利用 Telnet 命令从 IP 地址为 192.168.0.3 的 POP3 服务器接收电子邮件。

```
[root@RHEL6 mail]#telnet 192.168.0.3 110      //利用 Telnet 连接邮件服务器 110 端口
Trying 192.168.0.3...
Connected to smtp.smile.com (192.168.0.3).
```

```
Escape character is '^]'.
+OK dovecot ready.
user user2              //利用 user 命令输入用户的用户名为 user2
+OK
pass 123456             //利用 pass 命令输入 user2 账户的密码为 123456
+OK Logged in.
list                    //利用 list 命令获得 user2 账户邮箱中各个邮件的编号
+OK 1 messages:
1 543
.
1
-ERR Unknown command: 1
retr 1                  //利用 retr 命令收取邮件编号为 1 的邮件信息,下面各行为邮件信息
+OK 543 octets
Return-Path: <user2@smile.com>
Received: from smile.com (pop3.smile.com [192.168.0.3])
        by server (8.13.1/8.13.1) with SMTP id lBUIdPR9004080
        for user2@smile.com; Tue, 22 Feb 2011 01:40:23 +0800
Date: Tue, 22 Feb 2011 02:39:25 +0800
From: user1@smile.com
Message-Id: <201102221840.lBUIdPR9004080@RHEL6>
to: user2@smile.com
subject: The first mail
X-IMAPbase: 1199018937 2
Status: O
X-UID: 2
Content-Length: 18
X-Keywords:

this is a test
.
quit                    //退出 Telnet 命令
+OK Logging out.
Connection closed by foreign host.
```

Telnet 命令有以下命令可以使用,其命令格式及参数说明如下。

① stat 命令格式:

```
stat
```

说明:stat 命令不带参数,对于此命令,POP3 服务器会响应一个正确应答,此响应为一个单行的信息提示,它以“+OK”开头,接着是两个数字,第一个是邮件数目;第二个是邮件的大小,如:+OK 4 1603。

② list 命令格式:

```
list [n]
```

说明:list 命令的参数可选,该参数是一个数字,表示的是邮件在邮箱中的编号,可以利用不带参数的 list 命令获得各邮件的编号,并且每一封邮件均占用一行显示,前面的数为邮

件的编号，后面的数为邮件的大小。

③ uidl 命令格式：

```
uidl [n]
```

说明：uidl 命令与 list 命令用途差不多，只不过 uidl 命令显示邮件的信息比 list 更详细、更具体。

④ retr 命令格式：

```
retr n
```

说明：retr 命令是收邮件时最重要的一条命令，它的作用是查看邮件的内容，它必须带参数运行。该命令执行之后，服务器应答的信息比较长，其中包括发件人的电子邮箱地址、发件时间、邮件主题等，这些信息统称为邮件头，紧接在邮件头之后的信息便是邮件正文。

⑤ dele 命令格式：

```
dele n
```

说明：dele 命令是用来删除指定的邮件（注意：dele n 命令只是给邮件加上删除标记，只有在执行 quit 命令之后，邮件才会真正删除）。

⑥ top 命令格式：

```
top n m
```

说明：top 命令有两个参数，形如：top n m。其中 n 为邮件编号，m 是要读出邮件正文的行数，如果 m=0，则只读出邮件的邮件头部分。

⑦ noop 命令格式：

```
noop
```

说明：noop 命令发出后，POP3 服务器不做任何事，仅返回一个正确响应“+OK”。

⑧ quit 命令格式：

```
quit
```

说明：quit 命令发出后，Telnet 断开与服务器的连接，系统进入更新状态。

(4) 用户邮件目录/var/spool/mail。

可以在邮件服务器上进行用户邮件的查看，这可以确保邮件服务器已经在正常工作了。Sendmail 在/var/spool/mail 目录中为每个用户分别建立单独的文件，用于存放每个用户的邮件，这些文件的名字和用户名是相同的。例如，邮件用户 user1@smile.com 的文件是 user1。

```
[root@RHEL6 mail]#ls    /var/spool/mail
user1    user2    root
```

(5) 邮件队列。

邮件服务器配置成功后，就能够为用户提供 E-mail 的发送服务了，但如果接收这些邮件的服务器出现问题，或者因为其他原因导致邮件无法安全地到达目的地，而发送的SMTP服务器又没有保存邮件，这样这封邮件就可能会失踪。不论是谁都不愿意看到这样的情况出现，所以Sendmail采用了邮件队列来保存这些发送不成功的信件，而且服务器会每隔一段时间重新发送这些邮件。通过mailq命令来查看邮件队列的内容。

```
[root@RHEL6 mail]#mailq
```

其中可以显示的各列说明如下。

- Q-ID：表示此封邮件队列的编号(ID)。
- Size：表示邮件的大小。
- Q-Time：邮件进入/var/spool/mqueue目录的时间，并且说明无法立即传送出去的原因。
- Sender/Recipient：发信人和收信人的邮件地址。

如果邮件队列中有大量的邮件，那么应检查邮件服务器是否设置不当，或者被当作了转发邮件服务器。

(6) 查看Mailer中的统计信息。

如果想查看从开始到现在邮件服务器总共收发了多少邮件和相关数据，可以使用mailstats命令来帮助完成。

```
[root@RHEL6 mail]#mailstats
```

当执行完mailstats命令后，出现7行内容，其中第一行显示当前时间，第2～6行则以列表的形式显示与邮件相关的数据。其中每一列的含义如下。

- M：该列表示邮件工作者(Mailer)的编号。其中T表示总和(Total)。
- msgsfr：该列表示一共有多少封信由这个邮件工作者(Mailer)发送出去。
- bytes_from：该列表示发送的信件大小。
- msgsto：该列与msgsfr相反，表示一共有多少封信是由这个邮件工作者(Mailer)接收的。
- bytes_to：该列表示接收信件的大小。
- msgsrej：该列表示信件被拒绝(rejected)的次数。
- msgsdis：该列表示信件被丢弃(discarded)的次数。
- msgsqur：该列表示信件被隔离(quarantined)的次数。
- Mailer：邮件工作者之一，esmtp主要用来从事对外的工作，而local主要从事对本机的工作。

5.7.4 电子邮件服务器简单案例

1. 案例环境要求

局域网网段：192.168.9.0/24；企业域名：sales.com；DNS及Sendmail服务器地址：192.168.9.1。现要求内部员工可以使用Sendmail自由收发邮件。

分析：Sendmail服务是和DNS服务结合相当紧密的一个服务，所以在配置Sendmail之前，需要设置并调试好DNS服务器，DNS配置中设置MX资源记录指定邮件服务器地址。本例较简单，只需要配置前面讲过的 3 个文件：sendmail. cf、local-host-names 和 access。

2. 实训步骤

(1) DNS 服务器端配置

① 配置 DNS 主配置文件 named. conf。

```
[root@RHEL6~]#vim    /etc/named.conf
options {
            directory     "/var/named";
    };
zone "." IN {
        type    hint;
        file        "named.ca";
};
zone "sales.com" IN {
        type    master;
        file        "sales.com.zone";
};
zone "0.168.192.in-addr.arpa" IN {
        type        master;
        file        "0.168.192.zone";
};
```

② 配置 sales. com 区域文件 sales. com. zone。

使用 MX 记录设置邮件服务器，这条记录一定要有，否则 Sendmail 无法正常工作。

```
$TTL 1D
@       IN SOA  sales.com.  root.sales.com. (
(略)

@       IN              NS              dns.sales.com.
dns     IN              A               192.168.0.3
@       IN              MX      5       mail.sales.com.
mail    IN              A               192.168.0.3
```

③ 配置 sales. com 反向区域文件 0. 168. 192. zone。

```
(略)
@               IN      NS              dns.sales.com.
3               IN      PTR             dns.sales.com.
@               IN      MX      5       mail.sales.com.
3               IN      PTR             mail.sales.com.
```

④ 修改 DNS 域名解析的配置文件。

```
[root@RHEL6~]#vim    /etc/resolv.conf
nameserver   192.168.0.3
```

⑤ 重启 named 服务，使配置生效。

（2）Sendmail 服务器端配置

① 安装 Sendmail 软件包。

② 编辑 sendmail.mc，修改 SMTP 侦听网段范围。

配置邮件服务器需要设置 IP 地址为公司内部网段或者 0.0.0.0，这样可以扩大侦听范围（通常都设置成 0.0.0.0），否则邮件服务器无法正常发送邮件。

```
[root@RHEL6~]#vim /etc/mail/sendmail.mc
```

第 116 行将 smtp 侦听范围从 127.0.0.1 改为 0.0.0.0。

```
DAEMON_OPTIONS('Port=smtp,Addr=0.0.0.0,Name=MTA')dnl
```

第 155 行修改成自己域：LOCAL_DOMAIN('sales.com')dnl

```
LOCAL_DOMAIN('sales.com')dnl
```

③ 使用 m4 命令生成 sendmail.cf 文件。

```
[root@RHEL6 桌面]#m4  /etc/mail/sendmail.mc  >/etc/mail/sendmail.cf
```

④ 修改/etc/mail/access 文件。

```
[root@RHEL6 桌面]#vim /etc/mail/access
sales.com                                   RELAY
mail.sales.com                              RELAY
```

⑤ 修改 local-host-names 文件添加域名及主机名。

```
[root@RHEL6 桌面]#vim /etc/mail/local-host-names
sales.com.
mail.sales.com.
```

⑥ 安装 dovecot 软件包（POP3 和 IMAP）。

⑦ 启动 Sendmail 服务。

service sendmail restart 和 service dovecot restart 命令启动 Sendmail 和 Dovecot 服务，如果每次开机启动，可以使用 chkconfig 命令修改。

⑧ 测试端口。

使用 netstat 命令测试是否开启 SMTP 的 25 端口、POP3 的 110 端口及 IMAP 的 143 端口。

```
[root@RHEL6 桌面]#netstat  -an|grep  25
[root@RHEL6 桌面]#netstat  -an|grep  110
[root@RHEL6 桌面]#netstat  -an|grep  143
```

⑨ 建立用户并重新启动 Sendmail 服务。

```
[root@RHEL6 桌面]#groupadd  mail                   //提示已经建立了用户
[root@RHEL6 桌面]#useradd  -g  mail  -s  /sbin/nologin  user1
```

```
[root@RHEL6 桌面]#useradd  -g  mail  -s  /sbin/nologin  user2
[root@RHEL6 桌面]#passwd  user1
[root@RHEL6 桌面]#passwd  user2
[root@RHEL6 桌面]#service  sendmail  restart
[root@RHEL6 桌面]#service  dovecot  restart
[root@RHEL6 桌面]#service  saslauthd  restart
```

(3) 客户端测试

有两种客户端,一是 Linux 客户端,利用上面讲的 Telnet 来进行测试。二是 Windows 客户端,可以利用 Foxmail 或 Outlook 软件进行测试。下面在 Linux 客户端(192.168.0.100)上进行测试,测试结果如图 5-22 所示(利用 Telnet 收发邮件的内容,可以复习 5.7.3 小节的相关知识)。

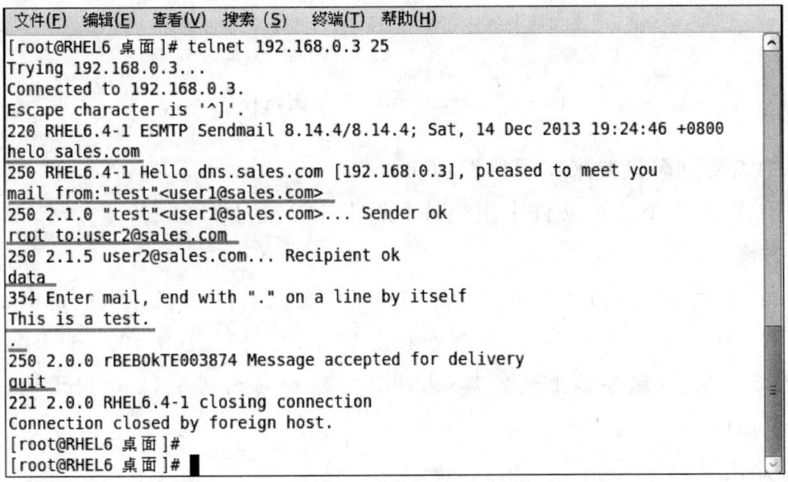

```
文件(F) 编辑(E) 查看(V) 搜索(S) 终端(T) 帮助(H)
[root@RHEL6 桌面]# telnet 192.168.0.3 25
Trying 192.168.0.3...
Connected to 192.168.0.3.
Escape character is '^]'.
220 RHEL6.4-1 ESMTP Sendmail 8.14.4/8.14.4; Sat, 14 Dec 2013 19:24:46 +0800
helo sales.com
250 RHEL6.4-1 Hello dns.sales.com [192.168.0.3], pleased to meet you
mail from:"test"<user1@sales.com>
250 2.1.0 "test"<user1@sales.com>... Sender ok
rcpt to:user2@sales.com
250 2.1.5 user2@sales.com... Recipient ok
data
354 Enter mail, end with "." on a line by itself
This is a test.
.
250 2.0.0 rBEBOkTE003874 Message accepted for delivery
quit
221 2.0.0 RHEL6.4-1 closing connection
Connection closed by foreign host.
[root@RHEL6 桌面]#
[root@RHEL6 桌面]#
```

图 5-22　邮件服务器搭建测试结果

5.7.5　Sendmail 服务企业实战与应用

1. 企业环境

公司采用两个网段和两个域来分别管理内部员工,team1.smile.com 域采用 192.168.10.0/24 网段,team2.smile.com 域采用 192.168.20.0/24 网段,DNS 及 Sendmail 服务器地址是 192.168.0.3。网络拓扑如图 5-23 所示。

Sendmail 应用案例的要求如下

(1) 员工可以自由收发内部邮件并且能够通过邮件服务器往外网发信。

(2) 设置两个邮件群组 team1 和 team2,确保发送给 team1 的邮件 team1.smile.com 域成员都可以收到,同理,发送给 team2 的邮件 team2.smile.com 域成员都可以收到。

(3) 禁止主机 192.168.10.88 使用 Sendmail 服务器。

2. 需求分析

要求(1)中设置员工自由收发内部邮件可以参考 Sendmail 的第 1 个应用案例去设置,如果需要邮件服务器把邮件发到外网,需要设置 Access 文件。

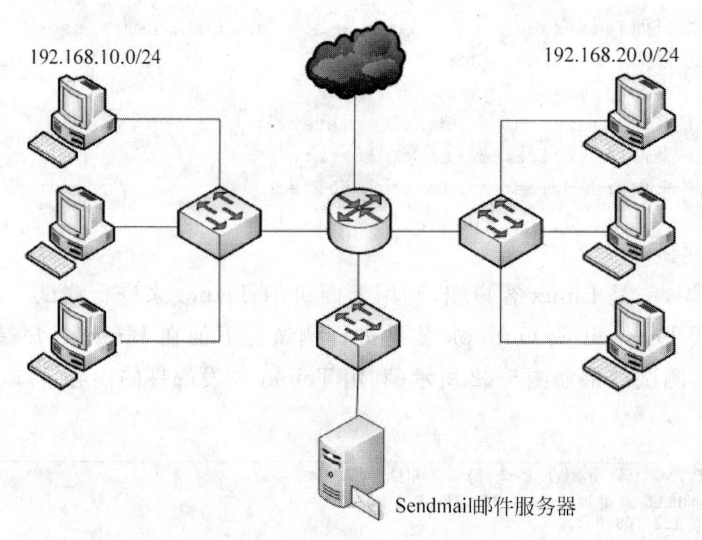

图 5-23　Sendmail 应用案例拓扑

要求(2)中需要别名设置来实现群发功能。

要求(3)中需要在 Access 文件中拒绝(REJECT)IP 地址 192.168.10.88。

3. 解决方案

特别声明：由于实验原因，用 Sendmail 邮件服务器代替路由器。Sendmail 服务器安装 3 块网卡：eth0、eth1 和 eth2，IP 地址分别为 192.168.0.3、192.168.10.3 和 192.168.20.3。同时还必须在 Sendmail 服务器上设置路由，并开启路由转发可能(3 块网卡的连接方式都可以使用 VMnet1)。

(1) 配置路由器。

① 增加两个网络接口(在虚拟机中添加硬件→网络适配器)。

```
[root@RHEL6 桌面]#ifconfig eth0 192.168.0.3 netmask 255.255.255.0
[root@RHEL6 桌面]#ifconfig eth1 192.168.10.3 netmask 255.255.255.0
[root@RHEL6 桌面]#ifconfig eth2 192.168.20.3 netmask 255.255.255.0
[root@RHEL6 桌面]#service network restart
[root@RHEL6 桌面]#ifconfig
```

② 增加 IP 转发功能。

```
//启动 IP 转发
[root@RHEL6 桌面]#vim /etc/sysctl.conf
net.ipv4.ip_forward =1
//找到上述的设定值,将默认值 0 改为上述的 1 即可,储存后离开
[root@RHEL6 桌面]#sysctl -p
[root@RHEL6 桌面]#cat /proc/sys/net/ipv4/ip_forward
1  //这就是重点
```

(2) 配置 DNS 服务器。

① 先配置 DNS 主配置文件 named.conf。

```
[root@RHEL6~]#vim    /etc/named.conf
options {
            directory     "/var/named";
    };
zone "." IN  {
        type     hint;
        file          "named.root";
};
zone "smile.com" IN {
        type     master;
        file          "smile.com.zone";
};
zone "0.168.192.in-addr.arpa" IN {
        type        master;
        file        "3.0.168.192.zone";
};
zone "team1.smile.com" IN {
        type    master;
        file    "team1.smile.com.zone";
};
zone "10.168.192.in-addr.arpa" IN {
        type    master;
        file    "3.10.168.192.zone";
};
zone "team2.smile.com" IN {
        type    master;
        file    "team2.smile.com.zone";
};
zone "20.168.192.in-addr.arpa" IN {
        type    master;
        file    "3.20.168.192.zone";
};
```

② 配置 smile.com.zone 区域文件(只显示必需的部分)。

```
$TTL 1D

@       IN      SOA     smile.com. root.smile.com.(
                   2013121400          ; Serial
                   28800               ; Refresh
                   14400               ; Retry
                   3600000             ; Expire
                   86400 )             ; Minimum
@               IN              NS              dns.smile.com.
dns             IN              A               192.168.0.3
@               IN              MX      5       mail.smile.com.
mail            IN              A               192.168.0.3
```

③ 配置 3.0.168.192.zone 反向区域文件。

```
$TTL    86400
@       IN      SOA     0.168.192.in-addr.arpa. root.smile.com.(
                          2013120800            ; Serial
                          28800                 ; Refresh
                          14400                 ; Retry
                          3600000               ; Expire
                          86400 )               ; Minimum
@               IN          NS                  dns.smile.com.
3               IN          PTR                 dns.smile.com.
@               IN          MX      5           mail.smile.com.
3               IN          PTR                 mail.smile.com.
```

④ 配置 team1.smile.com.zone 区域文件。

```
$TTL 1D

@       IN      SOA     team1.smile.com. root.team1.smile.com.(
                    2013121400          ; Serial
                    28800               ; Refresh
                    14400               ; Retry
                    3600000             ; Expire
                    86400 )             ; Minimum
@               IN      NS                      dns.team1.smile.com.
dns             IN      A                       192.168.10.3
@               IN      MX      5               mail.team1.smile.com.
mail            IN      A                       192.168.10.3
```

⑤ 配置 3.10.168.192.zone 反向区域文件。

```
$TTL    86400
@       IN      SOA     10.168.192.in-addr.arpa. root.team1.smile.com.(
                          2013120800            ; Serial
                          28800                 ; Refresh
                          14400                 ; Retry
                          3600000               ; Expire
                          86400 )               ; Minimum
@       IN              NS                      dns.team1.smile.com.
3       IN              PTR                     dns.team1.smile.com.
@       IN              MX      5               mail.team1.smile.com.
3       IN              PTR                     mail.team1.smile.com.
```

⑥ 配置 team2.smile.com.zone 区域文件。

```
$TTL 1D

@       IN      SOA     team2.smile.com. root.team2.smile.com.(
                    2013121400          ; Serial
                    28800               ; Refresh
```

```
                    14400                 ; Retry
                    3600000               ; Expire
                    86400 )               ; Minimum
@               IN       NS                          dns.team2.smile.com.
dns             IN       A                           192.168.20.3
@               IN       MX       5                  mail.team2.smile.com.
mail            IN       A                           192.168.20.3
```

⑦ 配置 3.20.168.192.zone 反向区域文件。

```
$TTL     86400
@        IN       SOA     20.168.192.in-addr.arpa. root.team2.smile.com.(
                            2013120800             ; Serial
                            28800                  ; Refresh
                            14400                  ; Retry
                            3600000                ; Expire
                            86400 )                ; Minimum
@        IN               NS                       dns.team2.smile.com.
3        IN               PTR                      dns.team2.smile.com.
@        IN               MX       5               mail.team2.smile.com.
3        IN               PTR                      mail.team2.smile.com.
```

⑧ 修改 DNS 域名解析的配置文件。

使用 vim 编辑/etc/resolv.conf，将 nameserver 的值改为 192.168.0.3。

⑨ 重启 named 服务，使配置生效。

(3) 安装 Sendmail 软件包。

(4) 编辑 sendmail.mc，修改 SMTP 侦听网段范围。

配置邮件服务器需要更改 IP 地址为公司内部网段或者 0.0.0.0，这样可以扩大侦听范围(通常都设置成 0.0.0.0)，否则邮件服务器无法正常发送邮件。

第 116 行将 SMTP 侦听范围从 127.0.0.1 改为 0.0.0.0。

第 155 行修改成自己域：LOCAL_DOMAIN('smile.com')dnl。

(5) 使用 m4 命令生成 sendmail.cf 文件，其实 sendmail.mc 是一个模板文件。

```
[root@RHEL6 桌面]#m4   /etc/mail/sendmail.mc   >/etc/mail/sendmail.cf
```

(6) 修改 local-host-names 文件，添加域名及主机名。

```
[root@RHEL6 桌面]#vim /etc/mail/local-host-names
smile.com.
mail.smile.com.
team1.smile.com.
mail.team1.smile.com.
team2.smile.com.
mail.team2.smile.com.
```

(7) 群发邮件设置。

① 设置别名。

aliases 文件语法格式：

```
真实用户账号:别名 1,别名 2
```

例如:

```
[root@RHEL6 桌面]#vim /etc/aliases
team1:client1,client2,client3
team2:clienta,clientb,clientc
```

② 使用 newaliases 命令生成 aliases.db 数据库文件。

```
[root@RHEL6 桌面]#newaliases
```

(8) 配置访问控制的 Access 文件。

① 编辑修改/etc/mail/access 文件。

在 RHEL 6 中,默认 Sendmail 服务器所在的主机的用户可以任意发送邮件,而不需要任何身份验证,即/etc/mail/access 文件中有一行“Connect:127.0.0.1 RELAY”。增加 3 行后,内容如图 5-24 所示。

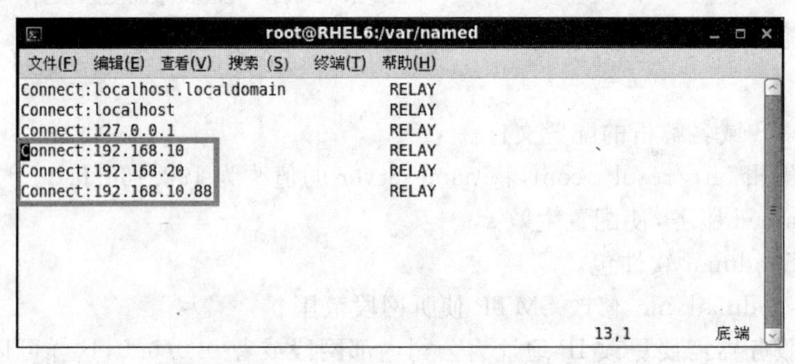

图 5-24 配置访问控制

② 生成 Access 数据库文件。

```
[root@RHEL6 桌面]#vim  /etc/mail/access
[root@RHEL6 桌面]#makemap  hash  /etc/mail/access.db </etc/mail/access
```

(9) 安装 dovecot 软件包(POP3 和 IMAP)。

(10) 启动 Sendmail 服务。

用 service sendmail restart 和 service dovecot restart 命令启动 Sendmail 和 Dovecot 服务。如果每次开机启动,可以使用 chkconfig 命令进行修改启动命令。

```
[root@RHEL6 桌面]#service  sendmail  restart
[root@RHEL6 桌面]#service  dovecot  restart
```

(11) 测试端口。

使用 netstat-ntla 命令测试是否开启了 SMTP 的 25 端口、POP3 的 110 端口及 IMAP 的 143 端口。

```
[root@RHEL6 桌面]#netstat  -ntla
```

(12) 建立用户。

```
[root@RHEL6 桌面]#groupadd  team1
[root@RHEL6 桌面]#groupadd  team2
[root@RHEL6 桌面]#useradd  -g  team1  -s  /sbin/nologin  client1
[root@RHEL6 桌面]#useradd  -g  team1  -s  /sbin/nologin  client2
[root@RHEL6 桌面]#useradd  -g  team1  -s  /sbin/nologin  client3
[root@RHEL6 桌面]#useradd  -g  team2  -s  /sbin/nologin  clienta
[root@RHEL6 桌面]#useradd  -g  team2  -s  /sbin/nologin  clientb
[root@RHEL6 桌面]#useradd  -g  team2  -s  /sbin/nologin  clientc
[root@RHEL6 桌面]#passwd  client1
[root@RHEL6 桌面]#passwd  client2
[root@RHEL6 桌面]#passwd  client3
[root@RHEL6 桌面]#passwd  clienta
[root@RHEL6 桌面]#passwd  clientb
[root@RHEL6 桌面]#passwd  clientc
```

(13) 在客户端 192.168.0.0/24 网段进行如下操作。

① 测试客户端的网络设置。

IP 地址为 192.168.0.111/24；默认网关为 192.168.0.3，DNS 服务器为 192.168.0.3。

② 邮件发送与接收测试。

在 Linux 客户端(192.168.0.111)使用 Telnet，分别用 client1 和 clienta 进行邮件的发送与接收测试。测试过程如下所示(发件人为 client1@smile.com；收件人为 clienta@smile.com)。

```
[root@RHEL6 named]#telnet 192.168.0.3 25     //利用 Telnet 连接邮件服务器的 25 端口
Trying 192.168.0.3...
Connected to 192.168.0.3.
Escape character is '^]'.
220 RHEL6.4-1 ESMTP Sendmail 8.14.4/8.14.4; Sat, 14 Dec 2013 23:39:56 +0800
helo smile.com                  //利用 helo 命令向邮件服务器表明身份,注意不是 hello
250 RHEL6.4-1 Hello dns.smile.com [192.168.0.3], pleased to meet you
mail from:"client1"<client1@smile.com>
//设置信件标题以及发信人地址。其中信件标题为 client1,发信人地址为 client1@
smile.com
250 2.1.0 "client1"<client1@smile.com>... Sender ok
rcpt to:client1@smile.com            //利用 rcpt to 命令输入收件人的邮件地址
250 2.1.5 clienta@smile.com... Recipient ok
data
//data 表示要求开始写信件内容了。当输入完 data 指令按 Enter 键后,会提示以一个单行
的"."结束信件
354 Enter mail, end with "." on a line by itself
This is  a test:client1 TO clienta.
.                                   //"."表示结束信件内容。千万不要忘记输入"."
250 2.0.0 rBEFYl65006699 Message accepted for delivery
quit                                //退出 Telnet 命令
221 2.0.0 RHEL6.4-1 closing connection
Connection closed by foreign host.
```

③ 在服务器端检查 clienta 的收件箱。

在服务器端利用 mail 命令检查 clienta 的收件箱。在本地登录服务器，在 Linux 命令行下，使用 mail 命令可以发送、收取用户的邮件。

```
[root@RHEL6 桌面]#mail   -u   clienta
[root@RHEL6 named]#mail   -u   clienta
Heirloom Mail version 12.4 7/29/08.  Type ? for help.
"/var/mail/clienta": 1 message 1 new
>N  1 client1@smile.com      Sat Dec 14 23:36  11/403
& 1                          //如果要阅读 E-mail,选择邮件编号,按 Enter 键确认
Message  1:                  //选择了 1
From client1@smile.com  Sat Dec 14 23:36:07 2013
Return-Path: <client1@smile.com>
Date: Sat, 14 Dec 2013 23:34:47 +0800
From: client1@smile.com
Status: R

This is  a test:client1 TO clienta.              //查看到的信件内容

& quit
Held 1 message in /var/mail/clienta
```

④ 群发测试。

发件人：client1@smile.com；收件人：team1@smile.com。

请在客户端使用 Telnet 进行测试。

检查客户端 client1、client2 和 client3 的收件箱。

服务器端进行测试。

client2 和 client3 用户类似。在服务器端可以看到 team1 组成员邮箱已经收到 192.168.0.0/24 网段中 client1 用户发的邮件。检查命令如下(team1 包含 client1、client2、client3)：

```
[root@RHEL6 ~]#mail -u client1
[root@RHEL6 ~]#mail -u client2
[root@RHEL6 ~]#mail -u client3
```

(14) 在 192.168.10.0/24 网段进行接收测试。

① 测试客户端的网络设置。

IP 地址：192.168.10.1/24；默认网关：192.168.10.3；DNS 服务器：192.168.0.3。

将客户端的 IP 地址信息按题目要求进行更改，默认网关、DNS 服务器地址等一定设置正确。保证客户端与 192.168.0.3、192.168.10.3 和 192.168.20.3 的通信畅通。

② 邮件接收测试。

安装 Outlook 或 Foxmail 客户端。也可以用 Windows 7 自带的 Windows Live Mail(可从网络下载)。Windows 客户端的测试非常简单，读者可以自行测试(配套资源中本项目的录像有这方面的内容，请读者参考)。

分别用 client2 和 client3 进行邮件的接收，直至测试成功。

③ 邮件群发测试。

下面由 team1.smile.com 区域向 team2.smile.com 用户成员群发。

发件人：client1@smile.com；收件人：team2@smile.com。

在客户端利用 Telnet 的发信过程如图 5-25 所示。

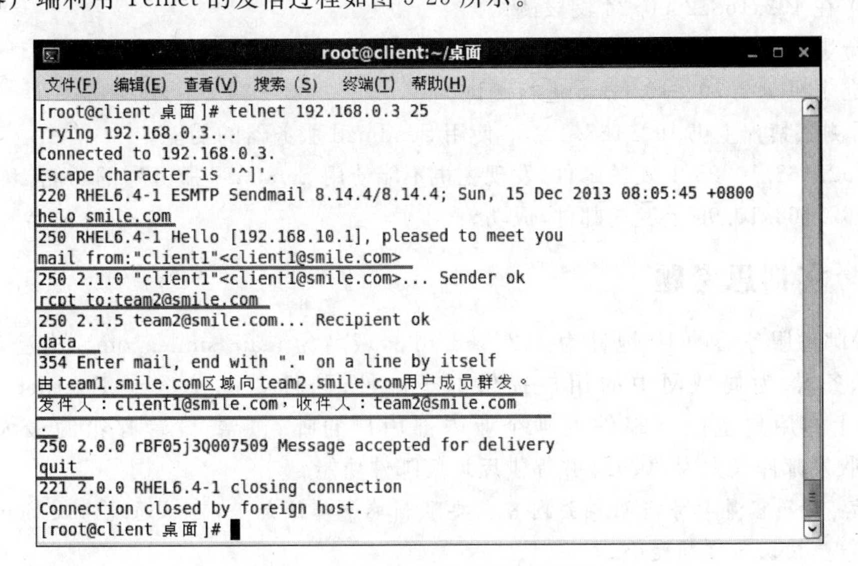

图 5-25　在客户端进行群发测试

下面 team2 成员用户应该收到 3 封邮件。

在服务器端进行测试，如图 5-26 所示。

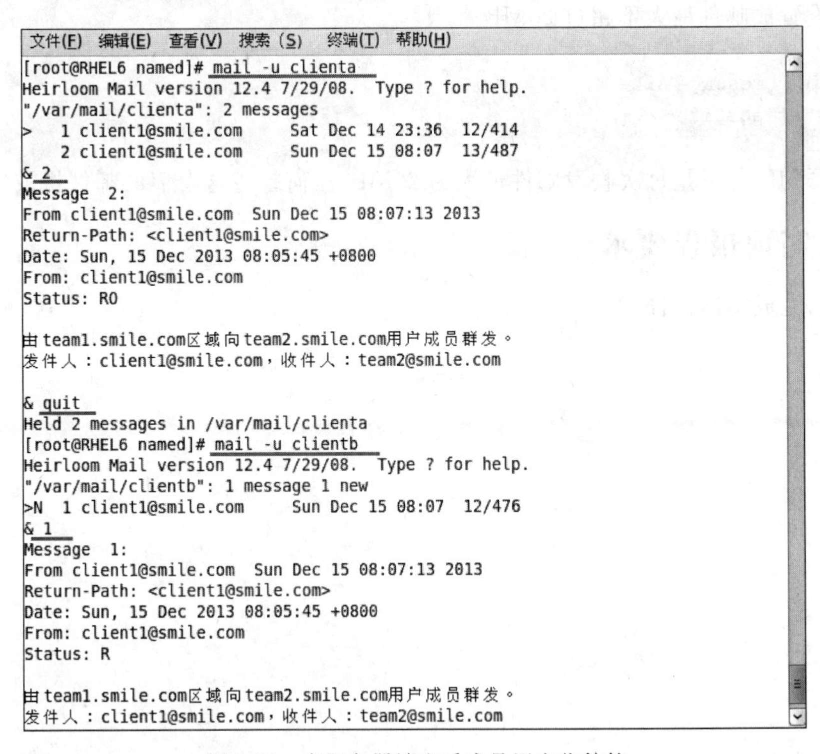

图 5-26　在服务器端查看成员用户收件箱

```
[root@RHEL6 桌面]#mail   -u   clienta
[root@RHEL6 桌面]#mail   -u   clientb
[root@RHEL6 桌面]#mail   -u   clientc
```

(15) 在 192.168.20.0/24 网段测试。

① 分别在相应客户端利用 Outlook 进行接收邮件的测试。不再详述。

② 在主机 192.168.10.88 上进行测试。

最后测试禁止主机 192.168.10.88 使用 Sendmail 服务器的功能。

在 192.168.10.88 上发送邮件,发现主机不能使用 Sendmail 服务器的功能。

在 192.168.10.99 上发送邮件,成功。

5.7.6 实训思考题

假设邮件服务器的 IP 地址为 192.168.0.3,域名为 mail.smile.com。构建 POP3 和 SMTP 服务器,为局域网中的用户提供电子邮件;邮件要能发送到 Internet 上,同时 Internet 上的用户也能把邮件发到企业内部用户的邮箱。要设置邮箱的最大容量为 100MB,收发邮件最大为 20MB,并提供反垃圾邮件功能。

提示:邮箱容量参考前面相关内容。要限制单个邮件大小,可以通过修改 Sendmail.cf 文件来实现,默认不限制大小。

```
#maximum message size
#O MaxMessageSize=0
```

可以设置成邮件最大不超过 20MB。

```
#maximum message size
O MaxMessageSize=20971520
```

上面语句的意思是每次收发邮件最大为 20MB,任何超过这个值的邮件将被拒绝。

5.7.7 实训报告要求

按要求完成实训报告。

第6章 网络互联与安全

当我们架设了Web、FTP、DNS、DHCP、Mail等功能的服务器来为校园网用户提供服务的时候，还有现实的问题需要解决，其中最主要的就是安全问题。俗话说："千里之堤，溃于蚁穴。"影响安全的一个小漏洞就可能毁了整个网络，应引起网络管理员足够的重视。那么有哪些与网络相关的问题要解决呢？

(1) 需要架设防火墙以实现校园网的安全。

(2) 需要将子网连接在一起构成整个校园网。

(3) 由于校园网使用的是私有地址，需要进行网络地址转换，使校园网中的用户能够访问互联网。

(4) 出差人员应该能够安全联入校园网。

(5) 网络管理员能够实时监视系统、管理进程。

要解决这些问题，需要熟练使用iptables、squid、NAT、VPN，并能够使用squid，能够有效地监视系统和管理进程。这就是本章要解决的问题。

6.1 配置与管理iptables

6.1.1 实训目的

- 了解防火墙的分类及工作原理。
- 掌握iptables防火墙的配置方法。

6.1.2 实训内容

练习使用iptables。

6.1.3 实训准备

1. 检查iptables是否已经安装，没有安装则使用yum命令安装

在默认情况下，iptables已经安装好了。可以使用rpm -qa命令来查看默认安装了哪些软件，代码如下所示(iptables默认已经安装)。

```
[root@RHEL6 ~]#rpm  -qa  | grep  iptables
iptables-1.3.5-5.3.el5
iptables-ipv6-1.3.5-5.3.el5
[root@RHEL6 桌面]#yum clean all                    //安装前先清除缓存
[root@RHEL6 ~]#yum install iptables -y             //若没有安装，则使用yum安装
```

2. iptables 服务的启动、停止、重新启动、随系统启动

```
[root@RHEL6 ~]#  service  iptables  start
[root@RHEL6 ~]#service  iptables  stop
[root@RHEL6 ~]#service  iptables  restart
[root@RHEL6 ~]#chkconfig  --level  3  iptables  on  //运行级别 3 自动加载
[root@RHEL6 ~]#chkconfig  --level  3  iptables  off //运行级别 3 不自动加载
```

提示：也可使用 ntsysv 命令并利用文本图形界面对 iptables 自动加载进行配置。

6.1.4 实训环境及要求

1. 企业环境

200 台客户机，IP 地址范围为 192.168.1.1～192.168.1.1.254；掩码为 255.255.255.0。

Mail 服务器：IP 地址为 192.168.1.254；掩码为 255.255.255.0。

FTP 服务器：IP 地址为 192.168.1.253；掩码为 255.255.255.0。

Web 服务器：IP 地址为 192.168.1.252；掩码为 255.255.255.0。

企业网络拓扑图如图 6-1 所示。

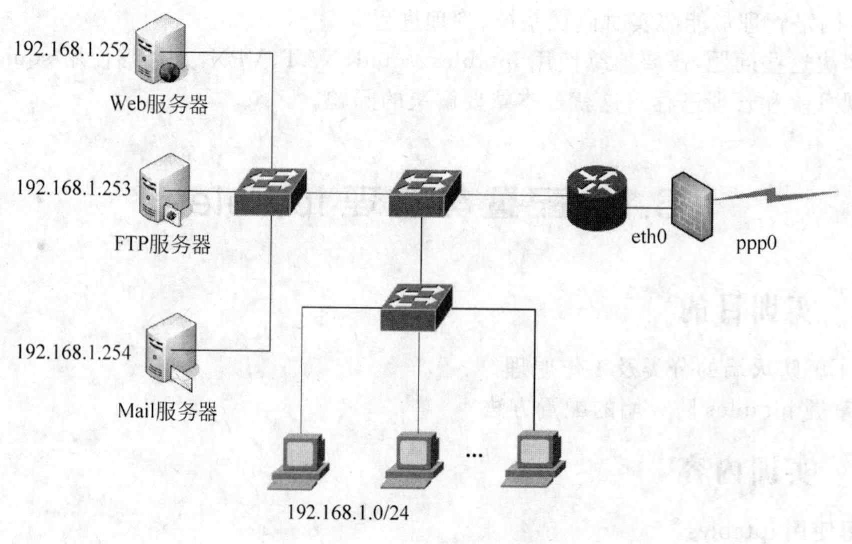

图 6-1　企业网络拓扑图

2. 配置要求

所有内网计算机需要经常访问互联网，并且职员会使用即时通信工具与客户进行沟通，企业网络 DMZ 隔离区搭建有 Mail、FTP 和 Web 服务器，其中 Mail 和 FTP 服务器对内部员工开放，仅需要发布 Web 站点，并且管理员会通过外网进行远程管理。为了保证整个网络的安全性，现在需要添加 iptables 防火墙，配置相应的策略。

3. 需求分析

企业的内部网络为了保证安全性，需要首先删除所有规则设置，并将默认规则设置为 DROP，然后开启防火墙对于客户机的访问限制，打开 Web、MSN、QQ 以及 Mail 的相应端口,并允许外部客户端登录Web服务器的80、22端口。

6.1.5　实训步骤

1. 配置默认策略

(1) 删除策略。

```
[root@RHEL6 ~]#iptables    -F
[root@RHEL6 ~]#iptables    -X
[root@RHEL6 ~]#iptables    -Z
[root@RHEL6 ~]#iptables    -F   -t  nat
[root@RHEL6 ~]#iptables    -X   -t  nat
[root@RHEL6 ~]#iptables    -Z   -t  nat
```

(2) 设置默认策略。

```
[root@RHEL6 ~] #iptables  -P  INPUT        DROP
[root@RHEL6 ~] #iptables  -P  FORWARD    DROP
[root@RHEL6 ~] #iptables  -P  OUTPUT      ACCEPT
[root@RHEL6 ~] #iptables  -t  nat   -P  PREROUTING     ACCEPT
[root@RHEL6 ~] #iptables  -t  nat   -P  OUTPUT         ACCEPT
[root@RHEL6 ~] #iptables  -t  nat   -P  POSTROUTING     ACCEPT
```

2. 回环地址

有些服务的测试需要使用回环地址,为了保证各个服务的正常工作,需要允许回环地址的通信,代码如下所示。

```
[root@RHEL6 ~] #iptables  -A  INPUT  -i   lo   -j   ACCEPT
```

3. 连接状态的设置

为了简化防火墙的配置操作,并提高检查的效率,需要添加连接状态的设置,代码如下所示。

```
[root@RHEL6 ~] #iptables -A INPUT  -m  state --state  ESTABLISHED,RELATED
                -j  ACCEPT
```

连接跟踪时存在如下4种数据包的状态。

- NEW：要新建连接的数据包。
- INVALID：无效的数据包,例如损坏或者不完整的数据包。
- ESTABLISHED：已经建立连接的数据包。
- RELATED：与已经发送的数据包有关的数据包。

4. 设置80端口转发

```
[root@RHEL6 ~] #iptables  -A  FORWARD  -p  tcp  --dport  80  -j  ACCEPT
```

5. DNS相关设置

为了使客户机能够正常使用域名访问Internet,还需要允许内网计算机与外部DNS服务器的数据转发。开启 DNS 使用 UDP、TCP 的 53 端口,代码如下所示。

```
[root@RHEL6 ~]#iptables -A FORWARD -p udp --dport 53 -j ACCEPT
[root@RHEL6 ~]#iptables -A FORWARD -p tcp --dport 53 -j ACCEPT
```

6. 允许访问服务器的 SSH

SSH 使用 TCP 协议端口 22,代码如下所示。

```
[root@RHEL6 ~]#iptables -A INPUT -p tcp --dport 22 -j ACCEPT
```

7. 允许内网主机登录 MSN 和 QQ

QQ 能够使用 TCP 80、8000、443 及 UDP 8000、4000 登录,而 MSN 通过 TCP 1863、443 验证。因此,只需要允许这些端口的 FORWARD 转发(拒绝则相反),即可以正常登录,代码如下所示。

```
[root@RHEL6 ~]#iptables -A FORWARD -p tcp --dport 80 -j ACCEPT
[root@RHEL6 ~]#iptables -A FORWARD -p tcp --dport 1863 -j ACCEPT
[root@RHEL6 ~]#iptables -A FORWARD -p tcp --dport 443 -j ACCEPT
[root@RHEL6 ~]#iptables -A FORWARD -p tcp --dport 8000 -j ACCEPT
[root@RHEL6 ~]#iptables -A FORWARD -p udp --dport 8000 -j ACCEPT
[root@RHEL6 ~]#iptables -A FORWARD -p udp --dport 4000 -j ACCEPT
```

8. 允许内网主机收发邮件

客户端发送邮件时访问邮件服务器的 TCP 25 端口,接收邮件时访问,可能使用的端口则较多,UDP 协议以及 TCP 协议的端口为:110、143、993 以及 995,代码如下所示。

```
[root@RHEL6 ~]#iptables -A FORWARD -p tcp --dport 25 -j ACCEPT
[root@RHEL6 ~]#iptables -A FORWARD -p tcp --dport 110 -j ACCEPT
[root@RHEL6 ~]#iptables -A FORWARD -p udp --dport 110 -j ACCEPT
[root@RHEL6 ~]#iptables -A FORWARD -p tcp --dport 143 -j ACCEPT
[root@RHEL6 ~]#iptables -A FORWARD -p udp --dport 143 -j ACCEPT
[root@RHEL6 ~]#iptables -A FORWARD -p tcp --dport 993 -j ACCEPT
[root@RHEL6 ~]#iptables -A FORWARD -p udp --dport 993 -j ACCEPT
[root@RHEL6 ~]#iptables -A FORWARD -p tcp --dport 995 -j ACCEPT
[root@RHEL6 ~]#iptables -A FORWARD -p udp --dport 995 -j ACCEPT
```

9. NAT 设置

由于局域网的地址为私网地址,在公网上是不合法的,所以必须将私网地址转换为服务器的外部地址并进行伪装,连接外部接口为 ppp0,具体配置如下所示。

```
[root@RHEL6 ~]#iptables -t nat -A POSTROUTING -o ppp0 -s 192.168.1.0/24 -
j MASQUERADE
```

MASQUERADE 和 SNAT 的作用一样,同样是提供源地址转换的操作,但是 MASQUERADE 是针对外部接口为动态 IP 地址来设置的,不需要使用--to-source 指定转换的 IP 地址。如果网络采用的是拨号方式接入互联网,而没有对外的静态 IP 地址(主要用在动态获取 IP 地址的连接,比如 ADSL 拨号、DHCP 连接等),那么建议使用

MASQUERADE。

注意：MASQUERADE是特殊的过滤规则，它只可以将数据从一个接口映射到另一个接口。

10. 内部机器对外发布Web

内网Web服务器IP地址为192.168.1.252，通过设置，当公网客户端访问服务器时，防火墙将请求映射到内网的192.168.1.252的80端口，代码如下所示。

```
[root@RHEL6 ~]#iptables -t nat -A PREROUTING -i ppp0 -p tcp
          --dport 80 -j DNAT --to-destination 192.168.1.252:80
```

6.1.6 实训思考题

(1) 为什么架设了防火墙以后，主机还可能中毒？

(2) 为何架设了防火墙以后，主机还可能被入侵？

(3) 核心为2.6的Linux使用的防火墙机制为iptables，如何知道正在使用的Linux核心的版本？

(4) 请列出iptables预设的两个主要的table，以及各个table里面的chains与各个chains所代表的意义。

(5) 什么是iptables的预设政策(Policy)？若要针对filter的INPUT做成DROP的默认策略，如何执行指令？

(6) 假设Linux仅用于客户机，且没有对Internet提供任何服务，那么防火墙规则应该如何设定比较好？

6.1.7 实训报告要求

按要求完成实训报告。

6.2 配置与管理NAT

6.2.1 实训目的

- 了解NAT。
- 掌握利用iptables实现NAT的方法。

6.2.2 实训内容

练习使用NAT。

6.2.3 实训准备

网络地址转换器NAT(Network Address Translator)位于使用专用地址的Intranet和使用公用地址的Internet之间，主要具有以下几种功能。

(1) 从 Intranet 传出的数据包由 NAT 将它们的专用地址转换为公用地址。

(2) 从 Internet 传入的数据包由 NAT 将它们的公用地址转换为专用地址。

(3) 支持多重服务器和负载均衡。

(4) 实现透明代理。

这样在内网中计算机使用未注册的专用 IP 地址,而在与外部网络通信时使用注册的公用 IP 地址,大大降低了连接成本。同时 NAT 也起到将内部网络隐藏起来、保护内部网络的作用,因为对外部用户来说,只有使用公用 IP 地址的 NAT 是可见的,类似于防火墙的安全措施。

1. NAT 的工作过程

(1) 客户机将数据包发给运行 NAT 的计算机。

(2) NAT 将数据包中的端口号和专用的 IP 地址换成它自己的端口号和公用的 IP 地址,然后将数据包发给外部网络的目的主机,同时记录一个跟踪信息在映像表中,以便向客户机发送回答信息。

(3) 外部网络发送回答信息给 NAT。

(4) NAT 将所收到的数据包的端口号和公用 IP 地址转换为客户机的端口号和内部网络使用的专用 IP 地址并转发给客户机。

以上步骤对于网络内部的主机和网络外部的主机都是透明的,对它们来讲,就如同直接通信一样,如图 6-2 所示。

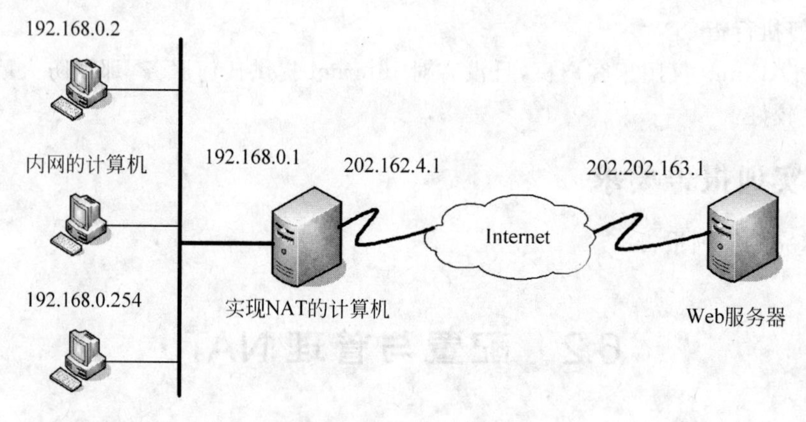

图 6-2　NAT 的工作过程

NAT 的工作过程具体细节如下。

(1) 192.168.0.2 用户使用 Web 浏览器连接到位于 202.202.163.1 的 Web 服务器,则用户计算机将创建带有下列信息的 IP 数据包。

目标 IP 地址:202.202.163.1

源 IP 地址:192.168.0.2

目标端口:TCP 端口为 80

源端口:TCP 端口为 1350

(2) IP 数据包转发到运行 NAT 的计算机上,它将传出的数据包地址转换成下面的形式。

目标 IP 地址：202.202.163.1

源 IP 地址：202.162.4.1

目标端口：TCP 端口为 80

源端口：TCP 端口为 2500

(3) NAT 协议在表中保留了{192.168.0.2,TCP 1350}到{202.162.4.1,TCP 2500}的映射,以便回传。

(4) 转发的 IP 数据包是通过 Internet 发送的。Web 服务器响应通过 NAT 协议发回和接收。当接收时,数据包包含下面的公用地址信息。

目标 IP 地址：202.162.4.1

源 IP 地址：202.202.163.1

目标端口：TCP 端口为 2500

源端口：TCP 端口为 80

(5) NAT 协议检查转换表,将公用地址映射到专用地址,并将数据包转发给位于 192.168.0.2 的计算机。转发的数据包包含以下地址信息。

目标 IP 地址：192.168.0.2

源 IP 地址：202.202.163.1

目标端口：TCP 端口为 1350

源端口：TCP 端口为 80

对于来自 NAT 协议的传出数据包,源 IP 地址(专用地址)被映射到 ISP 分配的地址(公用地址),并且 TCP/UDP 端口号也会被映射到不同的 TCP/UDP 端口号。

对于到 NAT 协议的传入数据包,目标 IP 地址(公用地址)被映射到源 Internet 地址(专用地址),并且 TCP/UDP 端口号被重新映射回源 TCP/UDP 端口号。

2. NAT 的分类

(1) 源 NAT(Source NAT,SNAT)。SNAT 指修改第一个包的源 IP 地址。SNAT 会在包送出之前的最后一刻做好 Post-Routing 的动作。Linux 中的 IP 伪装(MASQUERADE)就是 SNAT 的一种特殊形式。

(2) 目的 NAT(Destination NAT,DNAT)。DNAT 是指修改第一个包的目的 IP 地址。DNAT 总是在包进入后立刻进行 Pre-Routing 动作。端口转发、负载均衡和透明代理均属于 DNAT。

6.2.4 实训步骤

1. 配置 SNAT

SNAT 功能是进行源 IP 地址转换,也就是重写数据包的源 IP 地址。若网络内部主机采用共享方式,访问 Internet 连接时就需要用到 SNAT 的功能,将本地的 IP 地址替换为公网的合法 IP 地址。

SNAT 只能用在 nat 表的 POSTROUTING 链,并且只要连接的第一个符合条件的包被 SNAT 进行地址转换,那么这个连接的其他所有的包都会自动地完成地址替换工作,而且这个规则还会应用于这个连接的其他数据包。SNAT 使用选项--to-source,命令语法如下。

```
iptables -t  nat  -A  POSTROUTING  -o 网络接口 -j  SNAT --to-source IP 地址
```

指定替换的 IP 地址和端口,有以下几种方式。

- 指定单独的地址。如 202.154.10.27。
- 一段连续的地址范围。如 202.154.10.10～202.154.10.27,这样会为数据包随机分配一个 IP,实现负载均衡。
- 端口范围。在指定-p tcp 或-p udp 的前提下,可以指定源端口的范围,如 202.154.10.27：1024～10000,这样包的源端口就被限制在 1024～10000 范围内。

iptables 会尽量避免端口的变更,也就是说,它总是尽量使用建立连接时所用的端口。但是如果两台计算机使用相同的源端口,iptabtes 将会把其中之一映射到另外的一个端口。如果没有指定端口范围,所有的在 512 以内的源端口会被映射到 512 以内的另一个端口,512 和 1023 之间的端口将会被映射到 1024 内的端口,其他的将会被映射到大于或等于 1024 的端口,也就是同范围映射。当然,这种映射和目的端口无关。

(1) SNAT 实例描述

公司内部主机使用 10.0.0.0/8 网段的 IP 地址,并且使用 Linux 主机作为服务器连接互联网,外网地址为固定地址 212.212.12.12,现需要修改相关设置保证内网用户能够正常访问 Internet,如图 6-3 所示。

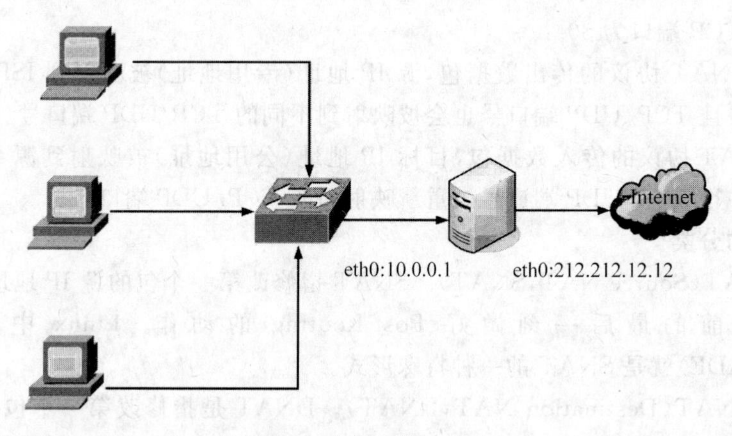

图 6-3　企业网络拓扑图

(2) SNAT 实例解决方案

① 开启内核路由转发功能。

先在内核里打开 IP 转发功能,命令如下所示。

```
[root@server ~]#echo  "1" >  /proc/sys/net/ipv4/ip_forward
```

② 添加 SNAT 规则。

设置 iptables 规则,将数据包的源地址改为公网地址,命令如下所示。

```
[root@server ~]#iptables  -t  nat  -A  POSTROUTING  -o  eth1 -s  10.0.0.0/8
              -j  SNAT --to-source 212.212.12.12
```

```
[root@server ~]#service  iptables  save                #保存配置信息
Saving firewall rules to /etc/sysconfig/iptables:               [ 确定 ]
```

③ 指定客户端 10.0.0.5 的默认网关和 DNS 服务器(其他客户端类似)。

```
[root@client1 ~]#route add default gw 10.0.0.1
```

④ 编辑/etc/resolv.conf,修改 DNS 服务器地址。

2. 配置 DNAT

DNAT 能够完成目的网络地址转换的功能,换句话说,就是重写数据包的目的 IP 地址。DNAT 是非常实用的。例如,企业 Web 服务器在网络内部,其使用私网地址,没有可在 Internet 上使用的合法 IP 地址。这时,互联网的其他主机是无法与其直接通信的,那么,可以使用 DNAT,防火墙的 80 端口接收数据包后,通过转换数据包的目的地址,信息会转发给内部网络的 Web 服务器。

DNAT 需要在 nat 表的 PREROUTING 链设置,配置参数为--to-destination,命令格式如下。

```
iptables -t nat -A PREROUTING  -i 网络接口 -p 协议 --dport 端口 -j  DNAT
--to-destination  IP 地址
```

(1) DNAT 实例:发布内网服务器

iptables 能够接收外部的请求数据包,并转发至内部的应用服务器,整个过程是透明的,访问者感觉像直接在与内网服务器进行通信一样,如图 6-4 所示。

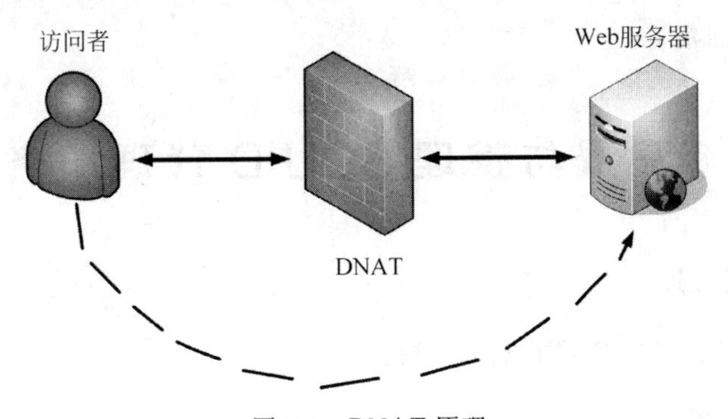

图 6-4　DNAT 原理

公司网络内部搭建了一台 Web 服务器,其 IP 地址为 192.168.0.3,防火墙外部 IP 地址为 212.200.30.27,现需要调整防火墙设置,保证外网用户能够正常访问该服务器。使用 DNAT 将数据包发送至 212.200.30.27,并且端口为 80 的数据包会被转发至 192.168.0.3,代码如下所示。

```
[root@server ~]#iptables -t nat -A PREROUTING -d 212.200.30.27 -p  tcp
                    --dport  80 -j  DNAT --to-destination  192.168.0.3
```

(2) DNAT 实例:实现负载均衡

如果内部网络存在多台相同应用的服务器,可以使用 DNAT 将外部的访问流量分配到多台服务器上，实现负载均衡，减轻服务器的负担。

范例：公司内部共有 3 台数据相同的 Web 服务器，IP 地址分别为 192.168.0.10、192.168.0.11 以及 192.168.0.13，防火墙外部地址为 212.226.100.23，为了提高页面的响应速度，需要对 Web 服务进行优化。代码如下：

```
[root@server ~]#iptables -t nat -A  PREROUTING -d  212.226.100.23 -p tcp
                  --dport 80 -j DNAT --to-destination 192.168.0.10-192.168.0.12
```

3. 实现 MASQUERADE

MASQUERADE 和 SNAT 作用相同，也是提供源地址转换的操作，但它是针对外部接口为动态 IP 地址而设计的，不需要使用--to-source 指定转换的 IP 地址。如果网络采用的是拨号方式接入 Internet，而没有对外的静态 IP 地址，那么建议使用 MASQUERADE。

范例：公司内部网络有 230 台计算机，网段为 192.168.0.0/24，并配有一台拨号主机，使用接口 ppp0 接入 Internet，所有客户端通过该主机访问互联网。这时，需要在拨号主机进行设置，将 192.168.0.0/24 的内部地址转换为 ppp0 的公网地址，代码如下所示。

```
[root@server ~]#iptables  -t  nat  -A  POSTROUTING -o  ppp0
                  -s  192.168.0.0/24  -j  MASQUERADE
```

注意：MASQUERADE 是特殊的过滤规则，它只可以伪装从一个接口到另一个接口的数据。

6.2.5 实训报告要求

按要求完成实训报告。

6.3 配置与管理 SQUID 代理服务器

6.3.1 实训目的

掌握掌握 Squid 代理服务器的配置方法。

6.3.2 实训内容

架设一台 Squid 代理服务器并测试。

6.3.3 实训准备

1. squid 软件包与常用配置项

(1) squid 软件包

- 软件包名：squid
- 服务名：squid
- 主程序：/usr/sbin/squid
- 配置目录：/etc/squid/

- 主配置文件：/etc/squid/squid. conf
- 默认监听端口：TCP 3128
- 默认访问日志文件：/var/log/squid/access. log

（2）常用配置项

- http_port 3128
- access_log /var/log/squid/access. log
- visible_hostname proxy. example. com

2. 安装、启动、停止 squid 服务 squid 服务

```
[root@RHEL6 ~]#rpm -qa |grep squid
[root@RHEL6 ~]#mount /dev/cdrom /iso
[root@RHEL6 ~]#yum clean all                              //安装前先清除缓存
[root@RHEL6 ~]#yum install squid -y
[root@RHEL6 ~]#service squid start                        //启动 squid 服务
[root@RHEL6 ~]#service squid stop                         //停止 squid 服务
[root@RHEL6 ~]#service squid restart                      //重新启动 squid 服务
[root@RHEL6 ~]#service squid resload                      //重新加载 squid 服务
[root@RHEL6 ~]#/etc/rc.d/init.d/squid  reload             //重新加载 squid 服务
[root@RHEL6 ~]#chkconfid  --level  3  squid  on           //运行级别 3 自动加载
[root@RHEL6 ~]#chkconfid  --level  3  squid  off          //运行级别 3 不自动加载
```

3. 使用 ntsysv

使用 ntsysv 命令，利用文本图形界面对 squid 自动加载进行配置，在 squid 选项前按空格数量加上“*”。

注意：让防火墙放行 squid 或将其直接关闭，同时让 SELinux 失效或允许（命令为 setenforce　0）。

6.3.4 实训环境要求

利用 squid 和 NAT 功能可以实现透明代理。透明代理的意思是客户端根本不需要知道有代理服务器的存在，客户端不需要在浏览器或其他的客户端工作中做任何设置，只需要将默认网关设置为 Linux 服务器的 IP 地址即可（eth0 是内网网卡）。透明代理服务的典型应用环境如图 6-5 所示。要求如下。

（1）客户端在设置代理服务器地址和端口的情况下能够访问互联网上的 Web 服务器。

（2）客户端不需要设置代理服务器地址和端口就能够访问互联网上的 Web 服务器，即透明代理。

6.3.5 实训步骤

1. 客户端需要配置代理服务器的解决方案

（1）部署网络环境配置

本实训由 3 台 Linux 虚拟机组成，一台是 squid 代理服务器（RHEL 6），双网卡（eth1：192.168.1.1/24 连接 VMnet1，eth0：218.29.30.31/24 连接 VMnet2）；1 台是安装 Linux 操作系统的 squid 客户端（IP 为 192.168.1.100/24，连接 VMnet1）；还有 1 台是互联网上

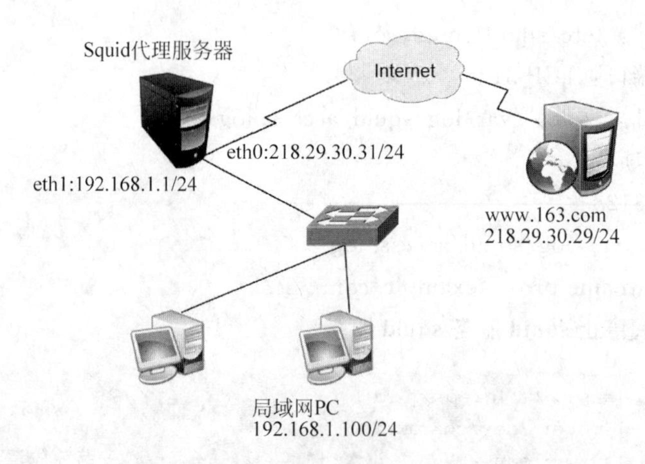

图 6-5 透明代理服务的典型应用环境

的 Web 服务器，也安装了 Linux(RHEL 6，IP 为 218.29.30.29/24，连接 VMnet2)。

① 先关闭防火墙。

```
[root@localhost ~]#vim /etc/sysconfig/network-scripts/ifcfg-eth0
IPADDR=218.29.30.29
NETMASK=255.255.255.0
[root@localhost ~]#service network restart
[root@localhost ~]#ifconfig eth0
```

同时在 RHEL 6 上启用 Web 服务供测试用(采用默认设置就可以)。

② 在客户端，先关闭防火墙。

```
[root@client 桌面]#vim /etc/sysconfig/network-scripts/ifcfg-eth0
NETMASK=255.255.255.0
IPADDR=192.168.1.100
GATEWAY=192.168.1.1                        //别忘了设置默认网关
[root@client 桌面]#service nwrwork restart
```

③ 在 RHEL 6 上重启网络服务。

```
[root@RHEL6 ~]#vim /etc/sysconfig/network-scripts/ifcfg-eth0
NETMASK=255.255.255.0
IPADDR=218.29.30.31
[root@RHEL6 ~]#vim /etc/sysconfig/network-scripts/ifcfg-eth1
NETMASK=255.255.255.0
IPADDR=192.168.1.1
[root@RHEL6 ~]#service network restart
[root@RHEL6 ~]#ping 218.29.30.29
[root@RHEL6 ~]#ping 192.168.1.100
[root@RHEL6 ~]#iptables -F                  //清除防火墙的影响
```

(2) 在 RHEL 6 上安装、配置 squid 服务

```
[root@RHEL6 ~]#vim /etc/squid/squid.conf
//保证文件中有以下两行
http_port 3128
visible_hostname RHEL6.4-1
[root@RHEL6 ~]#service squid restart
[root@RHEL6 ~]#chkconfig squid on
```

(3) 在 Linux 客户端上测试代理设置是否成功

① 打开 Firefox 浏览器,配置代理服务器。在浏览器中,依次单击"编辑"→"首选项"→"网络"→"设置"命令,打开"连接设置"对话框,单击"手动配置代理",将代理服务器地址设为 192.168.1.1,端口设为 3128,如图 6-6 所示。设置完成后单击"确定"按钮退出。

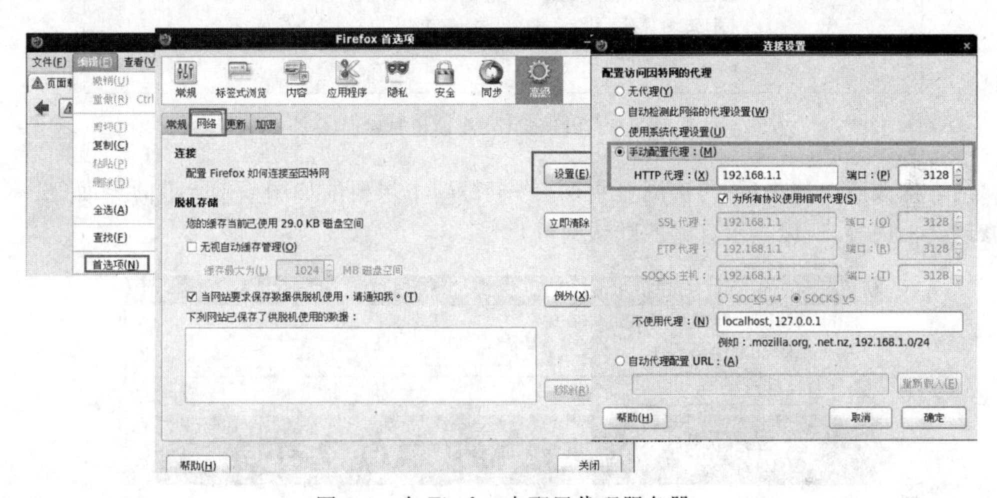

图 6-6 在 Firefox 中配置代理服务器

② 在浏览器地址栏输入 http://218.29.30.29,按 Enter 键,结果出现如图 6-7 所示的错误界面。

探究:为什么会出现错误?先检查配置过程,没有发现问题。忽然想到,上次做 iptables 实训时,设置了默认策略。又是有防火墙的原因。立即检查 RHEL 6 那台安装 squid 服务器的计算机。

```
[root@RHEL6 桌面]#iptables -L
Chain INPUT (policy DROP)     //不能连接到网站上,其他实训中也要注意
target     prot opt source               destination

Chain FORWARD (policy ACCEPT)
target     prot opt source               destination

Chain OUTPUT (policy ACCEPT)
target     prot opt source               destination
[root@RHEL6 桌面]#iptables -P INPUT ACCEPT
[root@RHEL6 桌面]#iptables -L
```

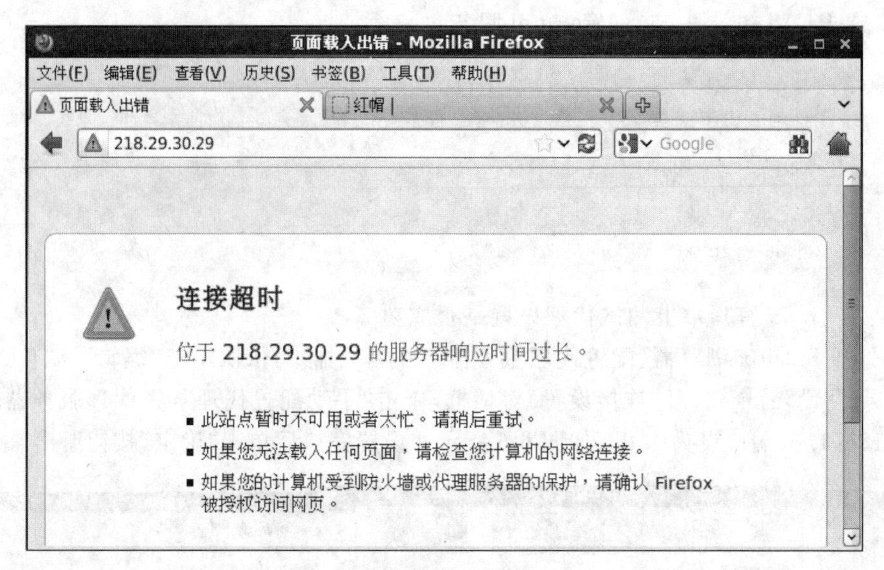

图 6-7　出现错误、连接超时界面

结束修改防火墙之后，再次浏览页面，终于得到了想要的如图 6-8 所示的界面(没有配置默认文档内容，所以显示红帽的默认网页)。

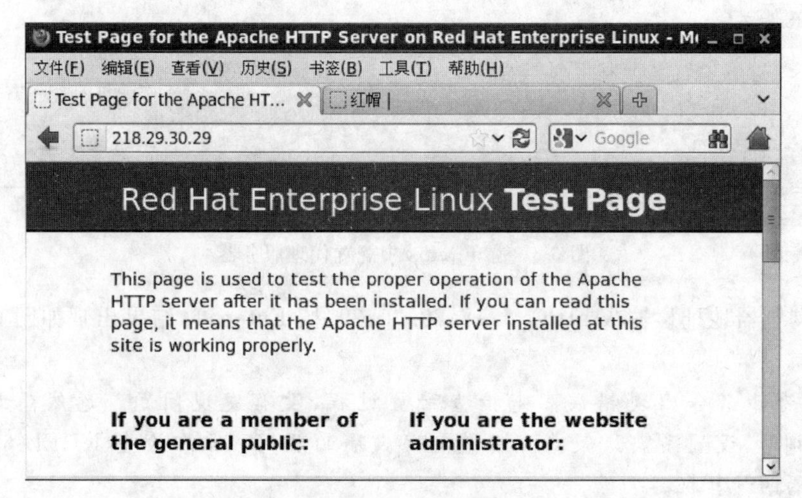

图 6-8　成功浏览

(4) 在 Linux 服务器端 RHEL 6 上查看日志文件

```
[root@RHEL6 桌面]#vim /var/log/squid/access.log
387181853.563      69 192.168.1.100 TCP_MISS/304 258 GET http://218.29.30.29/
icons/apache_pb2.gif -DIRECT/218.29.30.29 -
```

思考：在 Web 服务器 RHEL 6 上的日志文件有何记录？不妨做一做。

2. 客户端不需要配置代理服务器的解决方案

(1) 部署网络环境配置

本部分可以参照上面“1. 客户端需要配置代理服务器的解决方案”的内容。

(2) 在 RHEL 6 上配置 squid 服务

① 修改 squid.conf 配置文件，将“http_port 3128”改为如下内容并重新加载该配置。

```
[root@RHEL6 桌面]#vim  /etc/squid/squid.conf
http_port 192.168.1.1:3128 transparent
```

② 添加 iptables 规则。

```
[root@RHEL6 桌面]#iptables -t nat -I PREROUTING -i eth1 -s 192.168.1.0/24 -p
tcp --dport 80 -j REDIRECT --to-ports 3128
```

(2) 在 Linux 客户端上测试代理设置是否成功

① 打开 Firefox 浏览器，配置代理服务器。在浏览器中，依次单击“编辑”→“首选项”→“网络”→“设置”命令，打开“连接设置”对话框，单击“无代理”，将代理服务器的设置清空。

② 设置客户端的网关为 192.168.1.1。

③ 在浏览器地址栏输入 http://218.29.30.29，按 Enter 键。测试成功。

(3) 在 Web 服务器端 RHEL 6 上查看日志文件

```
[root@RHEL5 ~]#vim /var/log/httpd/access_log
218.29.30.31 -- [16/Dec/2013:16:37:03 +0800] "GET /icons/apache_pb2.gif HTTP/1.1"
304 -"http://218.29.30.29/" "Mozilla/5.0 (X11; Linux x86_64; rv:10.0.12) Gecko/
20130104 Firefox/10.0.12"
```

注意：RHEL 6 的 Web 服务器日志文件是/var/log/httpd/access_log，RHEL 6 中的 Web 服务器的日志文件是/var/log/httpd/access.log。

6.3.6　企业实战与应用实例

1. 企业环境及需求

公司内部网络采用 192.168.9.0/24 网段的 IP 地址，所有的客户端通过代理服务器接入互联网。代理服务器 eth0 接内网，IP 地址为 192.168.9.188；eth1 接外网，IP 地址为 212.212.12.12。代理服务器仅配置代理服务，内存为 2GB，硬盘为 SCSI 硬盘，容量为 200GB，设置 10GB 空间为硬盘缓存，要求所有客户端都可以上网。

2. 需求分析

这是一个最为基本的 squid 配置案例，对于小型企业而言，类似这种接入 Internet 的方法经常用到，通过这种方法可以在一定程度上加速浏览网页的速度，而且可以很好地监控员工上网的情况。对于本案例，首先要做的是配置好 squid 服务器上的两块网卡，并且开启路由功能；其次是对主配置文件 squid.conf 进行修改，设置内存、硬盘缓存、日志以及访问控制列表等字段。然后重新启动 squid 服务器。在此，仅对服务器端配置做介绍。这个案例的网络环境部署请参考 6.3.4 小节。

3. 服务器端 RHEL 6 的配置过程

(1) 在代理服务器 RHEL 6 上配置网卡并开启路由功能。

① 设置网卡的 IP 地址。

```
[root@RHEL6 ~]#ifconfig eth0 192.168.9.188 netmask 255.255.255.0
[root@RHEL6 ~]#ifconfig eth1 212.212.12.12 netmask 255.255.255.0
```

② 开启内核路由转发功能。

先在内核里打开 IP 转发功能，代码如下所示。

```
[root@RHEL6 etc]#vim /etc/sysctl.conf
net.ipv4.ip_forward =1                          //数值改为 1
[root@RHEL6 etc]#sysctl -p                      //启用转发功能
net.ipv4.ip_forward =1
net.ipv4.conf.default.rp_filter =1
…
```

(2) 配置主配置文件 squid.conf。

```
[root@RHEL6 ~]#vim /etc/squid/squid.conf
//设置仅监听内网 eth0:192.168.9.188 上 8080 端口的 HTTP 请求
http_port 192.168.9.188:8080
cache_mem 512 MB          //设置高速缓存为 512MB
cache_dir ufs /var/spool/squid 10240 16 256
//设置硬盘缓存大小为 10GB,目录为/var/spool/squid,一级子目录为 16 个,二级子目录为
  256 个
cache_access_log /var/log/squid/access.log     //设置访问日志
cache_log /var/log/squid/cache.log             //设置缓存日志
cache_store_log /var/log/squid/store.log       //设置网页缓存日志
dns_nameservers 192.168.0.1 221.228.225.1      //设置 DNS 服务器地址
acl all src all                    //设置访问控制列表 all,该表的内容为所有客户端
http_access allow all              //设置允许所有客户端访问
cache_mgr root@smile.com           //设置管理员的 E-mail 地址
cache_effective_user squid         //设置 squid 进程的所有者
cache_effective_group squid        //设置 squid 进程所属的组
visible_hostname 192.168.9.188     //设置 squid 可见的主机名
```

(3) 初始化 squid 服务。

```
[root@RHEL6 ~]#squid  -z
```

(4) 启动 squid 服务。

```
[root@RHEL6 ~]#service squid start
```

4. 客户端测试

(1) Windows 客户端测试。

在 Windows 客户端设置代理服务器的过程如下。

① 打开 Internet Explorer 浏览器，单击“工具”→“Internet 选项”。

② 单击“连接→局域网设置”，在弹出的对话框中进行代理服务器的设置(图 6-9)。

现在在客户端可以上网了。

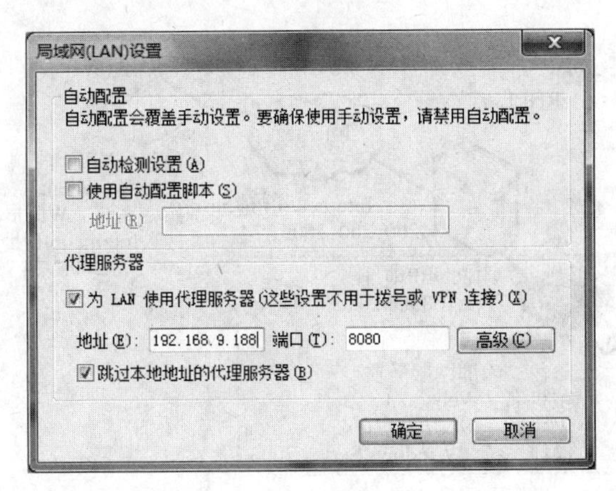

图 6-9　客户端代理服务器的设置

(2) Linux 客户端的测试。

Linux 系统自带的浏览器为 Mozilla Firefox，下面以该浏览器为例讲解客户端的配置。

① 打开浏览器，选择 Edit 菜单中的 Preferences 命令。

② 在 General 菜单中选择 Connection Settings 选项。

③ 选中 Manual proxy configuration 单选按钮，手工配置代理服务设置，在 HTTP Proxy 右边的地址栏填写代理服务器的 IP 地址和相应的端口号，然后单击 OK 按钮完成设置。

现在在客户端可以上网了。

6.3.7 实训报告要求

按要求完成实训报告。

6.4 配置与管理 VPN 服务器

6.4.1 实训目的

- 理解远程访问 VPN 的构成和连接过程。
- 掌握配置并测试远程访问 VPN 的方法。

6.4.2 实训内容

配置 VPN 服务器并进行测试。

6.4.3 实训准备

1. 实训项目设计

在进行 VPN 网络构建之前，有必要进行 VPN 网络拓扑规划。图 6-10 所示是一个小型的 VPN 实验网络环境(可以通过 VMWare 虚拟机实现该网络环境)。

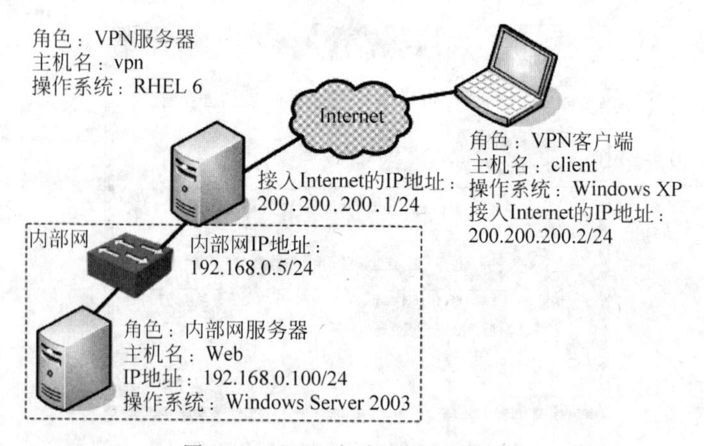

图 6-10　VPN 实验网络拓扑结构

2. 实训项目准备

部署远程访问 VPN 服务之前，应做如下准备。

① PPTP 服务、Mail 服务、Web 服务和 iptables 防火墙服务均部署在一台安装有 Red Hat Enterprise Linux 6 操作系统的服务器上，服务器名为 vpn，该服务器通过路由器接入 Internet。

② VPN 服务器至少要有两个网络连接。分别为 eth0 和 eth1，其中 eth0 连接到内部局域网 192.168.0.0 网段，IP 地址为 192.168.0.5；eth1 连接到公用网络 200.200.200.0 网段，IP 地址为 200.200.200.1。

③ 内部网客户主机 Web 中，为了实验方便，设置一个共享目录 share，在其下随便建立几个文件，供测试用。

④ VPN 客户端的配置信息如图 6-10 所示。

⑤ 合理规划分配给 VPN 客户端的 IP 地址。VPN 客户端在请求建立 VPN 连接时，VPN 服务器需要为其分配内部网络的 IP 地址。配置的 IP 地址也必须是内部网络中不使用的 IP 地址，地址的数量根据同时建立 VPN 连接的客户端数量来确定。在本任务中部署远程访问 VPN 时，使用静态 IP 地址池为远程访问客户端分配 IP 地址，地址范围采用 192.168.0.11～192.168.0.20，192.168.0.101～192.168.0.180。

⑥ 客户端在请求 VPN 连接时，服务器要对其进行身份验证，因此应合理规划需要建立 VPN 连接的用户账户。

说明：VPN 服务器和 VPN 客户端实际上应该在 Internet 的两端，一般不会在同一网络中。为了实验方便，省略了它们之间的路由器。

6.4.4　实训步骤

1. 安装 VPN 服务器

Linux 环境下的 VPN 由 VPN 服务器模块（Point-to-Point Tunneling Protocol Daemon，PPTPD）和 VPN 客户端模块（Point-to-Point Tunneling Protocol，PPTP）共同构成。PPTPD 和 PPTP 都是通过 PPP（Point to Point Protocol）来实现 VPN 功能的。而 MPPE（Microsoft 点对点加密）模块是用来支持 Linux 与 Windows 之间连接的。如果不需

要 Windows 计算机参与连接，则不需要安装 MPPE 模块。PPTPD、PPTP 和 MPPE Module 一起统称 Poptop，即 PPTP 服务器。

安装 PPTP 服务器需要内核支持 MPPE(Microsoft 点对点加密，在需要与 Windows 客户端连接的情况下使用)和 PPP 2.4.3 及以上版本模块。而 Red Hat Enterprise Linux 6 默认已安装了 2.4.5 版本的 PPP，而 2.6.18 内核也已经集成了 MPPE，因此只需再安装 PPTP 软件包即可。

(1) 下载所需要的安装包文件。

读者可直接从互联网上下载 pptpd 软件包 pptpd-1.3.4-2.el6.x86_64，也可以从配套资源上复制。最后将下载的文件复制到/vpn-rpm 目录下。

(2) 安装已下载的安装包文件，执行如下命令。

```
[root@RHEL6 桌面]#cd /vpn-rpm
[root@RHEL6 vpn-rpm]#rpm -ivh pptpd-1.3.4-2.el6.x86_64.rpm
warning: pptpd-1.3.4-2.el6.x86_64.rpm: Header V3 DSA/SHA1 Signature, key ID
862acc42: NOKEY
Preparing...                ########################################### [100%]
   1:pptpd                  ########################################### [100%]
[root@RHEL6 vpn-rpm]#rpm -qa |grep pptp
pptpd-1.3.4-2.el6.x86_64
```

(3) 安装完成之后可以使用下面的命令查看系统的 ppp 是否支持 MPPE 加密。

```
[root@RHEL6 ~]#strings  '/usr/sbin/pppd'|grep  -i  mppe|wc  --lines
42
```

如果以上命令输出为 0，则表示不支持；输出为 30 或更大的数字，就表示支持。

2. 配置 VPN 服务器

配置 VPN 服务器，需要修改/etc/pptpd.conf、/etc/ppp/chap-secrets 和/etc/ppp/options.pptpd 三个文件。/etc/pptpd.conf 文件是 VPN 服务器的主配置文件，在该文件中需要设置 VPN 服务器的本地地址和分配给客户端的地址段。/etc/ppp/chap-secrets 是 VPN 用户账号文件，该账号文件保存 VPN 客户端拨入时所需要的验证信息。/etc/ppp/options.pptpd 用于设置在建立连接时的加密、身份验证方式和其他的一些参数设置。

提示：每次修改完配置文件后，必须要重新启动 PPTP 服务才能使配置生效。

(1) 网络环境配置

为了能够正常监听 VPN 客户端的连接请求，VPN 服务器需要配置两个网络接口。一个与内网连接，另外一个与外网连接。在此为 VPN 服务器配置了 eth0 和 eth1 两个网络接口。其中 eth0 接口用于连接内网，IP 地址为 192.168.0.5；eth1 接口用于连接外网，IP 地址为 200.200.200.1。

```
[root@RHEL6 vpn-rpm]#ifconfig eth0 192.168.0.5
[root@RHEL6 vpn-rpm]#ifconfig eth1 200.200.200.1
[root@RHEL6 vpn-rpm]#ifconfig
```

同理，在 Web 服务器上配置 IP 地址为 192.168.0.100/24，在客户端上配置 IP 地址为

200.200.200.2/24。

提示：如果希望 IP 地址重启后仍生效，应使用配置文件修改 IP 地址。

在 RHEL 6 上测试这 3 台计算机的连通性。

```
[root@RHEL6 vpn-rpm]#ping 192.168.0.100 -c 2
PING 192.168.0.100 (192.168.0.100) 56(84) bytes of data.
64 bytes from 192.168.0.100: icmp_seq=1 ttl=64 time=1.10 ms
64 bytes from 192.168.0.100: icmp_seq=2 ttl=64 time=0.259 ms

---192.168.0.100 ping statistics ---
2 packets transmitted, 2 received, 0%packet loss, time 1002ms
rtt min/avg/max/mdev =0.259/0.681/1.103/0.422 ms
[root@RHEL6 vpn-rpm]#ping 200.200.200.2 -c 2
PING 200.200.200.2 (200.200.200.2) 56(84) bytes of data.
```

提示：很有可能与客户端(200.200.200.2/24) 无法连通，其原因可能是因为有防火墙，将客户端的防火墙停掉即可。

(2) 修改主配置文件

PPTP 服务的主配置文件/etc/pptpd.conf 有如下两项参数的设置非常重要，只有在正确合理地设置这两项参数的前提下，VPN 服务器才能够正常启动。

根据前述的实验网络拓扑环境，需要在配置文件的最后加入如下两行语句。

```
localip   192.168.1.100
//在建立 VPN 连接后,分配给 VPN 服务器的 IP 地址,即 ppp0 的 IP 地址
remoteip  192.168.0.11-20,192.168.0.101-180
//在建立 VPN 连接后,分配给客户端的可用 IP 地址池
```

参数说明如下。

① localip：设置 VPN 服务器本地的地址。

localip 参数定义了 VPN 服务器本地的地址，客户机在拨号后，VPN 服务器会自动建立一个 ppp0 网络接口供访问客户机使用，这里定义的就是 ppp0 的 IP 地址。

② remoteip：设置分配给 VPN 客户机的地址段。

remoteip 定义了分配给 VPN 客户机的地址段，当 VPN 客户机拨号到 VPN 服务器后，服务器会从这个地址段中分配一个 IP 地址给 VPN 客户机，以便 VPN 客户机能够访问内部网络。可以使用“-”符号指示连续的地址，使用“,”符号表示分隔不连续的地址。

注意：为了保证安全性，localip 和 remoteip 尽量不要在同一个网段中。

在上面的配置中一共指定了 90 个 IP 地址，如果有超过 90 个客户同时进行连接，超额的客户将无法连接成功。

(3) 配置账号文件

账户文件“/etc/ppp/chap-secrets”保存了 VPN 客户机拨入时所使用的账户名、口令和分配的 IP 地址，该文件中每个账户的信息为独立的一行，格式如下。

```
账户名      服务      口令        分配给该账户的 IP 地址
```

本例中文件内容如下所示。

```
[root@RHEL6 ~]#vim /etc/ppp/chap-secrets
//下面一行的 IP 地址部分表示 smile 用户连接成功后,获得的 IP 地址为 192.168.0.159
"smile"        pptpd          "123456"          "192.168.0.159"
//下面一行的 IP 地址部分表示 public 用户连接成功后,获得的 IP 地址可从 IP 地址池中随机抽取
"public"       pptpd          "123456"          "*"
```

提示：本例中分配给 public 账户的 IP 地址参数值为"*",表示 VPN 客户机的 IP 地址由 PPTP 服务随机在地址段中选择,这种配置适合多人共同使用的公共账户。

(4) /etc/ppp/options-pptpd

该文件各项参数及具体含义如下所示。

```
[root@RHEL 6 ~]#grep  -v  "^#" /etc/ppp/options.pptpd |grep -v "^$"
    //这则表达式的含义在配套资源中有说明
name pptpd     //相当于身份验证时的域,一定要和/etc/ppp/chap-secrets 中的内容对应
refuse-pap                  //拒绝 pap 身份验证
refuse-chap                 //拒绝 chap 身份验证
refuse-mschap               //拒绝 mschap 身份验证
require-mschap-v2           //采用 mschap-v2 身份验证方式
require-mppe-128            //在采用 mschap-v2 身份验证方式时要使用 MPPE 进行加密
ms-dns 192.168.0.9          //给客户端分配 DNS 服务器地址
ms-wins 192.168.0.202       //给客户端分配 WINS 服务器地址
proxyarp                    //启动 ARP 代理
debug                       //开启调试模式,相关信息同样记录在/var/logs/message 中
lock                        //锁定客户端 PTY 设备文件
nobsdcomp                   //禁用 BSD 压缩模式
novj
novjccomp                   //禁用 Van Jacobson 压缩模式
nologfd                     //禁止将错误信息记录到标准错误输出设备(stderr)
```

可以根据自己网络的具体环境设置该文件。

至此,安装并配置好的 VPN 服务器已经可以连接了。

(5) 打开 Linux 内核路由功能

为了能让 VPN 客户端与内网互联,还应打开 Linux 系统的路由转发功能,否则 VPN 客户端只能访问 VPN 服务器的内部网卡 eth0。执行下面的命令可以打开 Linux 路由转发功能。

```
[root@RHEL6 ~]#vim /etc/sysctl.conf
net.ipv4.ip_forward =1                    //数值改为 1
[root@RHEL6 etc]#sysctl -p                //启用转发功能
net.ipv4.ip_forward =1
net.ipv4.conf.default.rp_filter =1
...
```

（6）关闭 SELinux

（7）启动 VPN 服务

① 可以使用下面的命令启动 VPN 服务。

```
[root@RHEL6 ~]#service  pptpd  start
```

② 可以使用下面的命令停止 VPN 服务。

```
[root@RHEL6 ~]#service  pptpd  stop
```

③ 可以使用下面的命令重新启动 VPN 服务。

```
[root@RHEL6 ~]#service  pptpd  restart
Shutting down pptpd:          [确定]
Starting pptpd:               [确定]
Warning: a pptpd restart does not terminate existing
connections, so new connections may be assigned the same IP
address and cause unexpected results.  Use restart-kill to
destroy existing connections during a restart.
```

注意：从上面的提示信息可知，在重新启动 VPN 服务时，不能终止已经存在的 VPN 连接，这样可能会造成重新启动 VPN 服务后，分配相同的 IP 地址给后来连接的 VPN 客户端。为了避免这种情况，可以使用“service pptpd restart-kill”命令在停止 VPN 服务时断开所有已经存在的 VPN 连接，然后再启动 VPN 服务。代码如下。

```
[root@RHEL6 vpn-rpm]#service pptpd restart-kill
Shutting down pptpd:                                          [确定]
已终止
[root@RHEL6 vpn-rpm]#service pptpd start
Starting pptpd:                                               [确定]
```

④ 自动启动 VPN 服务。

需要注意的是，上面介绍的启动 VPN 服务的方法只能运行到计算机关机之前，下一次系统重新启动后就又需要重新启动它了。能不能让它随系统启动而自动运行呢？答案是肯定的，而且操作起来还很简单。

在桌面上右击，选择“打开终端”命令，在打开的“终端”窗口中输入 ntsysv，就打开了 Red Hat Enterprise Linux 6 下的“服务”配置小程序，找到 pptpd 服务，并在它前面按空格键加个“*”号。这样，VPN 服务就会随系统启动而自动运行了。

（8）设置 VPN 服务可以穿透 Linux 防火墙

VPN 服务使用 TCP 的 1723 端口和编号为 47 的 IP(GRE 常规路由封装)。如果 Linux 服务器开启了防火墙功能，就需关闭防火墙功能或设置允许 TCP 的 1723 端口和编号为 47 的 IP 通过。可以使用下面的命令开放 TCP 的 1723 端口和编号为 47 的 IP。

```
[root@RHEL6 ~]#iptables  -A  INPUT  -p  tcp  --dport  1723  -j  ACCEPT
[root@RHEL6 ~]#iptables  -A  INPUT  -p  gre  -j  ACCEPT
```

3. 配置 VPN 客户端

在 VPN 服务器设置并启动成功后，现在就需要配置远程的客户端以便可以访问 VPN 服务。现在最常用的 VPN 客户端通常采用 Windows 操作系统或者 Linux 操作系统。本节将以配置采用 Windows 7 操作系统的 VPN 客户端为例，说明在 Windows 7 操作系统环境中 VPN 客户端的配置方法。

Windows 7 操作系统环境中在默认情况下已经安装了 VPN 客户端程序，在此仅需要学习简单的 VPN 连接的配置工作。

(1) 建立 VPN 连接

建立 VPN 连接的具体步骤如下。

① 保证客户端的 IP 地址设置为了 200.200.200.2/24，并且与 VPN 服务器的通信是畅通的，如图 6-11 所示。

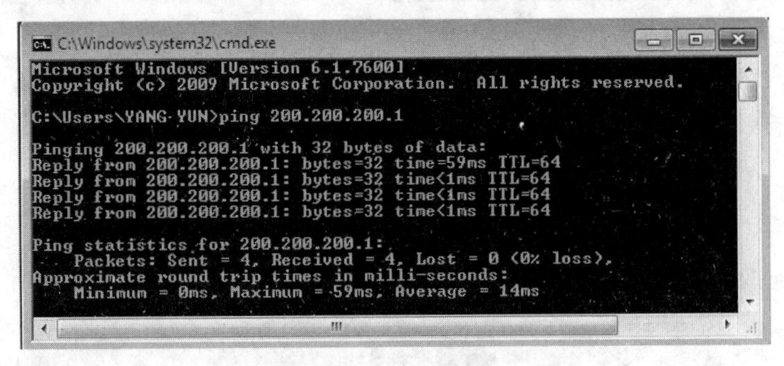

图 6-11　测试连通性

② 右击桌面上的“网络”并选择“属性”命令，或者单击右下角的网络图标，选中“打开网络和共享”选项，打开“网络和共享中心”对话框，如图 6-12 所示。

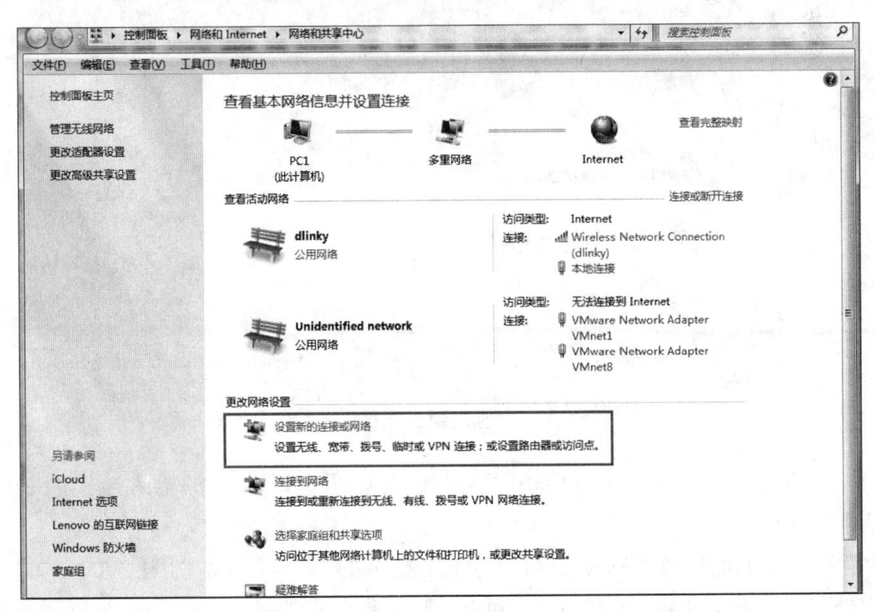

图 6-12　“网络和共享中心”对话框

③ 单击“设置新的连接或网络”,出现如图 6-13 所示的“设置连接或网络”对话框。

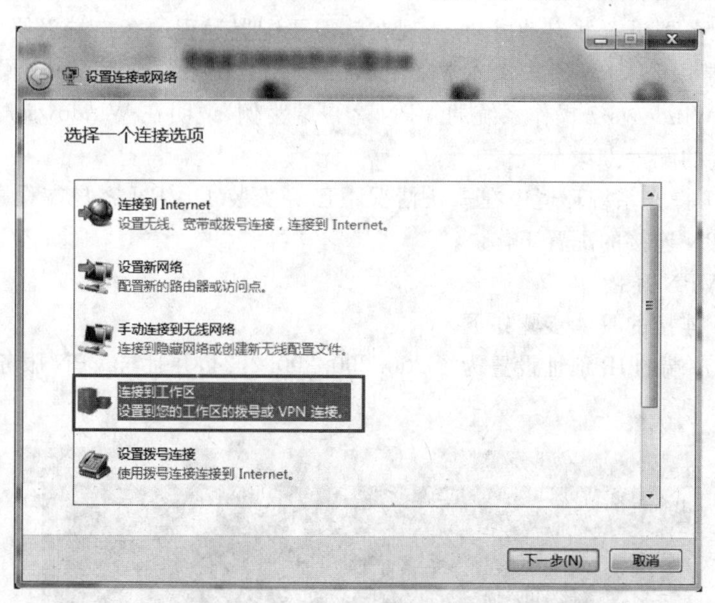

图 6-13 “设置连接或网络”对话框

④ 选择“连接到工作区”,单击“下一步”按钮,出现如图 6-14 所示的对话框。

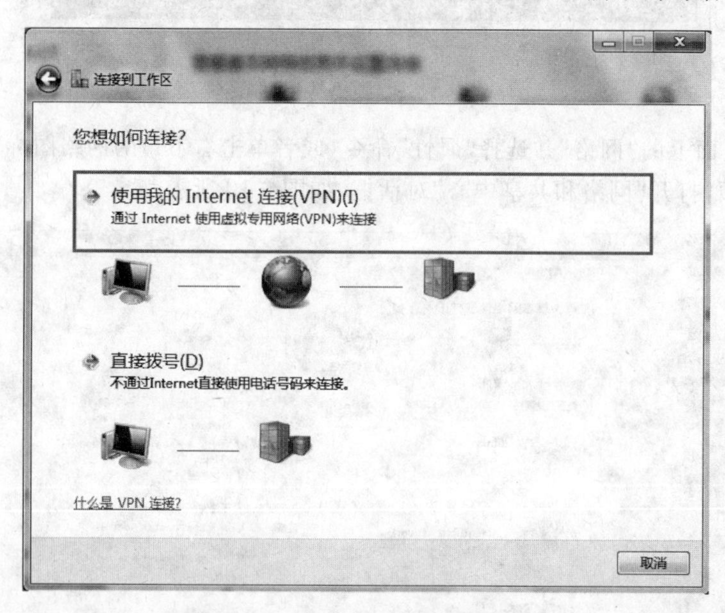

图 6-14 “连接到工作区”对话框

⑤ 单击“使用我的 Internet 连接(VPN)”,出现如图 6-15 所示的输入连接的 Internet 地址的对话框。

⑥ 在“Internet 地址(I)”选项中填上 VPN 提供的 IP 地址,本例为 200.200.200.1,在目标名称处起个名称,如“VPN 连接”。单击“下一步”按钮,出现如图 6-16 所示的对话框。在这里填入 VPN 的用户名和密码,本例用户名填入 smile,密码填入 123456。然后单击“连

接"按钮;最后单击"关闭"按钮,完成 VPN 客户端的设置。

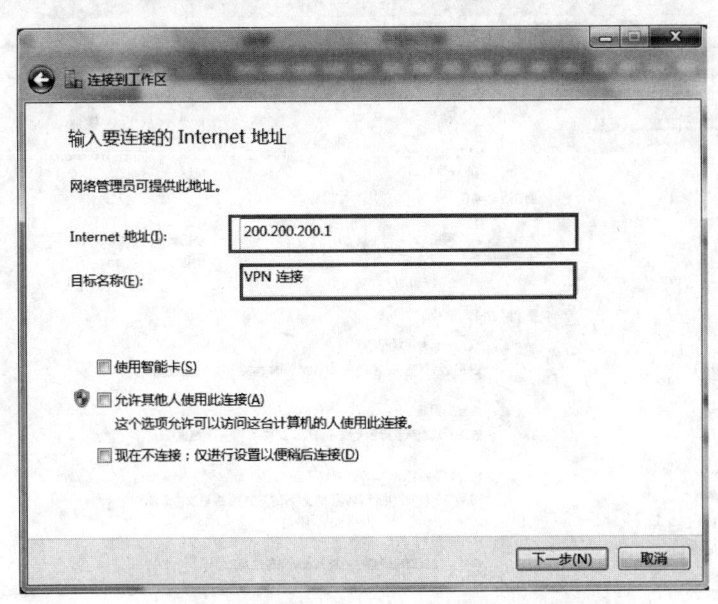

图 6-15　"输入要连接的 Internet 地址"对话框

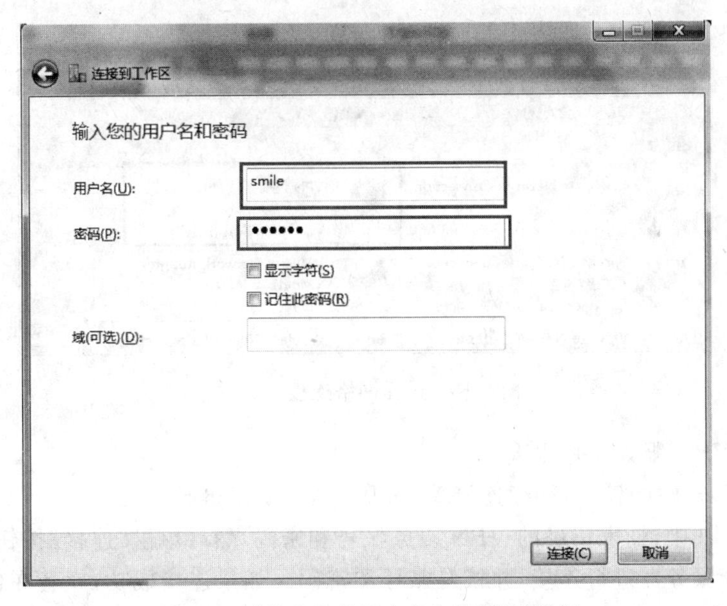

图 6-16　"输入您的用户名和密码"对话框

⑦ 回到桌面,右击"网络"并选择"属性"命令,打开的对话框如图 6-17 所示。单击左边的"更改适配器设置",出现"网络连接"对话框,如图 6-18 所示。找到刚才建好的"VPN 连接",双击打开它。

⑧ 接着出现如图 6-19 所示的对话框,填上 VPN 服务器提供的 VPN 用户名和密码,"域"选项可以不用填写。

至此,VPN 客户端设置完成。

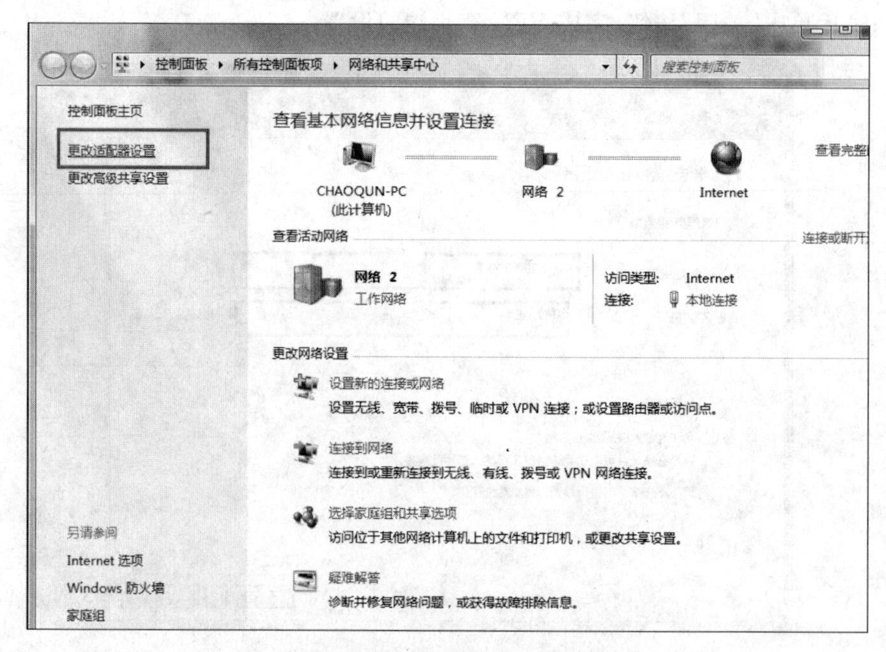

图 6-17 “更改适配器设置”对话框

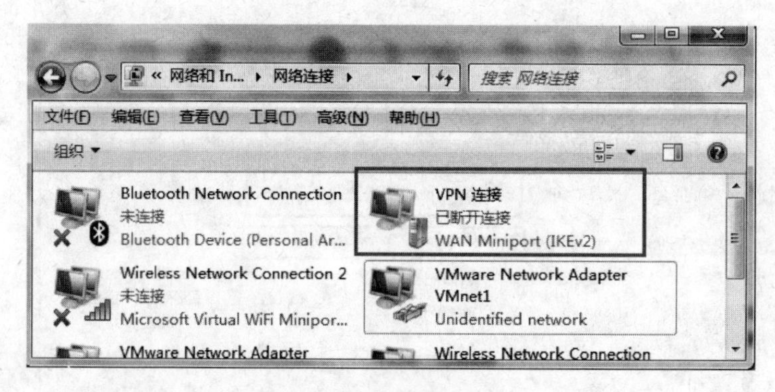

图 6-18 选择网络连接对话框

(2) 连接 VPN 服务器并测试

接着上面客户端的设置，继续连接 VPN 服务器，步骤如下。

① 在图 6-19 中，输入正确的 VPN 服务账号和密码，然后单击“连接”按钮，此时客户端便开始与 VPN 服务器进行连接，并核对账号和密码。如果连接成功，就会在任务栏的右下角增加一个网络连接图标，双击该网络连接图标，然后在打开的对话框中选择“详细信息”选项卡，可以查看 VPN 连接的详细信息。

② 在客户端以 smile 用户登录，连接成功之后在 VPN 客户端利用 ipconfig 命令可以看到多了一个 ppp 连接，如图 6-20 所示。在 VPN 服务器端利用 ifconfig 命令可以看到多了一个 ppp0 连接，且 ppp0 的地址就是前面设置的 localip 地址：192.168.1.100，如图 6-21 所示。

提示：*以用户 smile 和 public 分别登录，在 Windows 客户端将得到不同的 IP 地址。如果用 public 用户登录 VPN 服务器，客户端获得的 IP 地址应是主配置文件中设置的地址池*

图 6-19　“连接 VPN 连接”对话框

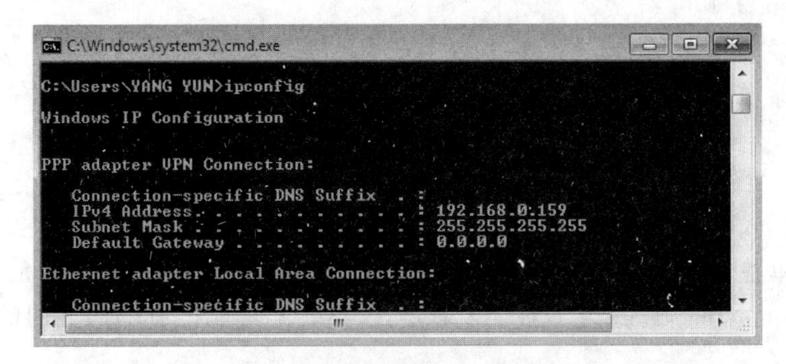

图 6-20　VPN 客户端获得了预期的 IP 地址

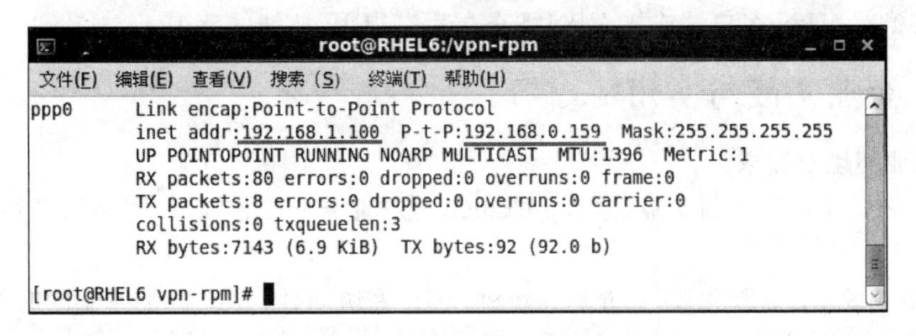

图 6-21　VPN 服务器端 ppp0 的连接情况

中的 1 个，比如 192.168.0.11。请读者试一试。

③ 访问内网 192.168.0.100 的共享资源，以测试 VPN 服务器。

在客户端使用 UNC 路径“\\192.168.0.100”访问共享资源。输入用户名和密码后，将获得相应的访问权限，如图 6-22 所示。

(3) 对不同网段 IP 地址的小结

在 VPN 服务器的配置过程中用到了几个网段，下面逐一分析。

① VPN 服务器有两个网络接口：eth0、eth1。eth0 接内部网络，IP 地址是 192.168.0.

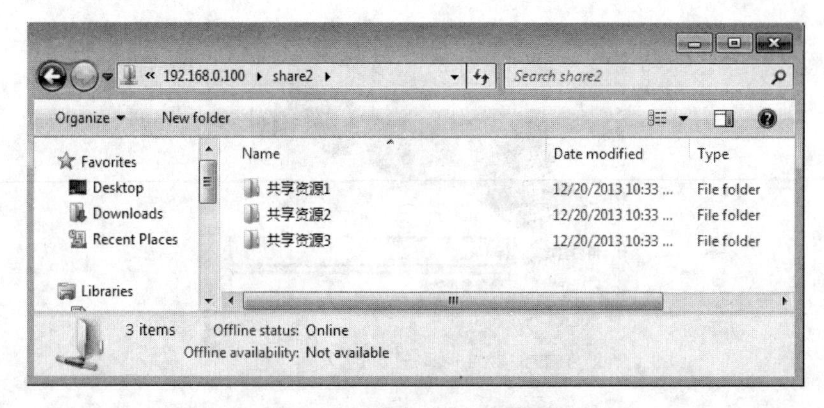

图 6-22　VPN 客户端访问局域网资源

5/24,eth1 接入 Internet,IP 地址是 200.200.200.1/24。

② 内部局域网的网段为 192.168.0.0/24,其中内部网的一台用作测试的计算机的 IP 地址是 192.168.0.100/24。

③ VPN 客户端是 Internet 上的一台主机,IP 是 200.200.200.2/24。实际上客户端和 VPN 服务器通过 Internet 连接,为了实验方便省略了其间的路由,这一点请读者要注意。

④ 主配置文件"/etc/pptpd.conf"的配置项"localip　192.168.1.100"定义了 VPN 服务器连接后的 ppp0 连接的 IP 地址。读者可能已经注意,这个 IP 地址不在上面所述的几个网段中,是单独的一个。其实,这个地址与已有的网段没有关系,它仅是 VPN 服务器连接后分配给 ppp0 的地址,为了安全考虑,建议不要配置成已有的局域网的网段中的 IP 地址。

⑤ 主配置文件"/etc/pptpd.conf"的配置项"remoteip　192.168.0.11～20,192.168.0.101～180"是 VPN 客户端连接 VPN 服务器后获得 IP 地址的范围。

6.4.5　企业实战与实用

1. 企业环境及需求

Smile 公司是一家高新企业,建有 Intranet,根据业务和工作需要,对网络环境提出了一些要求。

(1) 所有的 game 服务器,只允许一个外网 IP 去访问,需要维护服务器的时候,必须先拨号到指定外网的 IP。

(2) Smile 公司与总部的通信是通过 VPN 通道来实现的,需要架设 VPN 服务器。VPN 服务器的内网 IP 与外网 IP 地址分属不同的网段,VPN 服务器需要安装双网卡。

(3) 企业网络环境如图 6-23 所示。

2. 解决方案

(1) 查看还需要安装哪些软件(见 6.4.4 小节,略)。

(2) 安装软件(略)。

(3) 修改/etc/pptpd.conf 配置参数。

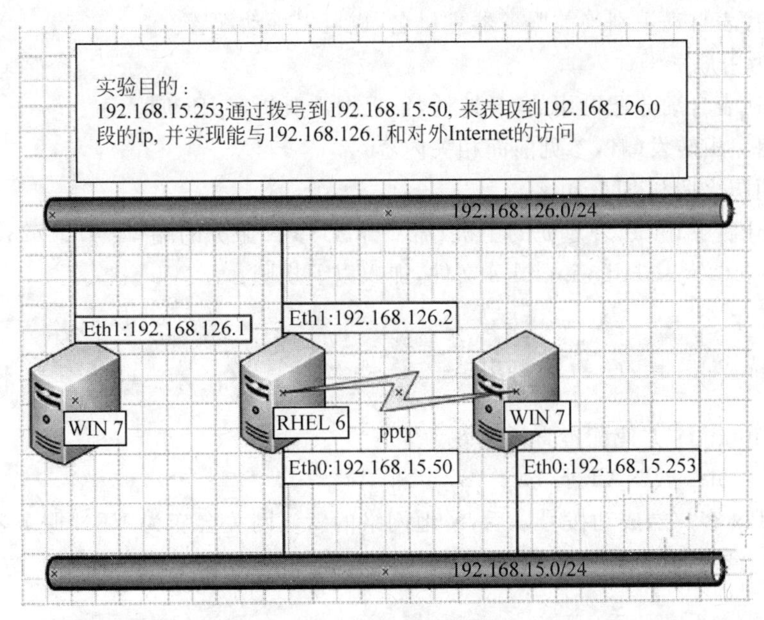

图 6-23 企业网络环境图

```
[root@RHEL6 ~]#vim /etc/pptpd.conf
localip 192.168.126.2
remoteip 192.168.126.100-200
//注：/etc/pptpd.conf 常用配置
option /etc/ppp/options.pptpd     //PPP 组件将使用的配置文件
stimeout 120                      //开始 PPTP 控制连接的超时时间，以秒计
debug                             //把所有 debug 信息记入系统日志/var/log/messages
localip 192.168.1.10              //服务器 VPN 虚拟接口将分配的 IP 地址，可设置为与
                                    VPN 服务器内网地址相同网段的 IP，也可设置为另一网
                                    段的 IP，此地址即为 ppp0 的地址
remoteip 192.168.1.11-30          //客户端 VPN 连接成功后将分配 IP 地址段，同样可设置
                                    为与 VPN 服务器内网地址相同网段的 IP 地址段，也可
                                    以设置为另一网段的 IP 地址段。设置相同网段可以与
                                    内网计算机直接通信
logwtmp                           //该功能项的作用是"使用 wtmp 记录客户端的连接与断
                                    开信息
```

(4) 修改 options. pptpd 配置参数。

使用/etc/ppp/options. pptpd 的默认配置。

(5) 修改 chap-secrets 配置参数。

```
[root@RHEL6 ~]#vim /etc/ppp/chap-secrets
#Secrets for authentication using CHAP
#client…….………server…………secret…………………………………IP addresse
viong          *          123                    *
```

参数说明如下。

- viong 为用户账号。

- * 为代表自动识别当前服务器主机名，也可以手动配置。
- 123 为用户密码。
- * 为代表自动分配可用的 IP 地址，可根据需要指定 IP 地址。

(6) 开启路由转发(略，参见前面相关内容)。

(7) 关闭防火墙和 SELinux。

① 对于开启了 iptables 过滤的主机，需要开放 VPN 服务的端口：47、1723 和 gre 协议。

② 编辑 /etc/sysconfig/iptables 文件，加入以下规则：

```
iptables  -A  INPUT  -p  tcp  --dport  1723  -j  ACCEPT
iptables  -A  INPUT  -p  gre  -j  ACCEPT
```

③ 重启 iptables 并使配置直接生效。

(8) 用 iptables 做 NAT 服务。

① 在 VPN 客户端成功拨号以后，本地网络的默认网关会变为 VPN 服务器的 VPN 内网地址，这样会导致客户端只能够连接 VPN 服务器及其所在的内网，而不能访问互联网。

```
[root@RHEL6 ~]#iptables -t nat -A POSTROUTING -s 192.168.126.0/24
                    -j SNAT --to 192.168.15.50
[root@RHEL6 ~]#echo iptables -t nat -A POSTROUTING -s 192.168.126.0/24
                    -j SNAT --to 192.168.15.50 >>/etc/rc.local
```

② 加入/etc/rc.local 的目的是在开机时能够自动启动。

其中 192.168.126.0 就是分配给客户用的 VPN 内网 IP 地址段，即配置文件"/etc/pptpd.conf"中的 remoteip 参数的值；而 192.168.15.50 就是 VPN 服务器本地的外网 IP 地址。

(9) 启动 pptp。

(10) 在客户端测试是否连接成功。

在客户端 Windows 7 下的测试结果如下所示。

```
C:\Documents and Settings\Administrator>ipconfig
Windows IP Configuration
Ethernet adapter 本地连接:
        Connection-specific DNS Suffix. :
        IP Address. . . . . . . . . . . : 192.168.15.253
        Subnet Mask . . . . . . . . . . : 255.255.255.0
        Default Gateway . . . . . . . . : 192.168.15.1
PPP adapter test:
        Connection-specific DNS Suffix . :
        IP Address. . . . . . . . . . . : 192.168.126.100
        Subnet Mask . . . . . . . . . . : 255.255.255.255
        Default Gateway . . . . . . . . : 192.168.126.100
C:\Documents and Settings\Administrator>ping 192.168.126.1
Pinging 192.168.126.1 with 32 bytes of data:
Reply from 192.168.126.1: bytes=32 time=144ms TTL=127
```

```
Reply from 192.168.126.1: bytes=32 time=4ms TTL=127

C:\Documents and Settings\Administrator>ping www.baidu.com
Pinging www.a.shifen.com [119.75.216.20] with 32 bytes of data:
Reply from 119.75.216.20: bytes=32 time=33ms TTL=52
Reply from 119.75.216.20: bytes=32 time=27ms TTL=52
```

6.4.6 实训思考题

(1) 简述 VPN 的工作原理。

(2) 简述常用的 VPN 协议。

(3) 简述 VPN 的特点及应用场合。

6.4.7 实训报告要求

按要求完成实训报告。

6.5 Linux 进程管理和系统监视

6.5.1 实训目的

- 掌握作业管理的方法。
- 掌握进程管理的方法。
- 掌握常用系统监视的方法。

6.5.2 实训内容

练习管理进程、监视系统。

6.5.3 实训步骤

1. 使用系统监视

(1) w 命令

w 命令用于显示登录到系统的用户情况。语法:

```
w - [husfV] [user]
```

参数说明如下。

- -h：不显示标题。
- -u：当列出当前进程和 CPU 时间时忽略用户名。这主要是用于执行 su 命令后的情况。
- -s：使用短模式。不显示登录时间、JCPU 和 PCPU 时间。
- -f：切换并显示 FROM 项，也就是远程主机名项。默认值是不显示远程主机名，当然系统管理员可以对源文件做一些修改，使得显示该项成为默认值。

- -V：显示版本信息。
- user：只显示指定用户的相关情况。

(2) who 命令

who 命令显示目前登录到系统的用户信息。语法：

```
who [-Himqsw][--help][--version][am i][记录文件]
```

参数说明如下。

- -H 或--heading：显示各栏位的标题信息列。
- -i 或-u 或--idle：显示闲置时间。
- -m：此参数的效果和指定 am i 字符串相同。
- -q 或--count：只显示登录到系统的账号名称和总人数。
- -s：此参数将仅负责解决 who 指令其他版本的兼容性问题。
- -w 或-T 或--mesg：显示用户的信息状态栏。
- --help：在线帮助。
- --version：显示版本信息。

例如，要显示登录、注销、系统启动和系统关闭的历史记录，请输入以下命令：

```
#who /var/log/wtmp
```

(3) last 命令

列出目前与过去登录到系统的用户相关信息。语法：

```
last [-adRx][-f <记录文件>][-n <显示列数>][账号名称][终端机编号]
```

参数说明如下。

- -a：把从何处登录到系统的主机名称或 IP 地址显示在最后一行。
- -d：将 IP 地址转换成主机名称。
- -f <记录文件>：指定记录文件。
- -n <显示列数>或-<显示列数>：设置列出名单的显示列数。
- -R：不显示登录到系统的主机名称或 IP 地址。
- -x：显示系统关机、重新开机以及执行等级的改变等信息。

(4) 系统监控命令 top

能显示实时的进程列表，而且还能实时监视系统资源，包括内存、交换分区和 CPU 的使用率等。使用 top 命令的结果如图 6-24 所示。

在图 6-24 中，第一行表示的项目依次为当前时间、系统启动时间、当前系统登录用户数目、平均负载。第二行显示的是所有启动的进程，以及目前运行的、挂起（Sleeping)的和无用(Zombie)的进程。第三行显示的是目前 CPU 的使用情况，包括系统占用的比例、用户使用比例、闲置(Idle)比例。第四行显示物理内存的使用情况，包括总的可以使用的内存、已用内存、空闲内存、缓冲区占用的内存。第五行显示交换分区的使用情况，包括总的交换分区，以及使用的、空闲的和用于高速缓存的大小。

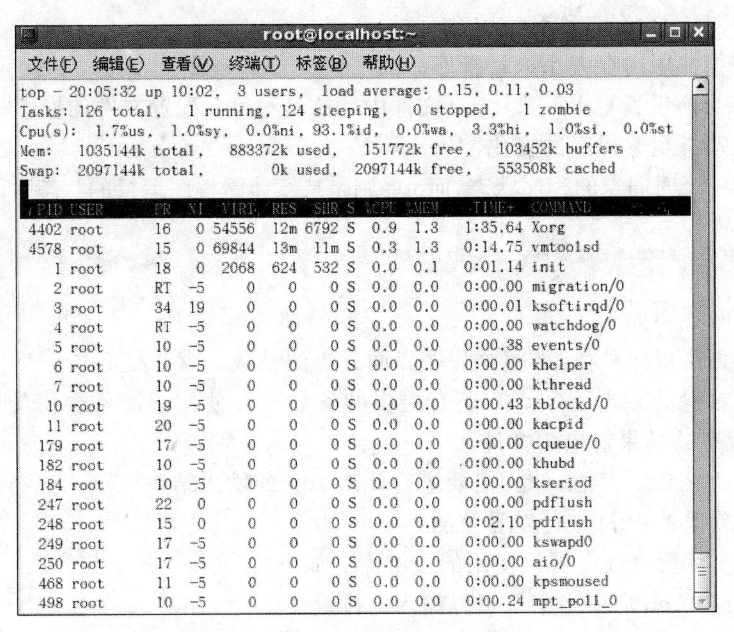

图 6-24 使用 top 命令的结果

第六行显示的项目最多，下面列出详细解释。

- PID(Process ID)：进程标示号。
- USER：进程所有者的用户名。
- PR：进程的优先级别。
- NI：进程的优先级别数值。
- VIRT：进程占用的虚拟内存值。
- RES：进程占用的物理内存值。
- SHR：进程使用的共享内存值。
- S：进程的状态，其中 S 表示休眠；R 表示正在运行；Z 表示僵死状态；N 表示该进程优先值是负数。
- %CPU：该进程占用的 CPU 使用率。
- %MEM：该进程占用的物理内存和总内存的百分比。
- TIME+：该进程启动后占用的总的 CPU 时间。
- Command：启动进程的命令名称。

top 命令在使用过程中，还可以使用一些交互的命令来完成其他参数的功能。这些命令是通过快捷键启动的。

- ＜空格＞：立刻刷新。
- P：根据 CPU 使用量的大小进行排序。
- T：根据时间、累计时间排序。
- q：退出 top 命令。
- m：切换显示内存信息。
- t：切换显示进程和 CPU 状态信息。

- c：切换显示命令名称和完整命令行。
- M：根据使用内存大小进行排序。
- W：将当前设置写入～/.toprc 文件中。这是写 top 配置文件的推荐方法。

(5) top：动态观察程序的变化

ps 是选取一个时间点的程序状态，而 top 则是持续侦测程序运行的状态。使用方式如下。

```
[root@www ~]#top [-d 数字] | top [-bnp]
```

选项与参数说明如下。

- -d：后面可以接秒数，即整个程序界面升级的秒数。默认是 5 秒。
- -b：以批量的方式运行 top，还有更多的参数可以使用。通常会搭配数据流重导向来将批量的结果输出为文件。
- -n：与-b 搭配。其意义是，需要进行几次 top 的输出结果。
- -p：指定某些 PID 进行查看监测。

在 top 命令运行过程中可以使用的按键命令如下。

- ?：显示在 top 命令当中并可以输入的按键命令；
- P：以使用 CPU 的资源排序显示；
- M：以内存使用的资源排序显示；
- N：以 PID 排序显示；
- T：由该 Process 使用的 CPU 时间累积(TIME+)排序；
- k：给某个 PID 一个信号(signal)；
- r：给某个 PID 重新制订一个 nice 值；
- q：离开 top 软件的按键。

其实 top 命令的功能非常多，可以用的按键也非常多。可以参考 man top 命令的内部说明文件。上面仅列出了一些常用选项。接下来请读者实际查看一下如何使用 top 命令。

范例一：每 2 秒钟升级一次 top 命令，查看整体信息。

```
[root@www ~]#top -d 2
top -17:03:09 up 7 days, 16:16,  1 user,  load average: 0.00, 0.00, 0.00
Tasks:  80 total,   1 running,  79 sleeping,   0 stopped,   0 zombie
Cpu(s):  0.5%us, 0.5%sy, 0.0%ni, 99.0%id, 0.0%wa, 0.0%hi, 0.0%si, 0.0%st
Mem:    742664k total,   681672k used,    60992k free,   125336k buffers
swap:  1020088k total,       28k used,  1020060k free,   311156k cached
   //如果加入 k 或 r 时，就会有相关的文字出现在这里
  PID USER   PR  NI   VIRT  RES   SHR S  %CPU  %MEM  TIME+     COMMAND
14398 root   15  0    2188  1012  816 R  0.5   0.1   0:00.05   top
    1 root   15  0    2064  616   528 S  0.0   0.1   0:01.38   init
    2 root   RT  -5   0     0       0 S  0.0   0.0   0:00.00   migration/0
    3 root   34  19   0     0       0 S  0.0   0.0   0:00.00   ksoftirqd/0
```

top 命令也是很好的程序查看工具。但不同于 ps 输出静态的结果，top 命令可以持续地监测整个系统的程序工作状态。在默认的情况下，每次升级程序资源的时间为 5s，不过，可以使用-d 修改每次升级资源的时间。top 主要分为两个界面，上面的界面为整个系统的资源使用状态，一般有六行，显示的内容如下。

① 第一行(top...)：这一行显示的信息分别如下。

- 目前的时间，即 17:03:09 那个项目。
- 启动到目前为止所经过的时间，即“up 7days，16:16”那个项目。
- 已经登录系统的使用者人数，即“1 user”项目。

② 第二行(Tasks...)：显示的是目前程序的总量以及个别程序在什么状态(running、sleeping、stopped、zombie)。需要注意的是，最后的 zombie 数值如果不是 0，认真查看并思考哪个进程会变成无用的。

③ 第三行(Cpus...)：显示的是 CPU 的整体负载，每个项目可使用“?”查阅。需要特别注意的是%wa，代表的是 I/O wait，通常系统变慢，则 I/O 产生问题的可能性比较大。因此在这里要注意控制 CPU 的资源耗用。另外，如果是多核心的设备，可以按下数字键“1”来切换成不同 CPU 的负载率。

④ 第四行与第五行：表示目前的物理内存与虚拟内存(Mem/swap)的使用情况。再次重申，swap 的使用量一定要尽量少。如果 swap 过大，表示系统的物理内存不足。

⑤ 第六行：状态显示行。

⑥ 至于 top 下半部分的界面，则是每个进程使用的资源情况。

- PID：每个进程的 ID。
- USER：该进程所属的使用者。
- PR ：Priority 的简写，程序的优先运行顺序，越小越优先运行。
- NI ：Nice 的简写，与 Priority 有关，也是越小越优先运行。
- %CPU：CPU 的使用率。
- %MEM：内存的使用率。
- TIME+：CPU 使用时间的累加。

如果想要离开 top 命令，则按下 q 键。如果想要将 top 命令的结果输出到文件中，可以参考如下范例。

范例二：将 top 的信息重复 2 次，然后将结果输出到/tmp/top.txt 中。

```
[root@www ~]#top -b -n 2 >/tmp/top.txt
//这样就可以将 top 的信息存到 /tmp/top.txt 文件中了
```

范例三：bash PID 可由 $ $ 变量取得，可使用 top 命令持续查看该 PID。

```
[root@www ~]#echo  $$
13639  //这就是 bash 的 PID
[root@www ~]#top  -d  2  -p  13639
top -17:31:56 up 7 days, 16:45,  1 user,  load average: 0.00, 0.00, 0.00
Tasks:   1 total,   0 running,   1 sleeping,   0 stopped,   0 zombie
Cpu(s):  0.0%us,  0.0%sy,  0.0%ni,100.0%id,  0.0%wa,  0.0%hi,  0.0%si,  0.0%st
Mem:    742664k total,   682540k used,    60124k free,   126548k buffers
swap:  1020088k total,       28k used,  1020060k free,   311276k cached

PID USER      PR  NI  VIRT   RES  SHR S %CPU %MEM    TIME+  COMMAND
13639 root    15   0  5148   1508 1220 S  0.0  0.2   0:00.18 bash
```

如果想要修改 NI 数值，可以按以下方式操作。

范例四：承上题，上面的 NI 值是 0，想要改成 10。

```
//在范例三的 top 界面中直接按下 r 键后，会出现如下的界面
top -17:34:24 up 7 days, 16:47,  1 user,  load average: 0.00, 0.00, 0.00
Tasks:  1 total,  0 running,  1 sleeping,  0 stopped,  0 zombie
Cpu(s):  0.0%us,  0.0%sy,  0.0%ni, 99.5%id,  0.0%wa,  0.0%hi,  0.5%si,  0.0%st
Mem:   742664k total,  682540k used,   60124k free,  126636k buffers
swap:  1020088k total,      28k used,  1020060k free,  311276k cached
PID to renice: 13639  //按下 r 键，然后输入该 PID 号码
PID USER      PR  NI  VIRT  RES  SHR S %CPU  %MEM   TIME+  COMMAND
13639 root    15   0  5148  1508 1220 S  0.0    0.2  0:00.18  bash
```

在完成上面的操作后，在状态列会出现如下信息：

```
Renice PID 13639 to value: 10   //这是 nice 值
  PID USER      PR  NI  VIRT  RES  SHR S %CPU %MEM   TIME+  COMMAND
```

接下来就会看到显示如下的内容。

```
top -17:38:58 up 7 days, 16:52,  1 user,  load average: 0.00, 0.00, 0.00
Tasks:  1 total,  0 running,  1 sleeping,  0 stopped,  0 zombie
Cpu(s):  0.0%us,  0.0%sy,  0.0%ni,100.0%id,  0.0%wa,  0.0%hi,  0.0%si,  0.0%st
Mem:   742664k total,  682540k used,   60124k free,  126648k buffers
swap:  1020088k total,      28k used,  1020060k free,  311276k cached

PID USER      PR  NI  VIRT  RES  SHR S %CPU %MEM   TIME+  COMMAND
13639 root    26  10  5148   1508 1220 S 0.0  0.2   0:00.18  bash
```

这就是修改后产生的效果。一般来说，如果想要找出消耗 CPU 资源最大的进程，大多使用 top 命令，然后强制以使用 CPU 的资源来排序（在 top 命令中按下 P 键即可），很快就能查找出消耗 CPU 资源最大的进程了。读者不妨一试。

2. 作业管理

(1) 作业的后台管理

① 使命令在后台"运行"：&

举个简单的例子，如果将/etc/整个备份成为/tmp/etc.tar.gz 且不想在前台等待程序运行，怎么操作呢？可以这样：

```
[root@www ~]#tar -zpcf /tmp/etc.tar.gz /etc &
[1] 8400  //[job number] PID
[root@www ~]#tar: 从成员名中删除开头的"/"
//在中括号内的号码为工作号(job number)，该号码与 bash 的控制有关
//后续的 8400 则是这个工作在系统中的 PID。至于后续出现的数据则是 tar 运行的数据流
//由于没有加上数据流重导向，所以会影响界面，不过不会影响前台的操作
```

bash 会赋给这个命令一个"作业号(job number)"：[1]。后面那个 8400 是该命令所触发的"PID"。如果输入几个命令后，突然出现如下数据：

```
[1]+  Done                    tar -zpcf /tmp/etc.tar.gz /etc
```

代表[1]这个作业已经完成(Done),该工作的命令则是接着后面的那一串命令。使用后台运行最大的好处是：不担心被 Ctrl+C 组合键中断。此外,将工作放到后台运行,要特别注意数据的流向。上面的信息中就有错误信息出现,导致前台受影响。虽然只要按下 Enter 键就会出现提示字符。但如果命令改成：

```
[root@www ~]#tar -zpcvf /tmp/etc.tar.gz /etc &
```

情况会怎样？在后台中运行的命令,如果有 stdout 及 stderr 时,数据依旧是输出到屏幕上面,致使无法看到提示字符,当然也就无法完好地掌握前台工作。同时由于 tar 命令是在后台工作,此时无论怎么按下 Ctrl+C 组合键也无法停止屏幕上的输出。所以最佳的状况就是利用数据流重导向功能,将输出数据传送至某个文件中。举例来说,可以这样操作：

```
[root@www ~]#tar -zpcvf /tmp/etc.tar.gz /etc >/tmp/log.txt 2>&1 &
[1] 8429
[root@www ~]#
```

这样,输出的信息都传送到了/tmp/log.txt 中,当然就不会影响前台的作业了。

② 将"当前"的工作"暂停"并放到后台中：按 Ctrl+Z 组合键

如果正在使用 vim,却发现有个文件不知道放在哪里,需要到 bash 环境下进行搜寻,此时是否要结束 vim 呢？不需要,只要暂时将 vim 放到后台当中等待即可。例如以下的案例就用到类似操作：

```
[root@www ~]#vim ~/.bashrc
//在 vim 的一般模式下,按下 Ctrl+Z 组合键
[1]+  Stopped  vim ~/.bashrc
[root@www ~]#  //顺利取得了前台的操控权
[root@www ~]#find / -print
…
//此时屏幕会非常地忙碌,因为屏幕上会显示所有的文件名。可按下 Ctrl+Z 组合键暂停
[2]+  Stopped                  find / -print
```

在 vim 的一般模式下,按下 Ctrl+Z 组合键,屏幕上会出现[1],表示这是第一个作业,而加号"+"代表最近一个被放到后台的作业,且为目前在后台默认选择的那个作业(与 fg 命令有关)。而 Stopped 则代表目前作业的状态。在默认情况下,使用 Ctrl+Z 组合键放到后台当中的作业都是"暂停"的状态。

③ 查看当前的后台工作状态：jobs 命令

```
[root@www ~]#jobs [-lrs]
```

选项与参数说明如下。

- -l：除了列出 job number 与命令串之外,同时列出 PID 的号码。
- -r：仅列出正在后台运行(run)的作业。
- -s：仅列出正在后台中暂停(stop)的作业。

范例一：查看当前 bash 中所有的作业与对应的 PID。

```
[root@www ~]#jobs -l
[1]-10314 Stopped                    vim ~/.bashrc
[2]+10833 Stopped                    find / -print
```

“＋”代表最近被放到后台的作业号，“－”代表最近最后第二个被放置到后台中的作业号。而超过最后第三个以后的作业，就不会有“＋/－”符号存在了。

④ 将后台作业拿到前台来处理：fg 命令

刚刚提到的都是将作业放到后台去运行，那么有没有可以将后台作业拿到前台来处理的？当然有。就是 fg(foreground)命令。如果想要将上面范例中的作业拿到前台处理，可以这样操作：

```
[root@www ~]#fg %jobnumber
选项与参数说明如下。
%jobnumber : jobnumber 为作业号(数字)。注意,"%"可有可无。
```

范例二：先用 jobs 命令查看作业，再将作业取出。

```
[root@www ~]#jobs
[1]-10314 Stopped                    vim ~/.bashrc
[2]+10833 Stopped                    find / -print
[root@www ~]#fg       //默认取出带"+"号的作业,即[2],立即按下 Ctrl+Z 组合键
[root@www ~]#fg  %1   //直接指定取出的作业号,再按下 Ctrl+Z 组合键
[root@www ~]#jobs
[1]+  Stopped                  vim ~/.bashrc
[2]-  Stopped                  find / -print
```

如果输入“fg －”，则代表将“－”号的作业号取出来。

⑤ 让作业由后台状态变成运行状态：bg 命令

Ctrl＋Z 组合键可以将当前的作业放到后台“暂停”，那么如何让一个作业在后台运行呢？请看下面这个范例。注意，下面的测试要进行得快一点。

范例三：开始运行 find / -perm ＋7000 ＞ /tmp/text. txt 后，立刻到后台暂停。

```
[root@www ~]#find / -perm +7000 >/tmp/text.txt
//此时,要立刻按下 Ctrl+Z 组合键暂停
[3]+  Stopped                  find / -perm +7000 >/tmp/text.txt
```

范例四：让该作业在后台运行，并且查看它。

```
[root@www ~]#jobs ; bg %3 ; jobs
[1]-  Stopped                  vim ~/.bashrc
[2]   Stopped                  find / -print
[3]+  Stopped                  find / -perm +7000 >/tmp/text.txt
[3]+find / -perm +7000 >/tmp/text.txt &   //这是 bg %3 的结果
[1]+  Stopped                  vim ~/.bashrc
[2]   Stopped                  find / -print
[3]-  Running                  find / -perm +7000 >/tmp/text.txt &
```

状态列已经由 Stopped 变成了 Running。命令列最后多了一个 & 的符号，代表该作业被启动并在后台运行。

⑥ 管理后台当中的作业：kill 命令

如果要将作业直接移除，或者是将该作业重新启动，就需要给予该作业一个信号，让系统知道该怎么做，此时应使用 kill 命令。

```
[root@www ~]#kill -signal %jobnumber
[root@www ~]#kill -l
```

选项与参数说明如下。

- -l：这是 L 的小写，列出目前 kill 命令能够使用的信号(signal)有哪些。
- signal：代表给后面接的作业什么样的指示。用 man 7 signal 可知有如下信号值。
  - −1：重新读取一次参数的配置文件(类似 reload)。
  - −2：代表与 Ctrl+C 组合键输入的动作一样。
  - −9：立刻强制删除一个作业。
  - −15：以正常的程序方式终止一项作业。与−9 信号值不一样。

范例五：找出目前的 bash 环境下的后台作业，并将该作业"强制删除"。

```
[root@www ~]#jobs
[1]+  Stopped                    vim ~/.bashrc
[2]   Stopped                    find / -print
[root@www ~]#kill -9 %2; jobs
[1]+  Stopped                    vim ~/.bashrc
[2]   Killed                     find / -print
//再过几秒再执行一次 jobs 命令，就会发现 2 号作业已经被强制删除。
```

范例六：找出当前的 bash 环境下的后台作业，并将该作业"正常终止"。

```
[root@www ~]#jobs
[1]+  Stopped                    vim ~/.bashrc
[root@www ~]#kill -SIGTERM %1
//-SIGTERM 与-15 信号值作用是一样的。读者可以使用 kill -l 来查阅相关信息。
```

(2) 脱机管理问题

nohup 命令可以让读者在离线或注销系统后，还能够让作业继续进行。该命令的语法如下。

```
[root@www ~]#nohup [命令与参数]      //在终端机前台中的作业
[root@www ~]#nohup [命令与参数] &   //在终端机后台中的作业
```

请完成下面的例子。

范例一：先编辑一个会"睡眠 500 秒"的程序。

```
[root@www ~]#vim sleep500.sh
#!/bin/bash
/bin/sleep 500s
/bin/echo "I have slept 500 seconds."
```

范例二：放到后台中运行，并且立刻注销系统。

```
[root@www ~]#chmod a+x sleep500.sh
[root@www ~]#nohup ./sleep500.sh &
[1] 5074
[root@www ~]#nohup: appending output to 'nohup.out'  //会告知这个信息
[root@www ~]#exit
```

如果再次登录系统，可使用 pstree 命令去查阅程序，会发现 sleep500.sh 还在运行中，并不会被中断掉。

由于程序最后会输出一个信息，但是 nohup 命令与终端机已经无关，因此这个信息的输出就会被重导向(~/nohup.out)。当你输入 nohup 命令后，会出现提示信息。

如果想要后台运行的作业在注销系统后还能够继续运行，可以使用 nohup 命令与“&”的命令组合。

3. 进程管理

(1) 进程的查看

利用静态的 ps 命令或者是动态的 top 命令查看进程，同时还能用 pstree 命令来查阅进程树之间的关系。

① 将某个时间点的程序运行情况反映出来可直接用 ps 命令

```
[root@www ~]#ps aux     //查看系统所有的进程数据
[root@www ~]#ps -lA     //同样能够查看所有系统的数据
[root@www ~]#ps axjf    //查看内容包括部分进程树的状态
```

选项与参数说明如下。

- -A：所有的进程(process)均显示出来，与-e 具有同样的作用。
- -a：与终端无关的所有进程(process)。
- -u：有效使用者(effective user)相关的进程(process)。
- x：通常与-a 参数一起使用，可列出较完整的信息。有以下几种输出格式：
  - l：较长、较详细地将该 PID 的信息列出。
  - j：作业的格式(jobs format)。
  - -f：更完整的输出。

注意：ps -l 只能查阅本系统中的 bash 程序，而 ps aux 则可以查阅所有系统中运行的 bash 程序。

② 仅查看自己的 bash 相关程序

```
ps -l 命令
```

范例一：将目前登录的 PID 与相关信息显示出来(只与当前的 bash 有关)。

```
[root@www ~]#ps -l
F S   UID   PID  PPID  C PRI  NI ADDR SZ WCHAN  TTY          TIME CMD
4 S     0 13639 13637  0  75   0 -  1287 wait   pts/1    00:00:00 bash
4 R     0 13700 13639  0  77   0 -  1101 -      pts/1    00:00:00 ps
```

上面信息说明：bash 的进程属于 UID 为 0 的使用者，状态为睡眠(sleep)。之所以为睡眠，是因为触发了 ps 命令（状态为 run）。此进程的 PID 为 13639，优先运行顺序为 75，执行 bash 所取得的终端接口为 pts/1，运行状态为等待（wait）。

③ 查看系统所有程序

```
ps aux 命令
```

范例二：列出目前所有的正在内存中运行的程序。

```
[root@www ~]#ps aux
USER  PID  %CPU  %MEM  VSZ   RSS   TTY   STAT START  TIME  COMMAND
root  1    0.0   0.0   2064  616 ? Ss    Mar11         0:01  init [5]
root  2    0.0   0.0   0       0 ? S<    Mar11         0:00  [migration/0]
root  3    0.0   0.0   0       0 ? SN    Mar11         0:00  [ksoftirqd/0]
…
root     13639  0.0  0.2  5148  1508 pts/1    Ss   11:44  0:00 -bash
root     14232  0.0  0.1  4452   876 pts/1    R+   15:52  0:00 ps aux
root     18593  0.0  0.0  2240   476 ?        Ss   Mar14  0:00 /usr/sbin/atd
```

大家可能会发现，ps -l 与 ps aux 显示的项目并不相同。

继续使用 ps 来查看一下其他的信息。

范例三：以范例一的显示内容，显示出所有的程序。

```
[root@www ~]#ps -lA
F S UID PID PPID C PRI NI ADDR SZ  WCHAN  TTY TIME     COMMAND
4 S 0   1   0    0 76  0   -   435 -      ?   00:00:01 init
1 S 0   2   1    0 94  19  -   0   ksofti ?   00:00:00 ksoftirqd/0
1 S 0   3   1    0 70  -5  -   0   worker ?   00:00:00 events/0
…
//以上每个字段与 ps -l 的输出情况相同，但显示的进程则包括系统所有的进程
```

范例四：列出类似进程树的程序。

```
[root@www ~]#ps axjf
PPID  PID   PGID  SID   TTY   TPGID  STAT  UID  TIME  COMMAND
0     1     1     1     ?     -1     Ss    0    0:01  init [5]
…
1      4586   4586   4586   ?      -1     Ss  0  0:00  /usr/sbin/sshd
4586   13637  13637  13637  ?      -1     Ss  0  0:00  \_ sshd: root@pts/1
13637  13639  13639  13639  pts/1  14266  Ss  0  0:00  \_ -bash
13639  14266  14266  13639  pts/1  14266  R+  0  0:00  \_ ps axjf
…
```

范例五：找出与“cron”和“syslog”两个服务有关的 PID 号码。

```
[root@www ~]#ps aux | egrep '(cron|syslog)'
root  4286   0.0  0.0  1720  572   ?      Ss Mar11 0:00 syslogd -m 0
root  4661   0.0  0.1  5500  1192  ?      Ss Mar11 0:00 crond
root  14286  0.0  0.0  4116  592   pts/1  R+ 16:15 0:00 egrep (cron|syslog)
//号码是 4286 及 4661
```

除此之外，读者还必须知道“僵尸”（Zombie）进程是什么。通常，造成“僵尸”进程的原

因是因为该进程应该已经运行完毕，或者是因故应该终止，但是该进程的父进程却无法完整地使该进程结束，而造成该进程一直存在于内存当中。如果读者发现在某个进程的 CMD 后面还跟有<defunct>时，就代表该进程是“僵尸”进程，例如：

```
apache  8683  0.0  0.9 83384 9992 ?   Z  14:33   0:00 /usr/sbin/httpd <defunct>
```

④ pstree 命令可用树状结构表达程序间的关系

```
[root@www ~]#pstree [-A|U] [-up]
```

选项与参数说明如下。

- -A：各进程树之间以 ASCII 字符来连接。
- -U：各进程树之间以 utf8 字符来连接。在某些终端接口下可能会有错误。
- -p：同时列出每个进程的 PID。
- -u：同时列出每个进程的所属账号名称。

范例六：列出目前系统上面所有的进程树的相关性。

```
[root@www ~]#pstree -A
init-+-acpid
     |-atd
     |-auditd-+-audispd---{audispd}  //这行与下面一行为 auditd 分出来的子进程
     |        '-{auditd}
     |-automount---4*[{automount}]    //默认情况下,相似的进程会以数字显示
…
     |-sshd---sshd---bash---pstree    //这就是命令执行的依赖性
…
```

范例七：承上题，同时显示 PID 与 users。

```
[root@www ~]#pstree -Aup
init(1)-+-acpid(4555)
        |-atd(18593)
        |-auditd(4256)-+-audispd(4258)---{audispd}(4261)
        |              '-{auditd}(4257)
        |-automount(4536)-+-{automount}(4537)    //进程相似但 PID 不同
        |                 |-{automount}(4538)
        |                 |-{automount}(4541)
        |                 '-{automount}(4544)
…
        |-sshd(4586)---sshd(16903)---bash(16905)---pstree(16967)
…
        |-xfs(4692,xfs)
                          //因为此进程拥有者并非是执行 pstree 命令的用户,所以列出了账号
…
//在括号内的即是 PID 以及该进程的属性。不过,由于使用 root 的身份执行此命令,所以属于
  root 的进程就不会显示出来
```

(2) 进程的管理

```
[root@www ~]#killall [-iIe] [command name]
```

选项与参数说明如下。

- -i：意思为 interactive，即互动式的，若需要删除时，会给用户发送提示字符。
- -e：意思为 exact，表示后面接的命令名要一致，但整个完整的命令不能超过 15 个字符。
- -I：命令名称(可能含参数)忽略大小写。

范例八：给 syslogd 命令启动的 PID 一个信号。

```
[root@www ~]#killall -1 syslogd
```

范例九：强制终止所有以 httpd 启动的程序。

```
[root@www ~]#killall -9 httpd
```

范例十：依次询问每个 bash 程序是否需要被终止运行。

```
[root@www ~]#killall -i -9 bash
Kill bash(16905) ? (y/N) n   //不终止
Kill bash(17351) ? (y/N) y   //终止
//具有互动的功能，可以询问用户是否要删除 bash 进程。要注意，若没有 -i 参数，所有的 bash
  都会被 root 给终止，包括 root 自己的 bash
```

总之，要删除某个进程，可以使用 PID 或者是使用启动该进程的命令名称，而如果要删除某个服务，最简单的方法就是利用 killall，因为这样可以将系统当中所有以某个命令名称启动的进程全部删除。举例来说，上面的范例二中，系统内所有以 httpd 启动的进程会被全部删除。

(3) 管理进程优先级

① 用 ps 命令查询一下 PRI 值。

```
[root@www ~]#ps -l
F S  UID  PID    PPID   C PRI NI  ADDR  SZ    WCHAN  TTY    TIME      CMD
4 S  0    18625  18623  2 75  0   -     1514  wait   pts/1  00:00:00  bash
4 R  0    18653  18625  0 77  0   -     1102  -      pts/1  00:00:00  ps
```

② 使用 nice。

```
[root@www ~]#nice [-n 数字] command
```

选项与参数说明如下。

-n：后面接一个数值，数值的范围－20～19。

范例一：以 root 用户登录，赋予 nice 值为－5，用于运行 vim，并查看该进程。

```
[root@www ~]#nice -n -5 vim &
[1] 18676
[root@www ~]#ps -l
F S  UID  PID    PPID   C PRI NI  ADDR  SZ    WCHAN   TTY    TIME      CMD
4 S  0    18625  18623  0 75  0   -     1514  wait    pts/1  00:00:00  bash
4 T  0    18676  18625  0 72  -5  -     1242  finish  pts/1  00:00:00  vim
4 R  0    18678  18625  0 77  0   -     1101  -       pts/1  00:00:00  ps
```

```
//原来的 bash PRI 为 75,所以 vim 默认值应为 75。不过由于给予 nice 的值为-5,因此 vim 的
  PRI 降低了。但并非降低到 70,因为内核还会动态调整

[root@www ~]#kill -9 %1   //测试完毕将 vim 关闭
```

③ renice：已存在进程的 nice 重新调整。

```
[root@www ~]#renice [number] PID
```

选项与参数说明如下。

PID：某个进程的 ID。

范例二：找出自己的 bash PID,并将该 PID 的 nice 调整到 10。

```
[root@www ~]#ps -l
F S  UID  PID    PPID  C PRI NI  ADDR  SZ    WCHAN  TTY    TIME     CMD
4 S  0    18625  18623 0 75  0   -     1514  wait   pts/1  00:00:00 bash
4 R  0    18712  18625 0 77  0   -     1102  -      pts/1  00:00:00 ps

[root@www ~]#renice 10 18625
18625: old priority 0, new priority 10

[root@www ~]#ps -l
F S  UID  PID    PPID  C PRI NI  ADDR  SZ    WCHAN  TTY    TIME     CMD
4 S  0    18625  18623 0 85  10  -     1514  wait   pts/1  00:00:00 bash
4 R  0    18715  18625 0 87  10  -     1102  -      pts/1  00:00:00 ps
```

如果要调整的是已经存在的某个进程,那么就要使用 renice。使用的方法很简单,renice 后面接上数值及 PID 即可。因为后面接的是 PID,所以读者务必要以 ps 命令或者其他查看命令去查找出 PID。

从上面这个范例中也可以看出,虽然修改的是 bash 进程,但是该进程所触发的 ps 命令当中的 nice 也会继承并被修改为 10。整个 nice 值是可以在父进程→子进程之间传递的。另外,除了 renice 之外,top 同样也可以调整 nice 值(请复习前面所学内容)。

4. 查看系统资源

(1) free：查看内存使用情况

```
[root@www ~]#free [-b|-k|-m|-g] [-t]
```

选项与参数说明如下。

- -b：直接输入 free 时,显示的单位是 Kbytes,可以使用 b(bytes)、m(Mbytes)、k(Kbytes)及 g(Gbytes)单位来显示。
- -t：输出的最终结果,显示物理内存与 swap 的总量。

范例：显示目前系统的内存容量。

```
[root@www ~]#free -m
                    total  used  free  shared  buffers  cached
Mem:                725    666   59    0       132      287
-/+buffers/cache:          245   479
swap:               996    0     996
```

从上面可以看出，系统当中有 725MB 左右的物理内存，swap 有 1GB 左右，使用 free -m 命令以 MBytes 单位来显示时，就会出现上面的信息。

Mem 那一行显示的是物理内存的容量，swap 则是虚拟内存的容量，total 是总量，used 是已被使用的容量，free 则是剩余可用的容量。后面的 shared/buffers/cached 则是在已被使用的容量当中用来作为缓冲及缓存的容量。

(2) uname：查看系统与内核相关的信息

```
[root@www ~]#uname [-asrmpi]
```

选项与参数说明如下。

- -a：所有系统相关的信息，包括下面的数据都会被列出来。
- -s：系统内核名称。
- -r：内核的版本。
- -m：本系统的硬件名称，例如 i686 或 x86_64 等。
- -p：CPU 的类型，与-m 类似，只是显示的是 CPU 的类型。
- -i：硬件的平台(ix86)。

范例：输出系统的基本信息。

```
[root@www ~]#uname -a
Linux localhost.localdomain 2.6.18-155.el5 #1 SMP Fri Jun 19 17:06:47 EDT 2009
i686 i686 i386 GNU/Linux
i686 i386 GNU/Linux
```

uname 可以列出目前系统的内核版本、主要硬件平台以及 CPU 类型等信息。以上面范例一的状态来说，主机使用的内核名称为 Linux，而主机名称为 localhost. localdomain，内核的版本为 2.6.18-155. el5，该内核版本创建的日期为 2009/6/19，适用的硬件平台为 i386 以上等级的硬件平台。

(3) uptime：查看系统启动时间与作业负载

显示目前系统已经启动多长时间，以及 1、5、15 分钟的平均负载。uptime 可以显示出 top 界面的最上面一行。

```
[root@www ~]#uptime
15:39:13 up 8 days, 14:52,  1 user,  load average: 0.00, 0.00, 0.00
//在 top 命令中已经介绍过相关信息
```

(4) netstat：跟踪网络

这个命令常被用在网络的监控方面，不过，在程序管理方面需要了解。netstat 的输出分为两大部分，分别是网络与系统自己的进程相关性部分。

```
[root@www ~]#netstat -[atunlp]
```

选项与参数说明如下。

- -a：将目前系统上所有的连接、监听、Socket 数据都列出来。
- -t：列出 TCP 网络封包的数据。
- -u：列出 TCP 网络封包的数据。

- -n：不列出进程的服务名称，以端口号(port number)来显示。
- -l：列出目前正在监听(listen)的网络服务。
- -p：列出该网络服务的进程 PID。

范例一：列出当前系统已经创建的网络连接与 UNIX socket 状态。

```
[root@www ~]#netstat
Active Internet connections (w/o servers)   //与网络相关的部分
Proto Recv-Q Send-Q Local Address          Foreign Address        State
tcp        0    132 192.168.201.110:ssh  192.168.:vrtl-vmf-sa ESTABLISHED
Active UNIX domain sockets (w/o servers)   //与本机进程的相关性(非网络)
Proto RefCnt  Flags   Type     State        I-Node  Path
unix  20      [ ]     DGRAM                 9153    /dev/log
unix  3       [ ]     STREAM   CONNECTED    13317   /tmp/.X11-unix/X0
unix  3       [ ]     STREAM   CONNECTED    13233   /tmp/.X11-unix/X0
unix  3       [ ]     STREAM   CONNECTED    13208   /tmp/.font-unix/fs7100
…
```

在上面的结果当中显示了两部分，分别是网络的连接以及 Linux 上面的 socket 程序的相关性部分。

提示：请大家利用 netstat 命令去查看有哪些程序启动了哪些网络的“后门”。

范例二：找出目前系统上已在监听的网络连接及其 PID。

```
[root@www ~]#netstat -tlnp
Active Internet connections (only servers)
Proto Recv-Q Send-Q Local Address  Foreign Address State   PID/Program name
tcp   0      0      127.0.0.1:2208 0.0.0.0:*       LISTEN 4566/hpiod
…
tcp    0    0  :::22          :::*       LISTEN    4586/sshd
//除了可以列出监听网络的端口与状态之外，最后一个字段还能够显示此服务的 PID 号码以及进
  程的命令名称。例如最后一行的 4586 就是该 PID
```

范例三：将上述的本地端 127.0.0.1:631 那个网络服务关闭。

```
[root@www ~]#kill -9 4597
[root@www ~]#killall -9 cupsd
```

(5) dmesg：分析内核产生的信息

系统在启动的时候，内核会去检测系统的硬件，某些硬件没有被识别，与这时的检测有关。但是这些检测的过程要么不显示，要么显示时间很短。使用 dmesg 命令可以把内核检测的信息单独列出来。

dmesg 命令显示的信息非常多，所以运行时可以加入管道命令|more 来使界面暂停。

范例一：输出所有的内核启动时的信息。

```
[root@www ~]#dmesg | more
```

范例二：搜寻硬盘启动时的相关信息。

```
[root@www ~]#dmesg | grep -i hd
```

```
    ide0: BM-DMA at 0xd800-0xd807, BIOS settings: hda:DMA, hdb:DMA
    ide1: BM-DMA at 0xd808-0xd80f, BIOS settings: hdc:pio, hdd:pio
hda: IC35L040AVER07-0, ATA DISK drive
hdb: ASUS DRW-2014S1, ATAPI CD/DVD-ROM drive
hda: max request size: 128KiB
…
```

由范例二可以知道主机的硬盘的格式是什么，还可以查看能不能找到网卡。网卡的代号是 eth，所以直接输入 dmesg | grep -i eth 命令可以查看网卡信息。请大家试着用该命令查看网络信息。

(6) vmstat：检测系统资源的变化

vmstat 是一个查看虚拟内存(Virtual Memory)使用状况的工具，使用 vmstat 命令可以得到关于进程、内存、内存分页、堵塞 I/O、traps 及 CPU 活动的信息。

```
[root@www ~]#vmstat [-a] [延迟 [总计检测次数]]    //CPU 及内存等信息
[root@www ~]#vmstat [-fs]                        //内存相关信息
[root@www ~]#vmstat [-S 单位]                     //配置显示数据的单位
[root@www ~]#vmstat [-d]                         //与磁盘有关
[root@www ~]#vmstat [-p 分区]                     //与磁盘有关
```

选项与参数说明如下。

- -a：使用 inactive/active(不活跃/活跃)取代 buffer/cache(缓存)的内存输出信息。
- -f：启动到目前为止系统复制(fork)的进程数。
- -s：将一些事件(启动到目前为止)导致的内存变化情况并列表说明。
- -S：后面可以接单位，让显示的数据有单位。例如用 KB、MB 等取代 bytes 的容量。
- -d：列出磁盘的读写总量统计表。
- -p：后面列出分区，可显示该分区读写总量的统计表。

范例一：统计目前主机 CPU 状态，每秒一次，共计三次。

```
[root@www ~]#vmstat 1 3
procs -------memory--------- swap--- I/O --system-------cpu------
r b swpd free  buff   cache  si so bi bo in   cs us sy id  wa st
0 0 28   61540 137000 291960 0  0  4  5  38   55 0  0  100 0  0
0 0 28   61540 137000 291960 0  0  0  0  1004 50 0  0  100 0  0
0 0 28   61540 137000 291964 0  0  0  0  1022 65 0  0  100 0  0
```

范例二：查看系统上面所有磁盘的读写状态。

```
[root@www ~]#vmstat -d
disk---------reads------------writes------------I/O------
      total  merged  sectors  ms  total  merged  sectors  ms  cur  sec
ram0  0      0       0        0   0      0       0        0   0    0
…
hda 144188 182874 6667154 7916979 151341 510244 8027088 15244705 0 848
hdb 0      0      0       0       0      0      0       0        0 0
```

各字段的详细含义请查阅命令手册。

6.5.4 实训思考题

(1) 要查询/etc/crontab 与 crontab 程序的用法与写法,该如何进行线上查询?

(2) 如何查询 crond 这个 daemon(实现服务的程序)的 PID 与 PRI 值?

(3) 如何修改 crond 的 PID 的优先级?

(4) 如果读者是一般身份用户,是否可以调整不属于用户程序的 nice 值? 此外,如果用户调整了自己程序的 nice 值到 10,是否可以将其调回到 5 呢?

(5) 用户怎么知道网卡在启动的过程中是否捕获到?

6.5.5 实训报告要求

按要求完成实训报告。

6.6 Linux 系统故障排除

6.6.1 实训场景

假如你是 A 公司的 Linux 系统管理员,公司有几台 Linux 服务器。现在这几台服务器分别发生了不同的故障,需要进行必要的故障排除。

服务器 A:由实训指导教师修改 Linux 系统的"/etc/inittab"文件,将 Linux 的 init 级别设置为 6。

服务器 B:由实训指导教师将 Linux 系统的"/etc/fstab"文件删除。

服务器 C:root 账户的密码已经忘记,无法使用 root 账户登录系统并进行必要的管理。

为便于以后进行类似的故障排除,建议在故障排除完成后,对/etc 目录进行备份。

6.6.2 实训要求

- 由参加实训的学生启动相应的服务器,观察服务器的启动情况和可能的故障信息。
- 根据观察的故障信息,分析服务器的故障原因。
- 制订故障排除方案。
- 实施故障排除方案。
- 进行/etc 目录的备份。

6.6.3 实训前的准备

进行实训之前,完成以下任务。

- 熟悉 Linux 系统的重要配置文件,如/etc/inittab、/etc/fstab、/boot/grub/grub.conf 等。
- 了解 Red Hat Enterprise Linux 常用的故障排除工具,如 GRUB 引导管理程序、Red Hat 救援模式等,并了解各个工具适合的故障排除类型。

6.6.4　实训后的总结

完成实训后，进行以下工作。

- 在故障排除过程中观察服务器的启动情况，并记录其中的关键故障信息，将这些信息记录在实训报告中。
- 根据故障排除的过程，修改或完善故障排除方案。
- 写出实训心得和体会。

6.7　Linux系统企业综合应用

6.7.1　实训场景

B公司包括一个园区网络和两个分支机构。在园区网络中，大约有500个员工，每个分支机构大约有50名员工，此外还有一些SOHO员工。

假定你是该公司园区的网络管理员，现在公司的园区网络要进行规划和实施，条件如下：公司已租借了一个公网的IP地址100.100.100.10和ISP提供的一个公网DNS服务器的IP地址100.100.100.200。园区网络和分支机构使用IP地址为172.16.0.0的网络，并进行必要的子网划分。

6.7.2　实训基本要求

- 在园区网络中搭建一台squid服务器，使公司的园区网络能够通过该代理服务器访问Internet。要求进行Internet访问性能的优化，并提供必要的安全特性。
- 搭建一台VPN服务器，使公司的分支机构，以及SOHO员工可以从Internet上访问内部网络资源(访问时间为9:00～17:00)。
- 在公司内部搭建DHCP和DNS服务器，使网络中的计算机可以自动获得IP地址，并使用公司内部的DNS服务器完成内部主机名及Internet域名的解析。
- 搭建FTP服务器，使分支机构和SOHO用户可以上传和下载文件。要求每个员工都可以匿名访问FTP服务器，并进行公共文档的下载；另外还可以使用自己的账户登录FTP服务器，进行个人文档的管理。
- 搭建Samba服务器，并使用Samba充当域控制器，实现园区网络中员工账户的集中管理，并使用Samba实现文件服务器，共享每个员工的主目录给该员工，并提供写入权限。

6.7.3　实训前的准备

进行实训之前，完成以下任务。

- 熟悉实训项目中涉及的各个网络服务。
- 写出具体的综合实施方案。
- 根据要实施的方案画出园区网络拓扑图。

6.7.4 实训后的总结

完成实训后，进行以下工作。

- 完善拓扑图。
- 根据实施情况修改实施方案。
- 写出实训心得和体会。